科学原点丛书

宙史话

类如何认识宇宙的故事

程鹗 著

清华大学出版社
北京

图书在版编目（CIP）数据

宇宙史话：人类如何认识宇宙的故事 / 程鹗著. — 北京：清华大学出版社，2022.2
（科学原点丛书）
ISBN 978-7-302-56752-3

Ⅰ.①宇… Ⅱ.①程… Ⅲ.①宇宙—普及读物 Ⅳ.①P159-49

中国版本图书馆CIP数据核字（2020）第212109号

责任编辑：胡洪涛　王　华
封面设计：于　芳
责任校对：王淑云
责任印制：曹婉颖

出版发行：清华大学出版社
网　　址：http://www.tup.com.cn, http://www.wqbook.com
地　　址：北京清华大学学研大厦A座　　邮　　编：100084
社 总 机：010-62770175　　邮　　购：010-62786544
投稿与读者服务：010-62776969, c-service@tup.tsinghua.edu.cn
质量反馈：010-62772015, zhiliang@tup.tsinghua.edu.cn
印 装 者：小森印刷霸州有限公司
经　　销：全国新华书店
开　　本：165mm×235mm　　印　　张：21　　字　　数：262千字
版　　次：2022年2月第1版　　印　　次：2022年2月第1次印刷
定　　价：79.90元

产品编号：089174-01

前　言

40 年前的 1980 年，美国天文学家卡尔·萨根（Carl Sagan）出版了一本面向大众的科普书籍《宇宙》(*Cosmos*)。在为美国公共电视台同期制作的电视片中，萨根站在惊涛拍岸的海边，充满诗意地讲解我们对身边的世界乃至宇宙的认知。他指出:“宇宙就在我们之中。我们是由星星的材料构成。我们是宇宙认识自己的途径。”（The cosmos is within us. We are made of star-stuff. We are a way for the universe to know itself.）

他的书和电视节目在全世界流行，脍炙人口。

在那个年代，宇宙的大爆炸起源已经是科学界的共识。他的读者、观众也对这个名词并不陌生。大爆炸理论不仅描述了宇宙的初始和演化，也精准地解释宇宙中化学元素的来源。它们有的诞生在宇宙之初，有的产生于恒星内部的热核反应，有的则是中子星碰撞的炼狱般压力下的产物。大约 45 亿年前，来自宇宙各个角落、有着不同年龄和经历的原子聚集在一起，形成了地球。再 10 亿年后，它们组合、演化出越来越复杂的生命体，直至人类的出现。

因此，如萨根的叙述，“我们 DNA 中的氮、牙齿中的钙、血液中的铁，我们的苹果派中的碳，都来自恒星的内核”。组成我们身躯的每一个原子都来自那浩瀚的广宇、深邃的远古。宇宙就是这样存在于我们的血肉肌肤之中。我们与宇宙密不可分。

但作为智慧生物的人类并不只是原子的特定组合。人类凭借自主的意识仰望星空。从原始朴素的神灵崇拜到严谨精确的逻辑推理，逐渐地认识宇宙的客观存在，并在这个过程中探索自身的意义。

或者，如萨根所言，那也许正是宇宙在通过我们认识自己。

2016 年 2 月，探测引力波获得成功的新闻轰动全球，将天文学、宇宙学再次推到大众关注的前台。在那波热潮中，我写作了《捕捉引力波背后的故事》，由科学出版社在 2019 年 7 月出版。

然而，引力波故事固然跌宕起伏、引人入胜，它还只是如同引力波本身一样的“涟漪”。在那背后，还有着更多的惊涛骇浪。那便是人类对整个宇宙的认知过程，一个更为波澜壮阔、惊心动魄的故事。

在引力波的故事完成之后，我在 2019 年元旦开始写作这个新故事，以“宇宙膨胀背后的故事”为题在科学网博客页连载，直到 2020 年 4 月底完成。在清华大学出版社胡洪涛编辑和王华编辑的支持下，这个系列现在作为《宇宙史话：人类如何认识宇宙的故事》成书出版。

相比于网络的连载版，本书在内容上保持原貌，只做了少量文字修改。显著不同的是这本书里包括了参考文献，并标明几乎所有内容的来源出处。有心的读者可以按图索骥，做更深一步的探索。

我依据的参考文献基本上都是英文的书籍、论文以及报刊文章等。书中涉及的人物姓名、专业名词以及一些关键性的论文题目、直接引语等以括号或脚注的形式提供了相应的英语表达以供读者参考。它们的原文并不一定都是英语，但为便利起见一概以英语标识。

1930 年，英国剑桥大学物理学家詹姆斯 · 金斯（James Jeans）出版《神秘的宇宙》（*The Mysterious Universe*），是当时最畅销的普及型科学读物。那时候没有电视，他的影响力自然不及半个世纪后的萨根。但金斯频频在英国广播公司（BBC）制作科普节目，也曾轰动一时。

金斯描述的宇宙充满了神秘。那时的天文学家还在激烈地辩论宇宙的大小、银河的地位。他们还没有了解到宇宙的膨胀和大爆炸。他们有着太多的没有答案的疑问、无法解释的现象。作为科学家的金斯头脑清醒地指出：天文学所提出的诸多问题，需要从物理学中寻求答案。

当萨根在 1980 年再度面向大众解释宇宙时，他自豪地宣布“在宇宙以及人类在宇宙中的地位问题上，我们已经做出了最令人惊奇而又意想不到的发现”。

这本书所讲述的，就是这一系列发现背后的故事。

在这个进程中，人类经历了远古的神话、古希腊的哲学、文艺复兴的启蒙和现代科学的诞生、技术的飞跃。故事中的角色五彩缤纷，有欧洲的贵族、哈佛的“后宫”、世界大战中的官兵、工业革命的暴发户、天主教牧师……他们的共同之处是与金斯一样，相信破解宇宙之谜的钥匙不在神学、哲学，而在科学、物理学。

这个故事的主角也因此是一代又一代的天文学家、物理学家，包括在宇宙模型上一错再错的爱因斯坦。他们中的一些成为众望所归的名家乃至闻名遐迩的明星。更多的却依然默默无闻甚至被历史忽略、遗忘。但正是他们的青春奉献和不懈努力才有了我们今天对宇宙的认识和理解。

即使是萨根，他在 1980 年时也不知道宇宙的膨胀在加速，不知道在他所描述的浩瀚宇宙之外——抑或之内——还有一个更深邃、更神秘，由暗物质、暗能量组成的未知宇宙。但他与金斯同样清楚地知道，对于宇宙我们还有着太多的疑问，只有持之以恒的科学研究才能逐步找到答案。

书中的故事只能“终止”于 21 世纪初。但书中仍然健在的人物以及他们的后继者依然面临着众多的未知与神秘。他们在孜孜不倦地寻求着新的发现和下一个答案。

就在本书写作期间，诺贝尔物理学奖颇为罕见地连续两年颁发给天文学、宇宙学领域的成果。2019 年获奖者中的皮布尔斯是本书的主要角色之一。2020 年的获奖者中的彭罗斯也在书中有过惊鸿一瞥。

他们的故事，宇宙——我们——的故事都还远远没有结束。

作者

2020 年 12 月 31 日

目　录

第 1 章　爱因斯坦无中生有的宇宙常数 // 1
第 2 章　寻觅宇宙的中心 // 10
第 3 章　坐井观天看银河 // 19
第 4 章　察“颜”观色识星移 // 28
第 5 章　挑战爱因斯坦的宇宙 // 36
第 6 章　“后宫”中丈量宇宙 // 44
第 7 章　20 世纪初的宇宙大辩论 // 55
第 8 章　哈勃打开的宇宙新视界 // 64
第 9 章　一个牧师的宇宙观 // 72
第 10 章　哈勃的“新”发现 // 80
第 11 章　爱因斯坦错在哪里? // 88
第 12 章　勒梅特的“宇宙蛋” // 97
第 13 章　宇宙万物始于“伊伦” // 104
第 14 章　宇宙的年龄 // 114
第 15 章　宇宙大爆炸的余波 // 123
第 16 章　于最细微处见宇宙 // 132
第 17 章　大爆炸之后的困惑 // 140
第 18 章　磁单极之谜 // 149
第 19 章　暴胀的宇宙 // 157

第 20 章　泡泡中的宇宙　// 168
第 21 章　在大尺度上探求宇宙微妙细节　// 177
第 22 章　涡旋星云中的秘密　// 185
第 23 章　揭开宇宙的黑暗一面　// 196
第 24 章　胆小鬼和猛男　// 205
第 25 章　新生宇宙的第一张照片　// 215
第 26 章　爱因斯坦又错了吗?　// 225
第 27 章　宇宙距离阶梯之超新星　// 234
第 28 章　角逐遥远的超新星　// 246
第 29 章　宇宙的膨胀在加速　// 257
第 30 章　称量星系的体重　// 269
第 31 章　神秘可测的浩瀚宇宙　// 279
第 32 章　我思，故我在……这个宇宙　// 289
第 33 章　宇宙之有生于无　// 299
第 34 章　天若有情天亦老　// 309
参考文献　// 319
索引　// 325

第 1 章
爱因斯坦无中生有的宇宙常数

1907 年年底，德国的《放射性和电子学年鉴》编辑邀请瑞士专利局的一位“二级技术专家”（technical expert second class）撰写一篇关于相对论的年度综述。

当时 28 岁的阿尔伯特 · 爱因斯坦（Albert Einstein）刚刚从“三级技术专家”提升到“二级技术专家”，个人生活随着工资的上涨而略有改善。但他对写这篇综述文章显然比对专利局中的本职工作更为上心。

狭义相对论（special theory of relativity）这时已经被发表两年多了，也逐渐被物理学界接受。但爱因斯坦对他自己这个理论的“狭义”始终耿耿于怀。之所以有这个定语，是因为它有着两个明显的缺陷：一是不能与艾萨克·牛顿（Isaac Newton）的万有引力定律和谐，后者的瞬时“超距作用”特性违反相对论中作用力传播速度不能超过光速的限制；二是这个理论只适用于匀速运动的“惯性参照系”，无法应用于有加速度的系统。

就当爱因斯坦坐在专利局里纠结如何综述这两个不足之处时，他脑子里突然冒出个思想火花：如果一个人在空中自由落下，他是感觉不到重力的，即处于“失重”状态。这还不仅仅是他自己的感觉，如果他在下落过程中放开手里的苹果，他也不会看到苹果像牛顿所说的会落下地面，而是会“静止”地停留在他手边。[①]

---

① 当然，在旁观者来看，苹果正在和这个人一起落向地面。

爱因斯坦后来说那是他一辈子所产生的“最快乐的想法”[①]，并由此推论出他著名的“电梯思想实验”：一个处于封闭电梯中的人没有办法知道他的失重是因为电梯在坠落，还是电梯其实是浮游于不存在重力的宇宙空间。反过来，如果这个人感受到重力，他也不可能知道那是因为电梯停在地球表面，还是正在没有重力的太空中加速上升。

于是，重力与加速度并没有区别，只是着眼点不同。这样，狭义相对论的两个缺陷其实是同一个，可以同时解决。在狭义相对论中，时间、距离等概念不再绝对，而是“相对”于所在的参照系。在推广的相对论中，重力或万有引力也不再绝对，只是相对于所在的参照系是否加速而存在。

这样，他为年鉴撰写的狭义相对论综述的后面又加上了一节，成为走向“广义相对论”（general theory of relativity）的第一座路标。[1]95-103,[2]189-190

转眼又是好多年过去了。爱因斯坦早已告别专利局，成为正式且越来越著名的物理学家。他对如何推广相对论也有了逐渐清晰的想法：苹果落地、月亮绕地球转等重力现象其实是因为地球的质量让其附近的空间弯曲了，苹果和月亮只是在弯曲的空间中做惯性运动。而且，不只是苹果、月亮这类“物体”，即使是没有质量的光，也会在大质量附近随着空间而弯曲。

但直到 1915 年，他仍然在寻求一个完整理论的征途上屡败屡战，不得要领。那年夏天，爱因斯坦去哥廷根大学访问讲学，与那里的数学大师戴维·希尔伯特（David Hilbert）切磋。两人都有直觉，广义相对论的数学形式已经几乎触手可及，正等待着那最后的突破。

---

① the happiest thought of my life.

回到柏林后，爱因斯坦进入近乎癫狂状态。第一次世界大战已经打响，德国实行战时管制，限量供应生活必需品。偏偏此时，他妻子带着两个儿子离家出走，让他一个人在公寓中自生自灭，吃不上一顿可口的饭菜。他们夫妻为了金钱和孩子不停地在通信中打着笔战。但更让他忧心的是与希尔伯特的信件来往，从对方来信中越来越明显地可以看出希尔伯特有可能抢先发现并发表广义相对论场方程。

为了不失去优先权，爱因斯坦提前安排 11 月在普鲁士科学院举行每周一次的学术讲座，“第一时间”发布他的最新进展。11 月 4 日第一讲开始时，他内心里对这个系列的走向其实还十分迷茫。

在讲座之外，爱因斯坦整天除了给夫人、希尔伯特及其他同事朋友写信外，便是埋头演算，一次又一次发现、修正自己推导中的错误。终于在 11 月中旬，他尝试用正在建构中的新公式推导水星公转轨道近日点进动问题时，一举得到了与牛顿力学不同而与实际观测几乎完美符合的数值。

这是他新理论的第一个成功，解决了一个困扰天文学家、物理学家几十年的老问题。已经不那么年轻的爱因斯坦突然兴奋莫名、心慌意乱，竟连续 3 天没能平静。

11 月 25 日，爱因斯坦在普鲁士科学院做了他的系列讲座的最后一讲。留在黑板上的是一个简洁得难以置信的方程，一个统一了惯性参考系和加速运动的广义相对论场方程。

也在这个月，希尔伯特在哥廷根举行了系列讲座，并在 11 月 20 日发布了他发现的场方程，比爱因斯坦早了 5 天。但希尔伯特没有试图争取发明权。他说，哥廷根的每个人都会比爱因斯坦更懂得广义相对论中所用的四维时空之数学，但只有爱因斯坦才明白它背后的物理。[1]115-118, [2]211-224（图 1-1）

图 1–1　荷兰布尔哈夫科学博物馆（Museum Boerhaave）东墙上纪念广义相对论的壁画

上面是恒星光线因为太阳质量而弯曲的示意图，下面是广义相对论场方程。方程中的第三项便是爱因斯坦无中生有引进的宇宙常数项（那个“Λ”便是宇宙常数）。

【图片来自 Wikimedia：Vysotsky】

爱因斯坦的广义相对论场方程看起来直截了当：左边是描述四维时空“形状”的张量，右边则是时空中质量和能量的分布，中间那个等号将这两个过去毫无关联的元素联系了起来。方程中没有“力”，却能描述水星绕太阳的公转：因为太阳的质量造成它附近空间的弯曲，在这弯曲空间中的水星便自然地绕太阳转起了圈——并且比在牛顿力学中转得更为精确。

后来，美国的物理学家约翰·惠勒（John Wheeler）言简意赅地总结出这个方程的真谛：“时空告诉物体如何运动，物体告诉时空如何弯曲。”①[3]235 二者相辅相成，浑然一体。

---

① Spacetime tells matter how to move; matter tells spacetime how to curve.

爱因斯坦发表广义相对论之后，不仅在水星公转轨道进动的计算上令人信服，更因为对光线会受太阳影响而弯曲的预测在 1919 年日全食时被英国天文学家亚瑟·爱丁顿（Arthur Eddington）的观测所证实而轰动世界，一举奠定爱因斯坦在科学史上的地位。

爱因斯坦一发而不可收。十年前，也就是 1905 年他曾石破天惊地连续发表光电效应、布朗运动、狭义相对论、质量能量之等价一系列划时代论文而造就“奇迹年”。随着广义相对论的发现，他在 1915 年后又一次进入创造性高峰。这时他的眼光超越太阳系，投向更广阔的宇宙：既然“物体告诉时空如何弯曲”，那么只要知道宇宙中的星球质量分布，就可以直接推导出整个宇宙的形状。

在 20 世纪初，人类对宇宙的格局只有非常朴素的直觉认识。我们所处的太阳系有一个恒星：太阳。围绕着太阳在不同距离的轨道上运行的有包括水星和地球在内的 8 颗行星[①]，多数行星还各自带有数目不同的卫星。

在太阳系之外，我们可以看到满天的繁星。它们虽然看起来铺天盖地，但并不很均匀：大部分星星似乎集中在相对很窄的一条带子上，就像天空中的一道河流。这在中国叫作“银河”，在西方则称为“奶路”（Milky Way）。在这条“河”外面的星星分布明显稀疏。有些地方甚至漆黑一片，似乎没有星星。

而这么多的星星，天文学家对它们的距离、质量只有猜测，所知甚少。

但爱因斯坦不拘泥于这些细节。

有一个流传甚广的笑话，一位牧场主因为牛奶产量问题求教于各方专家。

① 有争议的“第九大行星”冥王星当时尚未被发现。

经过一番仔细的调查、研究之后，一位理论物理学家找出了应对方案。他自信满满地对牧场主说："首先，我们必须假设奶牛是一个标准的圆球……"[4]

在遇到未知或无法全面掌握的复杂问题时，将其高度简化、抽象到看起来没有实际意义的简单模型是理论物理学家的拿手好戏。这样研究出来的结果也许无法直接应用，却可以帮助人们理解定性的特质。

爱因斯坦心目中——更确切地说，运算纸上——的宇宙便是这样的一个"球形奶牛"：假设宇宙中的质量是完全理想化的均匀分布，没有哪个地方多一点，也没有哪个地方少一点。让我们来看看新出炉的广义相对论场方程会给出一个什么形状的宇宙。

这个假设虽然听起来匪夷所思，其实并不那么离谱。太阳系看起来结构复杂，但它所有的质量接近99.9%集中在太阳这一个点上。与太阳相比，其他的行星、卫星质量完全可以忽略不计，等于不存在。而在太阳系以外，爱因斯坦觉得宇宙可能比我们肉眼所及还要大得多。在那个大尺度上，即便把离我们近的恒星都集中在银河也会显得微不足道，遥远的恒星质量分布还是近乎均匀的。

当然，更重要的还是只有这样极端简化了的模型才有可能从广义相对论那数学上颇为复杂的场方程中求出一个解来。而即便如此，爱因斯坦也还是花费了一年的时间，因为他遇到了一个意外的难题。

假设宇宙质量均匀分布之后，整个宇宙的形状便由一个变量决定：密度。爱因斯坦发现他的宇宙不是无限大的，而是有一个由密度决定的大小。但同时因为广义相对论场方程中空间和时间是紧密相连的四维时空，这个宇宙大小不是恒定的，会随时间演变，或者越来越小（坍缩），或者越来越大（膨胀）。无论他怎么折腾，总也找不出一个不随时间变化的、静止的宇宙。

他没有太多地去思考这背后可能隐含的意义，而是认定了这样的解是荒唐的，不符合物理现实。他发明的广义相对论显然并不完整，遗漏了某个能让宇宙稳定的物理性质。

经过反复地尝试，爱因斯坦终于找到了缺陷：如果在场方程的左边再另加一项，他就可以得出一个静止的宇宙解。

这个新加的项也同样是描述时空形状的张量，但附带着一个新的常数作为系数。因为这个新加的项只在研究宇宙这样的大尺度时才有效果，爱因斯坦把它叫作“宇宙常数”（cosmological constant），用希腊字母 Λ 表示。因为这个新加的项只有在研究宇宙这样的大尺度时才有效果。在太阳系这样的“小”尺度上，这个项因为宇宙常数的数值太小而可以忽略不计。这样，他以前计算所得的水星轨道进动、光线因太阳质量弯曲等结果不受其影响。

1917 年 2 月，他在普鲁士科学院宣讲了这个新成果，并以《基于广义相对论的宇宙学思考》（*Cosmological Considerations in the General Theory of Relativity*）为题在院刊上发表了篇幅 10 页的论文，正式推出了他的宇宙模型。

爱因斯坦所遭遇的困难其实并不是广义相对论带来的新问题。早在牛顿发现万有引力时也面临了同样的质问：既然所有质量之间都互相吸引，那么它们必然会逐渐趋近，最终全都坍缩到一个点上。牛顿没有什么好办法。他一厢情愿地辩解道，假如宇宙是无限大的，没有哪个点是中心，也就没法坍缩到任何一个点上。或者，在无限大的宇宙中，每个质量都同时受到来自四面八方的吸引力。它们互相抵消因此没有实际效用。[5]72-73,[6]5-6,[7]31-32

这两个论点其实都不成立，因为它们描述的是不稳定系统，无法实际存在。历史上曾有一些物理学家一直试图构造不同模型来解决或者绕开这个问题，均不得要领。事实上，爱因斯坦的论文开篇也是讨论牛顿力学的这个老问题。他指出如果在牛顿的引力场方程中人为地引入一个项，至少可以在数学上避免这个问题，但在物理上却没有这样做的理由。

他之所以要提出这个可能，便是为了后面在广义相对论场方程中引入几乎雷同的宇宙常数项做铺垫。但即便如此，他也没有能找出在相对论中强加这个附加项的理由。

爱因斯坦相当沮丧。宇宙常数项的引入是完全人为的，破坏了场方程原有的浑然天成之美感。他只能辩解说非如此无法描述我们所在的宇宙，真正是不得已而为之。好在这个项本身没有破坏方程原有的对称性，至少在数学上是可以被允许的。[8]

爱因斯坦的宇宙模型发表后，引人瞩目的并不是这个只有物理学家才会奇怪的宇宙常数，而是他所描述的宇宙的形状：一个有一定大小的圆球，其半径由宇宙的质量密度决定。但它又不是我们日常生活中所熟悉的球。爱因斯坦认为，虽然宇宙的大小有限，却没有边界。

宇宙中的质量“告诉”了空间需要弯曲。因为质量均匀分布，宇宙中所有的地方都有着相同的弯曲度。就像一条纸带弯起来首尾相连构成一个环，这个宇宙便弯成了一个标准的圆球——恰如理论物理学家心目中的“奶牛”。

他说，如果我们能往天上某一个方向打出一道有足够能量的光束，① 这束光在若干亿年后会从相反方向回到地球，就像费迪南·麦哲伦（Ferdinand Magellan）的船队完成环球航行后胜利地回到出发的港口一样。

麦哲伦的船队只能在地球表面的海面上航行。他们用 3 年时间绕地球一圈回到了原地，说明地球表面是一个大小有限而又没有边界的世界。这是三维的

① 那个时代还没有激光的概念。

地球在其表面这个二维世界的一个投射。

爱因斯坦解释说，我们所生存的宇宙圆球其实是其在四维空间中的形状在人类所能感知的三维空间的一个投射。生活在三维空间中的人类无法看到四维宇宙真正的形状，只能感知这么一个有限无边的圆球投射。

这个匪夷所思的图像不仅让一般人摸不着头脑，即使是物理学家、天文学家也对其将信将疑，姑且称之为“爱因斯坦的宇宙”(Einstein universe)。

在人类仰望星空几千年，对满天繁星发出过无数的猜想、感慨之后，爱因斯坦是第一个基于物理学原理为整个宇宙构造模型的人。因此他的这篇论文标志了现代宇宙学的诞生。

只是，宇宙究竟有多大、是否有限、是否有边界、是静止还是演变，甚至……真的只有一个宇宙吗？在爱因斯坦所处的时代，这些问题不仅没有答案，而且无从把握。爱因斯坦的“奶牛”宇宙和他那无中生有的“宇宙常数”只是一个起点，为后续的几代人审视宇宙指出了一个方向。

第 2 章
寻觅宇宙的中心

爱因斯坦的宇宙有限无边、处处对称。其中每一个空间点都与其他任何点等价——宇宙没有中心。

在他之前 200 多年，牛顿在辩解宇宙不会因为万有引力而坍缩时就说过宇宙可以是无限的，没有任何中心能作为坍缩的终点。他们的出发点完全不同，却都自然而然地假设宇宙不存在一个中心。虽然他们的说法都经历了严格的科学质疑，但至少两人都没有因此遭遇来自科学之外的诘难。

比牛顿再早不过几十年、上百年的伽利略 · 伽利雷（Galileo Galilei）、尼古拉斯 · 哥白尼（Nicolaus Copernicus）等人却没那么幸运。他们曾仅仅因为质疑了地球是否是宇宙的中心便触犯了当时社会主流的条规。因为在那个年代，宇宙的中心不仅是一个事实判断，更是神学、哲学之信仰。

虽然直到今天还有人顽固地信奉"地平说"，认为地球不是一个球体而是非常宽广的平地，人类其实很早就领悟到地球不是平的这一事实。古希腊人观察到，迎接回港船只时总是先看到来船的桅杆然后才能看到船身；航海的船员知道越往北走北极星在天空的位置会越高，等等。

至迟在公元前 350 年，亚里士多德（Aristotle）在《论天》（*On the Heavens*）

中已经指出月食是因为地球挡住了太阳投向月亮的光——而不是什么“天狗吃月”。所以，月食时月亮上那个黑影正是地球的投影，是圆的。在人造卫星、宇航员能够直接观看自己家园的2000多年前，人类其实已经用月亮做镜子看到了地球的形状。

亚里士多德之后不久，埃拉托色尼（Eratosthenes）更是利用夏至日正午太阳投影在两个不同维度的城市中的差别测量了地球的大小。他发现地球的周长是那两个城市之间距离的50倍——现代测量的结果是47.9倍。[9]63-76

与地球是圆的类似，也有不少证据表明地球是静止不动的：在地球上生活着的人安之若素，从来没有晕车、晕船那种处于运动环境的反应；我们在地面上跳起或者往天上高高地抛出皮球，都会直上直下地落在原地，地面没有在腾空时移动；如果没有风吹，空中飘浮着的云彩纹丝不动，不会自己渐渐落后……

因此，古希腊的先贤们认识到人类所处的是一个静止不动的圆球，被满天的繁星笼罩着，星星们绕着地球步调一致地缓慢转动，即中国人所称的“斗转星移”。为了辨识位置，他们把比较显眼的星星们就近组合成为“星座”，根据它们的形状加以想象赋予各种形象的名称。

在这个星空背景上，还有太阳、月亮以及几个肉眼可见的星星没有固定的位置，而是在一些特定的星座（即所谓“黄道十二宫”）中游走。这些“行走的星”因此被称作行星。这些行星不断变迁的位置可通过其所在的背景星座粗略地记录。

因为地球是圆的并有着一定的大小，在地球表面不同地方或者在同一地方但不同时间看这些行星，它们背后的星座位置会略有差异。这是因为观察者角度不同，与行星位置的视线会延伸到星空背景的不同方位。这个现象叫作“视差”（parallax）。通过简单的几何关系知道，被观察的星星离我们越近，所看到的视

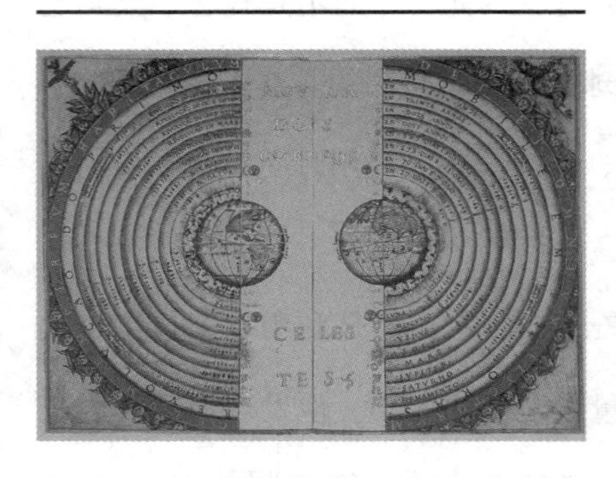

图 2–1　16 世纪葡萄牙人巴尔托洛梅乌·维利乌（Bartolomeu Velho）绘制的托勒密宇宙模型

地球处于中心，往外在圆形轨道上依次是月亮、水星、金星、太阳、火星、木星、土星、固定恒星的天球。最外面是“天堂帝国，上帝之所在”。图上还标识着每层轨道和地心的距离以及它们的旋转周期。

差会越大。如果知道地球的大小，就可以通过视差角度计算那几个行星离我们的距离。

从亚里士多德到公元 2 世纪的克罗狄斯·托勒密（Claudius Ptolemaeus），希腊先贤根据这些观察和经验积累，逐渐构造出一个相当具体的宇宙模型：静止不动的地球处于宇宙的中心。行星在地球外面不同距离的圆形球壳上，由近及远依次为月亮、水星、金星、太阳、火星、木星、土星。再外则是一个非常大的圆球，上面镶嵌了所有那些不自己游走的星星，即恒星。（图 2-1）

这个恒星球壳便是宇宙的边界。在它之外也不是虚空，而是人类不可能接触的另一个世界：上帝以及诸神之所在。上帝推动着恒星所在的大圆球，令其每昼夜绕地球转动一周。大圆球还依次带动其他圆球各自转动，那就是我们看到的行星的“行走”。

亚里士多德、托勒密的宇宙模型简单明了、通俗易懂。模型中为上帝预留的空间和人类占据宇宙中心的位置也符合上帝造人的逻辑。因此得到人们广泛的接受。

这个模型却有着一大缺陷。即使在没有精确测量的年代，它所描述的行星位置和走向也经常与实际观测不符。托勒密不得不持续加上一系列“均轮”（deferent）、“本轮”（epicycle），又外加“偏心”（eccentric）、“载轮”（equant）

的数学手段进行修正——或者说拼凑。于是，如同“球形奶牛”突然各处长出好多犄角，原本简洁的模型迅速异化成繁复混乱的大杂烩。[9]77-100

古欧洲的科学、人文在托勒密时代登峰造极，其后却随着中世纪的到来被他们的后代丢弃、遗忘，直到 1000 多年后的文艺复兴时期才从阿拉伯人保存的译本中重新发现这个宝藏。在那漫长的十几个世纪里，伊斯兰科学家做出过一些改进，但托勒密的宇宙模型依然保持着原样。

当 16 世纪的波兰人哥白尼重新研究托勒密繁复的修正过程时，他很快发现如果改动一下，把行星绕静止的地球运动改为太阳不动，其他行星（包括地球）绕太阳运动，可以大大简化所需要的计算。他指出这样还可以很简单地解释为什么水星和金星总是伴随着太阳：它们处在离太阳最近的圆球上，从外面圆球上的地球往里看，它们会总是在一起。

哥白尼自己没有观测过行星的位置，也没有新的数据。他只是用托勒密原有的数据，从数学上说明以太阳为中心的计算手段有明显的优势。当然，他也明白从一个静止且处于宇宙中心的地球，转换成以太阳为中心并将上帝为人类特制的地球作为只是众多绕太阳转的行星之一，这会是一个非同小可的思想转变。虽然有当时教皇的鼓励，但他对公开发表这个理论依然迟疑不决。他的著作直到他死后才问世。[9]147-158

哥白尼的这个简单数学变换果然引发了“地心说”与“日心说”旷日持久的争执。但他不可能知道，这还标志了一场科学革命的到来。

托勒密的宇宙模型预言 1560 年 8 月时，月球会跑到太阳的前面挡住后者的光，那次的日食果然发生了。当时才 13 岁的第谷·布拉赫（Tycho Brahe）一方面

对如此异常的天象和它的可被预测惊异无比；另一方面对预测的日期与实际差了一天而耿耿于怀。他迷上了天文学，后来发明了可以精确测量星星高度的六分仪（sextant）。

1572 年，他在仙后星座（Cassiopeia）发现了一颗以往没见过的星。他跟踪了几个月，没有发现像月亮那样的视差。因此他断定这颗新出现、后来又消失了的星比月亮远得多，应该处于最外围的恒星球。

然而，亚里士多德曾经信誓旦旦地说月亮所在的天球之外是永恒不变的，不可能突然冒出以前没有的星星来。年轻的第谷用实际的证据推翻了经典。他所观察到的是一次“超新星”（supernova）爆发。

丹麦国王因此赐给他一座小岛和资金修建一个专业天文台。第谷在那里发明、建造了一系列可以精准测量星星位置的大型六分仪、象限仪（quadrant）等仪器，开创了精确记录行星数据的先河。他还通过测量彗星的位置变化证明这些太阳系的不速之客也是来自远方，还由远而近地“穿透”了诸行星所在的那一层层球壳，证明亚里士多德所说的实体球并不存在。（图 2-2）

图 2-2　第谷使用他自制的大型墙式象限仪测量星星位置情形的绘图

1601 年，第谷在 54 岁时“英年早逝”。他的死因是科学史上的一个谜，以至于迟至 2010 年他的遗体还被挖掘出来以现代技术分析是否死于谋杀。[9]156-161,[10]56

对他的同时代人来说，更值得挖掘的是他遗留下来的海量天文数据。第谷自己坚持“地心说”，也构造过复杂的太阳系模型，试图诠释这些数据。但他的数据比他的理论更富有说服力。因为它们具备前所未有的精确度，迫使人们不得不正视无论是托勒密还是哥白尼的模型都无法与数据吻合这一事实。他的继任者约翰尼斯·开普勒（Johannes Kepler）只好另辟蹊径。

在各种各样的尝试失败后，开普勒终于领悟到第谷的数据说明行星所走的路径是椭圆，而不是亚里士多德、托勒密到哥白尼、第谷都一致坚持的圆形。他们之所以对标准的圆形情有独钟，除了来自数学、哲学乃至宗教思维上的对称、唯美倾向之外，也是出于现实的考虑：没有什么实在的东西可以转出一个不圆的形状。行星可能不依赖任何实体、“漂浮”在虚渺的空间里沿着抽象的“轨道”运动，这还不是他们所能想象的概念。

开普勒自然也无法解释、理解这其中的原理。但他发现采取椭圆轨道后，其他种种困难都可以迎刃而解。他陆续总结出后来以他的名字命名的“行星轨道三定律”，揭开了整个太阳系的运动规律。[9]165-172

第谷去世 3 年后，一颗更为明亮的超新星在 1604 年出现在蛇夫座（ophiuchus），持续 3 个星期在白天都能看得很清楚①。开普勒和伽利略都对它进行了长期的观测。伽利略当时在意大利帕多瓦大学担任数学教授，因为讲授新星的出现，表明了亚里士多德体系的错误，从而与本校的几个哲学教授结下了梁子。但他更大的麻烦还在后面。

早在托勒密时代，人们就知道一定形状的透明晶体、玻璃可以用来制作放大镜、老花眼镜。但直到 17 世纪初，才有荷兰人想起将两个镜片用圆筒一前一

① 在那之后，要等到 1987 年才能再看到类似的超新星。

后连接起来，可以观看很远的物体。伽利略在1609年听说后，立刻就自己琢磨着制作出了望远镜[①]。他把这个对航海价值无比的新发明捐献给当时的威尼斯共和国，因此赢得终身教职，工资也翻了三番。但更重要的是，他同时也把自制的望远镜指向了夜晚的星空。

这一看不打紧，用现代的话说就是“三观尽毁”。

首先，他看到月亮的表面坑坑洼洼，完全不是亚里士多德所想象的那种光滑圆润、完美无缺的天体。进而，他发现木星附近还有小星星，从它们不断变化的位置可以推断它们是在环绕着木星转圈。也就是木星有卫星；不是所有星星都在绕地球这个中心转。后来，他又看到了金星像月亮一样有圆缺盈亏，其变化幅度无法与托勒密的地心模型合拍，但可以用哥白尼的日心模型解释。（图2-3）

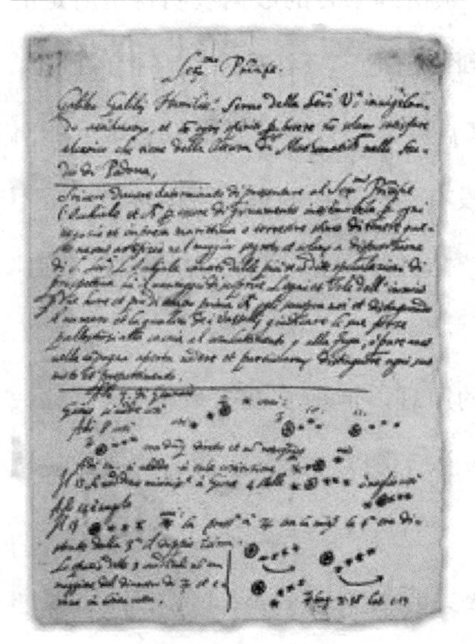

图2–3　伽利略描述他看到木星卫星的笔记

伽利略不计前嫌，邀请他的老对手来亲眼查看这些奇观，却均遭拒绝。哲学教授们对自己既有的世界观更为珍惜，纷纷做了“鸵鸟”。科学家则不一样。开普勒收到伽利略送来的望远镜后，很快就证实了伽利略的发现。他还自己设计出不同结构的望远镜来。

随着伽利略支持“日心说”的态度越来越明朗、拥有的证据越来越坚实，他与维护“地心说”的哲学家、神学家的关系也越来越紧张。1633年，他在教

① 当时叫作“间谍镜”（spyglass）。

会面前被迫认错，被判终身软禁。传说他在离开裁判所时，依然嘟囔了一句“可它（地球）的确是在动。”①

迟至 1979 年，教皇保罗二世（John Paul Ⅱ）才正式为伽利略“平反”。[9]172-188

没有证据表明伽利略曾经在比萨斜塔上投下过不同质量的球做演示。但他的确在比萨大学任职时开创了系统、精确运动学——或科学——实验的先河，并用数据否定了亚里士多德质量与速度关系的谬误。因此，伽利略普遍被认为是物理学——甚至现代科学——的开山鼻祖。

开普勒的行星定律和伽利略的运动学实验成果后来在牛顿手中得以集大成，以牛顿动力学三定律和万有引力定律奠定了经典物理学牢固的根基。太阳成为新的中心，行星——包括地球——因为太阳的引力而围绕太阳在椭圆轨道上运动成为新的科学真理。② 而当牛顿展望整个宇宙，猜测不存在什么中心时，也没有人再去追究他的离经叛道。

伽利略通过他的望远镜还看到了一个人类从来没有见识过的世界：更多更多——“几乎不可思议之多”③——的肉眼无法看见的星星。宇宙比当时任何人想象的还要更大、更丰富。而他的望远镜为人类认识、探索宇宙打开了一个崭新的窗口。

1672 年，伽利略逝世 30 年后，法国戏剧家莫里哀（Moliere）公演了喜剧《女学究》（*The Learned Ladies*）。剧中男主角对他的妻子、妹妹和大女儿都不思女红、家务，一味追求科学牢骚满腹。他的抱怨之一是她们在自家楼上安装了一架

---

① But it does move.

② 牛顿引进的“惯性”概念也解决了地球上的人感觉不到地球在运动中这个难题。

③ an almost inconceivable crowd.

望远镜，要看月亮上在发生什么！[11]6

的确，在那个年代，拥有和使用望远镜进行天文观察，已经成为欧洲上层人物，甚至并不富裕的中产阶层附庸风雅的重要标志。他们所拥有的，也已经不是伽利略拿在手上的简单直筒，而是占据整个房间，甚至是需要专门修建天文馆式建筑才能容纳的大家伙。

自然，他们所观看的，也不只是月亮上的变化。人们的视野正投向更高更远，逐渐超越太阳系、银河系，直至宇宙的广袤深处。

第3章
坐井观天看银河

开普勒和牛顿从根本上颠覆了亚里士多德、托勒密以地球为中心的宇宙模型，重新构建了太阳系。太阳和月亮并不是行星：前者是不动的恒星；后者只是地球的一个卫星，也是唯一真的绕地球转的天体。地球则成为行星之一，与原来已经认定的金木水火土五大行星一样在绕太阳的椭圆轨道上运行。

正如伽利略那不服气地嘟囔：地球在动。它不仅绕着太阳公转，而且还以24小时为周期自转，这样就很简单地解释了人类观察到的满天繁星步调一致的斗转星移。于是，亚里士多德精心设计的那个最外层、镶嵌着所有恒星转动着的大轮子也就失去了意义：恒星是恒定不动的，是地球在动。

只是，“皮之不存，毛将焉附？”没有了那个天球做依托，漫天的恒星如何在太空漂浮、分布？牛顿力学只能计算太阳系内诸星体的运动。外面的星星离得太远，没有引力的关联。唯一的联系是我们能被动地接收到它们传来的光。要认识这个宇宙，人类依然只能依靠最原始的手段：观察、思考。

比如，夜空中为什么会有一条明亮的星河？

在希腊神话故事里（图3-1），众神之王宙斯（Zeus）偷偷让他的私生子、后来的大力神赫拉克勒斯（Heracles）吮吸他妻子、女神赫拉（Hera）的奶。赫

图 3–1　16 世纪意大利画家丁托列托（Tintoretto）根据希腊神话创作的油画《银河的起源》（*The Origin of the Milky Way*）

拉惊醒后把孩子推开，致使乳汁喷洒而出，化为中国人称作银河的“奶路”。①

现实地看，银河是一条横贯夜空的窄带，在伽利略的望远镜里呈现出很多的星星。这条河流似乎还继续延伸下去，环绕着地球。

1750 年，英国的托马斯·赖特（Thomas Wright）出版了《宇宙的原始理论或新假设》（*Original Theory or New Hypothesis of the Universe*），提出一个新的宇宙模型。（图 3-2）

他把托勒密的模型整个脱胎换骨：宇宙就是一个相对来说很薄的球壳，所有星星包括太阳系都挤在这个球壳之中。因为球壳半径非常大，太阳系所在的局部差不多就是直直的扁平盒子。地球随着太阳系在盒子中间。如果顺着球壳的方向看，那里会有密密麻麻的群星，便是我们所见的银河；如果转往其他方向，能看到的星星便会稀落得多。[7]16,[11]31-33

① 这个传说有着几个不同的版本。

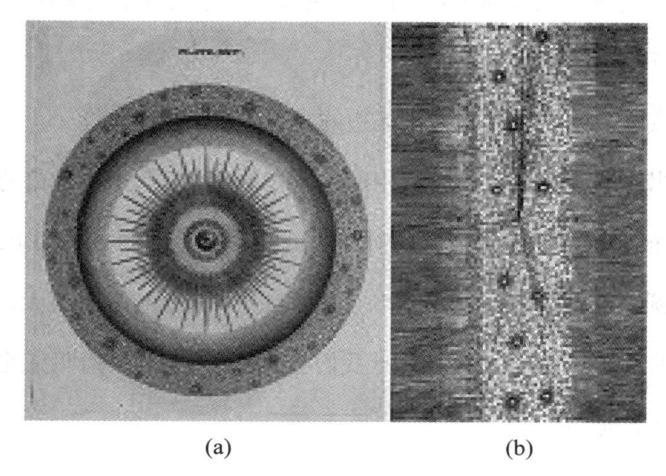

(a)　　　　　　　　(b)

图 3–2　赖特绘制的"球壳宇宙"模型

（a）全景图，所有星星都在一个球壳里，球心是"上帝之眼"；（b）太阳系附近的球壳放大示意图。地球处于这一段的中心，顺着球壳方向看到的星星密集，便是银河。

赖特当然不可能想到 160 年后会有一个名叫爱因斯坦的人出来说宇宙是"有限无边"，但他的模型几乎就是爱因斯坦用来做类比的那个二维世界：如果能顺着球壳在星星中穿梭，就会发现一个有限无边的宇宙。

这个模型还让赖特为上帝找到一个比亚里士多德所设计得更好的家：球壳宇宙之外的球心点。上帝已经不再需要通过大轮子推动这个世界运转，他只需占据中心位置，通过那里的"上帝之眼"（eye of providence）督查、掌控整个宇宙的命运。

赖特的理论传到欧洲大陆时已经走样了，但引起了一个刚刚 30 岁出头的德国青年的注意。伊曼努尔·康德（Immanuel Kant）那时候正在研习牛顿理论和物理世界。他在 1755 年出版了一本名为《自然通史和天体理论》（*Universal Natural History and Theory of the Heavens*）的小册子阐述自己的宇宙观。他认为赖特将神学与物理学结合到一起纯粹是画蛇添足：宇宙的结构应该可以完全遵循牛顿力学，不需要上帝的存在。

他也没觉得需要那么一个有限无边的球壳。

受赖特模型的启发，康德心目中的银河就是一个延长了无数倍的太阳系：一个里面装着很多星星的大铁饼式的圆盘。就像众行星在同一平面上绕着太阳转一样，这个圆盘也在旋转。与赖特相似，他设想这个盘子面积非常大，但只有一定厚度。我们的太阳系在盘子中心，因此我们看到的夜空有着一道明亮的银河，那就是盘子的边缘方向。[7]18, [12]40-41

赖特和康德只是在大胆假设，天文学家却需要小心求证。

在伽利略之后，越来越强大的天文望远镜一代又一代地出现。与赖特同时代的英国天文学家威廉·赫歇尔（William Herschel）拥有着当时世界上最大的望远镜，而且还都是他自己亲手制作的。

赫歇尔出生于德国的一个音乐世家，自己原本也是音乐家。他在 34 岁时读到一本天文教材后走火入魔，随即荒废了音乐，全身心投入打磨望远镜镜片和看星星中。他甚至连吃饭时都不愿意耽误工作，边干活边让妹妹给他喂食物①。

功夫不负有心人，赫歇尔在 1781 年用自制的望远镜发现了天王星，名声大噪。同时他也赢得一份国王亲赐的终身俸禄，可以专心磨制更大的望远镜，看更多的星星。

为了看清宇宙的形状，赫歇尔采取了最质朴的笨方法：数星星。夜复一夜，

① 他妹妹卡萝尔·赫歇尔（Carlone Hershel）后来终身未嫁，全心全意为哥哥担任助手，自己也颇有成就。

他把望远镜指向天空的某一个方位，兢兢业业地数着那里能看到的星星、记录它们的亮度。当他把所有的角度都数完后，他得到人类有史以来第一个依据观测数据统计而成的模型：宇宙的确像是康德所说的那样一个扁扁的大盘子，只是不圆，而是呈不规则形状。[11]35-40,[12]43-46（图 3-3）

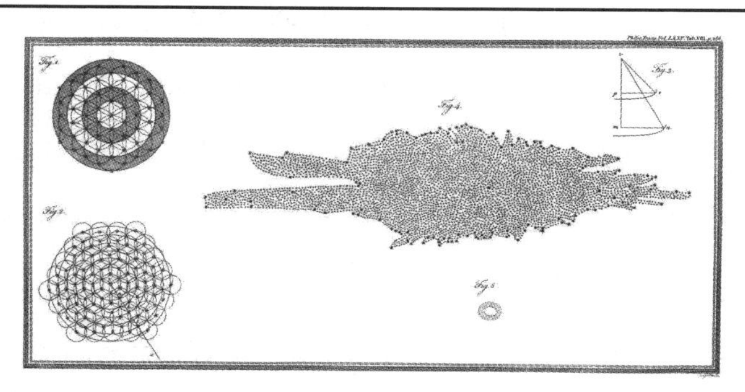

图 3–3 赫歇尔在 1785 年绘制的银河系形状，其中心那个黑点是太阳系位置

对赖特、康德、赫歇尔来说，他们研究的既是银河也是宇宙。二者之间没有区别，都是太阳系外面的那个世界。今天我们知道银河是一个“星系”(galaxy)。这个词来自希腊文的“奶”，与“奶路”源于同一个故事。所以，宇宙、银河、星系在那时候都是同义词。[12]220

不过也正是在那个年代，人们开始意识到这 3 个概念可能有不同的含义。

几乎与伽利略同时，曾经在帕多瓦大学与他共事过的德国人西蒙·马里乌斯（Simon Marius）也在用望远镜观看星空，而且比伽利略更早发现了木星的卫星。伽利略曾指责马里乌斯剽窃，这是科学史上的一桩公案。今天，木星那 4 颗最大的卫星被统称为“伽利略卫星”，却沿用着马里乌斯依照希腊神话为它们各自起的名字。

他们俩都发现有些肉眼看上去的单独一颗星在望远镜中其实是由很多密集的小星星构成。但马里乌斯还注意到有一个神秘的亮点，即使在他的望远镜里也看不出来其中是什么。

早在公元 10 世纪，当欧洲依然处于“黑暗的”中世纪时，波斯天文学家阿卜杜・阿乐 - 拉曼・阿尔 - 苏菲（Abd al-Rahman al-Sufi）对托勒密收集的恒星列表做修正补充，出版了《恒星之书》（*Book of Fixed Stars*）。他指出在仙女星座（Andromeda）中有一个“云一般的点”，不像是一颗星，却也不知是什么。马里乌斯就是用他的望远镜看那里，发现还是只能看到一小片模糊的亮光，像是一个燃烧着的蜡烛火苗。[11]27-31

后来，随着天文望远镜越来越强大，很多原来看不清楚的星点逐渐能够看出其中的星星，但仙女星座这个“云点”依然模糊如故。为了加以区分，天文学家将能够看出由星星组成的亮点叫作“星团”（star cluster），而那些依然宛如云彩或雾霾的不明物体就被叫作“星云”（nebula）。当然，这神秘莫测的星云立刻就成为大家关注的对象。

1781 年，法国的查尔斯・梅西耶（Charles Messier）整理出一份列表，上面有已知的 100 多个星云。他所用的排序一直沿用至今。仙女星云被列为 31 号，因此被称为“M31”。

赫歇尔使用他世界领先的望远镜，很快就把发现的星云的数目增加到 2000 多。不仅如此，他还看到星云有着各种各样的形状：有的圆圆，有的扁扁，还有的像彗星拖着尾巴。当他发现一个星云而仔细观察时，往往还会在它附近发现一些原来没注意到的暗淡星云。

虽然还不知道星云究竟是什么，但这个发现还是一度让欧洲的天文学家长松一口气。

圣经《创世纪》开篇叙述道:“上帝说要有光，于是就有了光。……这是第一日。”接下来，一直到第四日，上帝才想起来要创造出太阳以及其他“天上的光体”。

那么，在太阳被创造出来之前，光是从哪里来的呢？这个逻辑问题一直困扰着神学界。天文学家发现的这些不是星体却发着光的星云，也许正是上帝造太阳之前所造的光。他们终于可以理直气壮地回应无神论者的这一挑战了。[11]30

康德在写他的小册子时已经知道了星云的存在。他正是受其启迪而修改了赖特的宇宙模型，指出银河是一个圆圆扁扁的盘子。不仅如此，他认为银河并不是单一的宇宙。那些星云每一个都是与银河类似的宇宙，也与银河一样是扁扁平平的圆盘。它们距离我们非常遥远，故而看上去渺小、昏暗。而因为与我们相对的角度各有不同，它们便呈现出不同的椭圆形状。

康德、赫歇尔的宇宙——或者说银河——不仅有限，而且有边界。赫歇尔还通过自己的测量第一次估算了银河的大小。只是他们的模型说星星在太阳系周围有远有近，我们却无法分辨它们的距离。因为它们都太远，在地球上观察不到视差。

令赫歇尔最为耿耿于怀的是他无法确定那些星云的远近，只能根据看到的形状猜想。当他看到星云那些不同的形状时，他像康德一样认定那是银河外的“天外之天”。但他后来找到一个中间有一颗明亮星星的星云①时又立刻改变了主意，认为星云不过是银河内的某种发光气体。这样的气体在万有引力作用下可以逐渐凝聚成如同太阳系这样的结构，也许这正是我们太阳系的来源。

---

① 现在知道那其实是一颗超新星。

赫歇尔在 1822 年去世后，他保持的最大望远镜纪录很快被更有魄力的下一代年轻人超越。爱尔兰贵族罗斯伯爵（William Parsons, 3rd Earl of Rosse）也是在 34 岁时突然半路出家，舍弃作为英国议会议员的从政资格而义无反顾地投入这个有钱有闲人的新游戏中。1845 年，他成功建造了一个被称为怪兽“利维坦”（Leviathan）的庞然大物。这个望远镜口径达 1.8 米，可以让当地名流戴着高帽子、撑着伞从容地穿过镜筒。他只有一个目的：要看到赫歇尔没能看到的星云中间的星星——他不相信星云只是银河中的气体。

他没有成功。在他高倍放大的望远镜里，他依然看到星云是成片的光芒，看不见单独的星体。但他看到一个更加惊人的景象：有些星云的形状极其诡异，犹如在急剧转动中的涡旋。

罗斯伯爵很小心地描画出他在目镜中看到的图像（图 3-4），在英国皇家天文学会做了学术报告。他自己说这实在奇异，这样的星云不可能是静止的，内

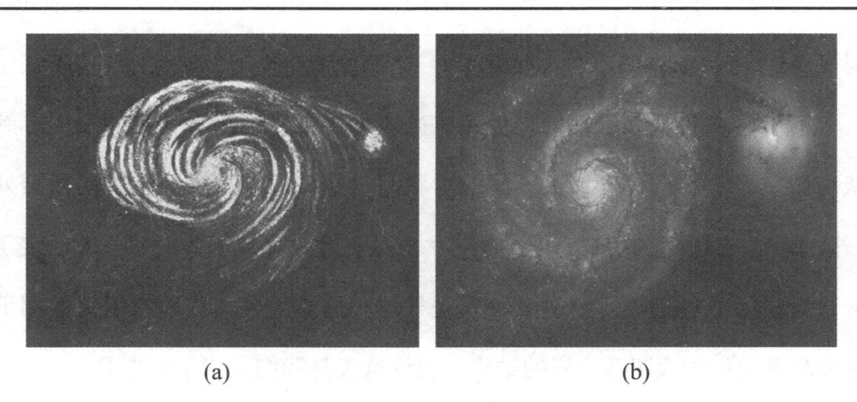

(a) (b)

图 3–4 编号“M51”的螺旋星系

（a）罗斯伯爵在 1845 年根据观测手绘的图；（b）2005 年美国航天局用哈勃望远镜拍摄的照片。

部一定是在运动中。的确，他的发现是如此匪夷所思，大多数同行觉得难以置信。因为只有罗斯伯爵拥有这个威力强大的望远镜，其他人无法独立验证，只能望天兴叹。他们怀疑那是罗斯脑子发昏引起的幻觉，或者他的望远镜存在太大的成像扭曲。[12]46-50

相信他的人则觉得这个发现为康德的主张提供了更扎实的根据：这些星云正是像银河一样是一个个旋转中的大盘子——也许不是康德的圆盘而更像赫歇尔所画出的银河。他们发明了一个新词叫“岛屿宇宙”（island universes），太空中的星云就如同一个个小岛，每个岛都是自己的一个宇宙。

康德没有继续涉足科学研究，而是成为著名的哲学家。当他 30 多年后写下后来成为他墓志铭的名句——“有两种东西，我们对它们的思考越是深沉和持久，它们所唤起的那种惊奇和敬畏就会越来越大地充溢我们的心灵。这就是繁星密布的苍穹和我心中的道德律。”①——时，他自己可能已经忘了当初对“繁星密布的苍穹”曾经有过的猜想。

康德所处的年代也正是现代科学终于与哲学、神学相揖而别的时刻。随着天文观测越来越精细、物理学发展越来越成熟，哲学家、神学家即使是在宇宙的大命题上的发言空间也越来越小，直至近乎消失。从赫歇尔之后，没有人还会在宇宙模型中专门为上帝留下一隅之地。

罗斯伯爵在 1867 年去世。也正是在 19 世纪中叶，天文观测又迎来了两个新的技术突破。天文学家因之可以确切地知道恒星、星云并不是真的恒定不动，而是在运动着的。不仅如此，他们居然还可以非常精确地测量出它们运动的速度。

---

① 康德墓志铭取自他所著的《实践理性批判》（*Critique of Practical Reason*）。

第4章
察“颜”观色识星移

赫歇尔的儿子约翰·赫歇尔（John Herschel）在他的父亲和姑姑的影响下也成为一名出色的天文学家，是英国皇家天文学会的创始人之一。他子承父业，也热衷于埋头数天上的星星。在现实世界里，他对新发明的照相术发生了浓厚兴趣，精于照相底片的化学。后来流行的行话“负片”（negative）、“正片”（positive）等都是他的首创。

照相机的发明引起了天文爱好者的躁动。在底片上留下星星的倩影成为19世纪中叶有钱有闲阶层的新挑战。这个刚问世、靠玻璃板上涂抹化学试剂摄影的新技术在捕捉微弱的星光上很勉为其难。在长达几小时的连续曝光过程中，硕大的望远镜需要平稳地转动，跟踪正在“斗转星移”的目标。摄影者同时还得像狙击手一样盯着目镜监视，时刻调整以确保目标锁定在十字线的中央。

1840年，美国人约翰·杜雷伯（John Draper）成功地拍摄了第一幅月亮照片。1850年，哈佛天文学家威廉·邦德（William Bond）拍出了织女星（Vega）——人类第一张太阳以外的恒星照片。到19世纪60年代后期，玻璃底片完成了从湿版到干版的过渡，不再需要抢在试剂干燥之前完成摄影。曝光时间随之得以大大加长。1880年，约翰·杜雷伯的儿子亨利·杜雷伯（Henry Draper）拍出了第一张星云照片。[10]19,21;[13]

古人看星星，除了它们的位置（即所在的星座），只有很少几个特征可以互相比较：大小、亮度、颜色。在照相技术出现之前，这些都只是肉眼观察、记录的结果，带有很强的主观偏见。飘忽不定的地球大气层对星光的干扰也带来更多的不确定因素。

照片上的影像终于让天文学进入了精确、客观测量的新时代。严谨的天文学家在每幅照片上都会记录曝光时所用的望远镜、时间、角度、天气状况等因素，然后依据既定的公式计算、修正测量出的星星大小和亮度。

更大的突破却是来自颜色。

彩虹是常见的自然景象，曾引得无数文人骚客为之感慨抒怀、浪漫想象。彩虹不仅出现在雨后的斜阳照耀之下，而是在瀑布、水泡、玻璃折射下都能经常看到。早年物理学家——包括英国的罗伯特·虎克（Robert Hooke）——认为这是因为白光通过这些物体时被染上了颜色。

牛顿不满意这个解释。他在 1666 年进行了系统的科学实验，证明并非如此。他的设计相当简单：在一个棱镜把太阳光分离成斑斓的彩虹后，他让分离出的红光光束再通过另一个棱镜，发现出来的依然只有红光；第二个棱镜没能将红光再染上别的颜色。然后，他又让第一个棱镜分离出的所有颜色的光再通过倒过来的第二个棱镜，发现那七彩的光又重新组合，恢复成了白光。于是，他指出颜色是光本身的属性。棱镜不具备染色的功能，只是在改变不同颜色的光的路径，因此可以分离、重组颜色。（图 4-1）

牛顿相信光束是由微小、肉眼不可见的粒子（corpuscle）组成，这些微粒与其他物体一样遵从他发现的动力学定律。他推测光粒子通过棱镜表面时受到了一种力，因此改变了路径。他假设这个力对所有光粒子是一样的，路径扭曲程

图 4–1　牛顿为他的双棱镜实验手绘的设计草图，这里是演示分离出的红光不会再度被第二个棱镜“染色”

度便取决于粒子的质量。因此，他认定红光的微粒质量最大，光路被扭曲的程度最小；而紫光则反之。

当然，牛顿看到的分离出的太阳光与我们日常看到的彩虹一样，是一道从红到紫连续变化的亮色，并没有红光、紫光的界别。他把这个分离——“色散”（dispersion）———出来的连续颜色系列叫作“光谱”（spectrum）。参照乐谱中的音符，他划分出 7 种颜色，大致相当于我们今天常说的“赤橙黄绿青蓝紫”。

虽然他的双棱镜实验令人信服地确立了颜色是光的属性，他的“微粒说”解释却很快被抛弃。相继观察到的光的衍射、干涉、偏振现象无法用粒子运动解释，因此微粒说被更早由虎克、克里斯蒂安·惠更斯（Christiaan Huygens）等人提出的“波动说”取代。光束与声音、水面涟漪一样是一种波动，光的不同颜色来源于波动的不同频率：红光的频率最低，波长最长；紫光则频率最高，波长最短。

大约 150 年之后，德国一个玻璃坊工匠约瑟夫·冯·弗劳恩霍夫（Joseph

von Fraun-hofer）注意到他生产的棱镜产生的光谱中有一些纤细、不易察觉的黑线。他精益求精地优化工艺，试图消除这些瑕疵。经过不懈的努力，他制作出当时最优质的玻璃，引领德国超越英国成为世界光学仪器中心。但光谱里的那些小细线却依然如故。

弗劳恩霍夫领悟到这不是玻璃的毛病，而是来自光本身，因为那些黑线在光谱中的位置——也就是频率——非常固定。他把比较明显的一些黑线用字母顺序标识出来，最引人注目的是黄光区有两条相挨着的粗线——“D- 双线”。后来他又把望远镜与棱镜结合起来，可以更清晰地观看太阳的光谱，赫然发现其中居然有成百上千条这样的黑线。（图 4-2）由此，他发明了光谱仪。[10],[12]16

图4-2（彩）

图 4-2 1987 年德国邮政为纪念弗劳恩霍夫 200 周年诞辰发行的邮票，用的是他当年描绘的太阳光光谱

弗劳恩霍夫从小是个孤儿，没有系统地接受过正规教育。但他不仅在玻璃工艺上做出了杰出贡献，还成为了光学专家。除了光谱仪外，他还根据光波的原理发明了“衍射光栅”（diffraction grating），能比棱镜更有效地分离、辨识光谱。遗憾的是，他 39 岁时就去世了，至死没能明白那些黑线是什么。

30 多年后，德国海德堡大学的物理学家古斯塔夫·基尔霍夫（Gustav Kirchhoff）和化学家罗伯特·本生（Robert Bunsen）合作才揭开了这个谜。（图 4-3）

图 4-3 基尔霍夫（左）与本生（右）

早在唐宋时期，中国人已经制作出烟花焰

火，增添节日的喜庆。[14]焰火的原理是一些矿物质在受热后会发出不同颜色的光。基尔霍夫和本生发现这些颜色来自矿物质中含有的特定化学元素。他们花了很大的工夫提纯，然后用本生发明的“本生灯”（Bunsen burner）逐个加热纯化的元素，用光谱仪观察它们炽热时发出的光。

这时他们看到的不是七彩的彩虹，而只是一条条纤细、明亮的线条。令人惊奇的是每种元素有着自己特定的谱线，犹如可辨认的指纹。尤其是金属钠，加热后有两道亮丽的黄色谱线，恰恰就在弗劳恩霍夫的“D- 双线”的位置。

基尔霍夫意识到他们看到的亮线与弗劳恩霍夫发现的暗线其实是同一个现象的两面：前者是元素受热时发射的光，后者则是同一种元素从白光中吸收了同样频率的光后留下的“黑影”。因此，无论是看到亮线还是暗线，光谱仪都可以用来识别该元素。一个晚上，他们从实验室看到远处发生火灾，便好奇地将光谱仪对准那火光。果然，他们在光谱中找到钡、锶等元素的“指纹”，正是起火仓库里存有的货物。[12]16-17

在那之后，众多的科学家便将太阳光谱中那些暗线与地球上观察到的元素“指纹”对比，辨认出太阳中有氢、氧、碳、钠、铁等元素，与地球上的相应元素并无二致。当一道黄色谱线找不到对应元素时，他们大胆猜测那来自太阳上才有的一个新元素，以希腊文的“太阳”命名为“氦”。十几年后，氦才在地球上被发现，证实这个元素的存在。

于是，天文爱好者又兴致勃勃地把光谱仪连接到望远镜上，要一举探究恒星的构成。本来就微弱的星光被棱镜色散之后更是难以捕捉。但有了用照相机长期曝光的手段之后，这只是一个耐心和技术的问题。

1863 年，在 30 岁时突然变卖纺织家业进而投入天文观测的英国人威廉 · 哈金斯（William Huggins）成功拍摄到第一张恒星的光谱照片。1872 年，亨利 · 杜雷伯拍摄到织女星的吸收谱线。及至 19 世纪 80 年代，即使是肉眼看起来模糊不清的星云，也在哈金斯、杜雷伯等人的玻璃底片上留下了光谱“指纹”。

很快，哈金斯发现遥远恒星的光谱与太阳光谱大同小异，也就是说它们的成分对我们来说都不陌生。他兴奋地宣布：“每个星星闪烁的地方，都有着太阳系的化学。”① 也许美中不足的是，他没能在外太空发现新的未知元素。[12]51-52

19 世纪 40 年代初，奥地利的克里斯蒂安 · 多普勒（Christian Doppler）也对星星看上去有不同的颜色很感兴趣。他觉得他明白个中缘由，因为他注意到波的频率并不是绝对的，而是会随着观察者与波源的相对速度改变。

1845 年，荷兰气象学家赫里斯托福鲁斯 · 巴洛特（Christophorus Ballot）专门请了一个乐队站在行驶中的敞篷火车上吹号，他在站台上听到了“走调”：火车开过来时号声的音调偏高，离去时则偏低，因此证实了这个“多普勒效应”（Doppler effect）。如果我们倾听行驶中的火车拉响的汽笛或警车的警笛，也能注意到同样的现象。

多普勒认为光作为与声波类似的一种波，也会有同样的效应。他觉得星星应该是都在发同样的白光，不过有些星星可能在运动中。如果它们冲着我们过来，光的频率会像号音走调一样移向高频，看起来就会偏蓝。反之，如果星星离我们远去，它就会显得偏红。

可惜的是他忽略了一个细节：星星的光谱与太阳一样是彩虹般的连续谱，其中频率无论是往高（“蓝移”）还是往低（“红移”）移动，整体的色彩不会有多大变化。如果黄光因为红移变成了橙光，原来的绿光就会同时变成黄光

---

① The chemistry of the solar system prevailed, wherever a star twinkled.

补上。[7]12-16

还是基尔霍夫为星星的色调提供了更合理的解释。他发现，只有本生灯烧出来的炽热稀薄气体才会出现分离的谱线。固体、液体甚至密度高的气体加热后发出的都是连续光谱。在不同温度下，光谱会略有不同。温度低时，红色比较显著；温度高时，蓝色、紫色则更醒目。[11]42-45

自古以来，打铁、烧窑等需要高温的工匠都掌握着一手绝活：看火色——看看火中的颜色就能判断出火候，亦即温度。这招之所以好用，基尔霍夫发现是因为“火色”与火焰中的物质无关而完全由温度决定。他把这种热辐射叫作“黑体辐射”（black-body radiation）。

太阳也是这样一个发光的物体。他根据其光谱判断太阳其实是一个温度达几千摄氏度的大火球。同样，我们观察到遥远的恒星呈现出偏红、偏黄、偏蓝的色彩也是因为它们有着不同的表面温度。

然而，多普勒最初的想法也并不完全离“谱”。虽然从连续的光谱中的确看不出运动所导致的频移，光谱中的那些细细的谱线（“指纹”）却每根都有着确定的频率位置。因为已经可以确信恒星都是由与地球上相同的元素组成，我们可以比较同一元素的谱线的频率位置，看看来自恒星的谱线是不是带有多普勒效应带来的红移或蓝移。

哈金斯是第一个发现这样的频移的。

自从罗斯伯爵发现涡旋状的星云、康德提出银河是一个旋转中的大盘子后，恒星位置不恒定而可能是在运动中这一猜想已经不再骇人听闻。现在，光谱线的多普勒效应不仅能让我们确定它们在运动，还能很简单、精确地计算出它们相对我们运动的速度[1]。

巴洛特很容易就听出了火车上号音的变调。但如果他同时在火车上装置某种颜色的灯来观察光的频移，这个实验却会失败。因为多普勒效应中的频移大小取决于火车速度与波速之比。与光速相比，火车的速度微不足道，不可能观察到多普勒效应。

但哈金斯能看到星星光谱中的多普勒效应，说明星星不仅在运动，而且其速度不是一般的大，能与光速相比。的确，他估算出御夫星（Capella）的速度达 30 千米每秒，也就是光速的万分之一[2]。

看看漫天的繁星，想象一下它们正在以非常高的速度“疯狂”地奔波着。我们这个宇宙这是怎么啦?

随着越来越多数据的积累，天文学家很快意识到只有极少的星星或星云——比如那个让马里乌斯纳闷的仙女星云——在朝着我们奔来。绝大多数的星星、星云似乎都在“义无反顾”地背离我们而去：它们的谱线全都呈现出不同程度的红移。

这就十分诡异了。

---

① 这里所说的运动、速度都是“径向”，也就是星星沿着我们和它的视线上的运动、速度。有些星星也有“横向”的运动，天文学上叫作“自行”（proper motion）。那种运动没有多普勒效应，只能通过相对于其他恒星背景的视差判断。

② 严格来说，如此高速运动的多普勒效应计算需要进行狭义相对论修正，但爱因斯坦还要再等 11 年后才出生。

第 5 章

挑战爱因斯坦的宇宙

图 5–1　1898 年左右的荷兰天文学家德西特

1916 年夏天，就在发表广义相对论一年后，爱因斯坦应邀到荷兰的莱顿市访问 3 个星期，与老朋友亨里克 · 洛伦兹（Henrik Lorentz）、保罗 · 埃伦菲斯特（Paul Ehrenfest）等切磋他的新理论。在那里，他还结识了比他大 7 岁的天文学家威廉·德西特（Willem de Sitter）(图 5-1)。德西特是研修数学出身，对广义相对论倒也不怎么发怵。

第一次世界大战激战正酣。夹在敌对的德国和英国之间的荷兰勉力保持着中立，无意中成为科学交流的一个桥梁。德西特将爱因斯坦的论文转寄给英国同行、剑桥天文台主任爱丁顿，才有了爱丁顿几年后证实敌方科学家理论的历史佳话。[2]256-257

很可能也正是出于德西特的提醒，爱因斯坦意识到他的理论可以走出假想中的电梯而面向整个宇宙，才有了 1917 年年初的“爱因斯坦宇宙”。

德西特也没有闲着。因为战争的阻碍，加之广义相对论艰涩难懂，爱丁顿请他为皇家天文学会月刊撰稿，面向天文学家介绍这个新理论。于是，德西特在 1916 年和 1917 年两年中接连在英国发表了 3 篇论文，题目都是《论爱因斯坦的引力理论及其在天文学中的应用》（*On Einstein's Theory of Gravitation and its Astronomical Consequences*）。最后一篇发表于 1917 年 10 月。[11]76-78,[12]142-145

那年年初，他看到了爱因斯坦发表的宇宙模型，觉得不甚满意。作为天文学家，他最关心的是为什么会有那么多星星、星云的光谱呈现红移，似乎都在急于逃离我们。爱因斯坦对这个现象未置一词。德西特意识到作为理论物理学家的爱因斯坦对当时的天文学进展既不熟悉也不关心。因此，那个“有限无边”的宇宙不但令人无法理解，也无从与现实对应。于是，德西特决定自己试一试。

虽然爱因斯坦已经把宇宙简化成了“球形奶牛”，德西特觉得他还可以再进一步：爱因斯坦假设宇宙中的物质密度完全均匀、处处一样。德西特则认为对整个宇宙来说，物质的密度实在很小，可以忽略不计。因此，这个质量密度完全可以再简化为零：一个空空荡荡、没有物质的世界。

与爱因斯坦一样，他也是在寻求一个不随时间而变的恒定解。经过一番探索，他还真找出了这样的一个解。或者说，至少是一个数学上可以存在的解。

虽然广义相对论是“质量告诉空间如何弯曲”，德西特这个没有质量的模型却也有着与爱因斯坦宇宙类似的弯曲。神奇的是，在他这个时空中，光的频率会越传播越低：离光源越远的光的波长越长。也就是说，光的传播本身是一个红移的过程。

德西特因而大喜，将这个成果作为他的第三篇论文在英国发表。他提出，天文学家观察到的星云光谱红移也许不是星云真的在运动，而只是相对论时空弯曲造成的错觉。

自然，德西特在撰写论文之前就写信给爱因斯坦通报了他的发现。爱因斯坦大惑不解，回信直言这实在莫名其妙[①]：一个没有物质存在的宇宙应该没有任何意义。

不过，爱因斯坦也不得不纠结。他认定广义相对论是一个全面、终极性的理论，不需要再外加其他条件、参数就可以描述整个宇宙。因此，理论所能给出的宇宙解应该是单一的。所以他在引进宇宙常数，找到一个随时间恒定不变的解之后便以为大功告成，没有再深究，以至于没有考虑过他的方程是否还会存在着另外的解。

德西特的宇宙模型虽然比爱因斯坦的更为怪异、费解，但他好歹把广义相对论框架下的宇宙与现实的光谱红移现象联系了起来，引起更多天文学家的兴趣。只是当时无论是物理学家还是天文学家都一筹莫展，既无法领悟理论的精髓，也没能理解红移的来源。

而在欧洲，战争正在干扰着正常的科学研究。

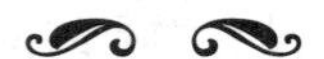

尽管战争阻碍了广义相对论在科学界的交流，这个理论最早的突破性进展却是出现在战场上，几乎就是战壕里。

卡尔·施瓦西（Karl Schwarzschild）是一个在德国出生、长大的犹太天才儿童，16 岁以前就发表了两篇关于双星轨道的科学论文。20 世纪初，他在哥廷根大学任教授，是希尔伯特、赫尔曼·闵可夫斯基（Hermann Minkowski）这些研究相对论的数学高手的同事。

当“一战”爆发时，施瓦西已经 40 岁出头，还是普鲁士科学院的院士。他却毅然投笔从戎加入了德国陆军。1915 年爱因斯坦发表广义相对论时，他正在

① does not make sense to me.

俄国前线指挥炮兵奋战。他同时还用数学知识设计弹道、进行命中率的计算和优化。

战斗间隙，他依然操着旧业，推导出广义相对论场方程的第一个解。[①]1915 年 12 月 22 日，他写信给爱因斯坦汇报，不无得意地炫耀："您看，战争对我足够好。让我在激烈的炮火下还能逃逸到您的思想领域中徜徉。"

爱因斯坦收到信后不禁叹为观止，回信说："我从来没有想到这个问题的严格解可以表述得如此简洁。"他立刻在普鲁士科学院宣读了施瓦西的论文。

施瓦西相继担任过哥廷根天文台、波茨坦天体物理天文台的台长。他的兴趣也已转往天文学，希望能通过广义相对论找到一个新的宇宙图像。不幸的是，他在战争中感染了天疱疮，不久于 1916 年 5 月 11 日辞世。[8]

施瓦西不可能知道，在他战场对面，也有一位同样渴望理解宇宙奥秘的理论物理学家。

早在 1907 年，埃伦菲斯特曾经因为妻子的缘故搬家到俄国，在国立圣彼得堡大学任教。他开了一个每周一次的即兴讲座，畅谈量子力学、统计物理以及相对论的最新进展。这个讲座吸引了很多年轻学生，其中有亚历山大 · 弗里德曼（Alexander Friedmann）和雅各布 · 塔马金（Jacob Tamarkin）。

弗里德曼的父亲是作曲家、芭蕾舞星，母亲是钢琴师。他们的后代钟情的却不是音乐而是数学。弗里德曼小学时就结识了后来成为著名数学家的塔马金，结成形影不离的死党。两人高中时合写了一篇关于伯努利数（Bernoulli numbers）的论文，不知天高地厚地寄给了希尔伯特，居然被他选中在《数学年鉴》

① 此前，爱因斯坦一直是采用近似方法做数值演算。

（*Mathematische Annalen*）上发表。[15]

图 5-2　1922 年左右的苏联理论物理学家弗里德曼

弗里德曼大学毕业后一边继续攻读硕士学位，一边在天文台上班，研究气象学。“一战”爆发后，他自愿投身俄国空军，驾驶轰炸机战斗在奥地利、德国前线。就在施瓦西为德军演算火炮瞄准表格时，弗里德曼也在用他的数学技能为俄军编制飞机投弹指南。与施瓦西不同，弗里德曼没有在沙场捐躯。（图 5-2）

俄国退出战争后，弗里德曼又陷入红军与白军拉锯内战的险境。等到他终于辗转回家时，俄国已经变成了苏联，圣彼得堡变成了彼得格勒。为了生计，他在那里四处兼职，一边教学一边重新开始科研。

虽然爱因斯坦的狭义相对论很早便为俄国科学家所熟知，广义相对论却被战争阻挡在境外，直到战后爱丁顿的日全食实验轰动全球才被知晓。一位当初被战争隔绝在德国，结果阴错阳差地在哥廷根成为希尔伯特助手的俄国物理学家这时回国，为弗里德曼带来了最新的进展。弗里德曼一头扎进了广义相对论的宇宙模型。[16]

他发现，在假定宇宙不随时间变化的前提下，爱因斯坦和德西特分别发现的确实是场方程所能有的两个解，不会再有其他可能。但他更觉得这个假定本身很迂腐，并不具备“理所当然”的合理性。他主张把场方程看作纯粹的数学方程来求解，不但要看到这里面的宇宙长什么样，更可以看看它随时间如何演变。[12]242-243

这一来，他发现这个方程的解可以有很多——其实是无穷多。在这些解中，有着几种奇怪的宇宙。与爱因斯坦刚开始就发现的那样，宇宙的大小会随时间而变化。

如果爱因斯坦引进的那个宇宙常数的数值与宇宙中质量密度相比足够大，宇宙会“从零开始”慢慢变大，经过一个拐点（inflection point）之后便急剧膨胀到无穷大。如果宇宙常数不够大，宇宙也会逐渐变大，但其起点却是已经有一定大小。最有意思的是——至少对弗里德曼自己来说——如果宇宙常数是零①或负数，宇宙会从零开始逐渐长大，达到一定的最大值后又会反过来逐渐收缩，直到回归为零。或者说，宇宙的大小可以像弹簧似地来回振动。[16]

后来，弗里德曼还发现这些解中宇宙的空间形状也会有不同，并不都是爱因斯坦所描述的那种“有限无边”的球。他的宇宙可以是一个球（“正曲率”），也可以是一个马鞍（“负曲率”），甚至还可以是我们日常所熟悉的平坦欧几里得（Euclid）空间（“零曲率”）。[11]88-92

弗里德曼的论文陆续发表在德国的《物理学报》（*Zeitschrift fur Physik*）上。爱因斯坦看到第一篇后就很不以为然。他已经在为德西特的宇宙头疼，更不能容忍一下子又冒出这么多不同的宇宙来。1922 年 9 月，他给《物理学报》投寄了一封信，质疑弗里德曼的论文，认为那只是一个数学推导失误所导致的错误。

信寄出后，爱因斯坦便启程赴日本讲学。正是在途经中国上海的 11 月 13 日，他得知自己荣获了 1921 年的诺贝尔物理学奖。

弗里德曼看到爱因斯坦的批评后也丝毫不含糊。他在 12 月给爱因斯坦去信，附上他详细的推导过程并请爱因斯坦验证、指出具体错在哪里。“如果您发现这

① 也就是如果爱因斯坦压根儿没有引进过这个无中生有的项。

些计算其实是正确的，”弗里德曼不客气地要求：“那就请好心的您向《物理学报》编辑澄清，也许您应该发表一篇更正。”

爱因斯坦1923年3月回到柏林后一直没看到这封信，后来5月再度访问荷兰时在埃伦菲斯特家中遇到弗里德曼的一位同事才经提醒知道有这么一回事。经过一番研究，爱因斯坦发现的确是自己的不对。他果然立即给《物理学报》去信收回他早先的评论，承认那是他自己推导中出了错，而弗里德曼的解是正确的。①

爱因斯坦手写的信件原稿最后还指出弗里德曼的结果仍然不具备物理意义②。但他随即删掉了这句话，把异议留在了自己的心底。

彼得格勒又变成了列宁格勒。弗里德曼成为那里地球物理天文台台长。1925年7月，他亲自搭乘气球上升到史无前例的7400米高空进行气象测量，可能因此感染了伤寒症，于9月16日不治去世。[36]41-46

他年仅37岁。

1919年11月6日，英国皇家学会、皇家天文学会联合举办盛大晚会，听取爱丁顿汇报他的日全食测量结果。汤姆森爵士（Joseph John Thomson）宣布这是人类思想史上最伟大成就之一。会后，将信将疑的路德维希·西尔伯斯坦（Ludwig Silberstein）向爱丁顿求证：“据说世界上只有3个人懂得广义相对论，而您就是其中之一。”爱丁顿沉思未语。西尔伯斯坦赶紧圆场：“您不必谦虚。”爱丁顿说：“正相反，我是在想那第三个人会是谁。”[2]261-262

① 弗里德曼的这位同事尤里·克鲁特科夫（Yuri Krutkov）后来兴奋地给自己姐妹写信，报告他在与爱因斯坦辩论弗里德曼论文时战胜了爱因斯坦，维护了圣彼得堡的荣誉。[31]147

② to this a physical significance can hardly be ascribed.

喜欢促狭的爱丁顿也并没有太离谱。广义相对论数学之复杂让即使是理论物理学家——德西特、弗里德曼是显然的例外——都望而却步，更何况那些需要整晚埋头看星星的天文学家。因此，在相当长的一段时间，宇宙模型还只是在爱因斯坦他们几个人小圈子里纸上谈兵。天文学家虽然对德西特宇宙中存在的红移好奇，却还没有精力、能力探究这些不同宇宙模型的孰是孰非。

他们有更迫切的问题需要操心。

尽管在“一战”前后，天文观测技术已经有了长足的进步，几十年前的大问题却依然如旧：我们看到的银河是宇宙的全部吗？还是天外有天？星云是在银河内部，还是银河外自成一体的岛屿宇宙？银河——或宇宙——有多大？

多普勒、哈金斯的贡献既让天文学家兴奋，也让他们尴尬。因为多普勒效应最大的特点是与距离无关。无论光源有多远，只要我们能接收到它发出的光，只要有足够的光强可以辨识光谱，就可以非常准确地测量出光源的（径向）速度。但这个优点同时也是一个非常大的缺点：我们因此无法知道光源的距离。

要想知道宇宙的状态，仅仅有一个测速仪是不够的。还必须找到一把能丈量宇宙的尺子。

第 6 章
“后宫”中丈量宇宙

从苏菲到马里乌斯、梅西耶到赫歇尔，近千年的天文学家曾为那看不清的星云伤透了脑筋。直到罗斯伯爵从他的利维坦望远镜里看到了它们的涡旋形状而吓了一大跳。

他们不知道，居住在南半球的人从来都在用肉眼观看璀璨的星云——虽然苏菲在他的《恒星之书》曾提到有这样的传说——并感叹大自然的造化。[17]

直到 16 世纪麦哲伦航海时，他和他的海员们才在赤道以南惊异地看到银河星带之外有着两个显著的大星云。星云里既有无数灿烂的群星，也有白茫茫的光带。它们后来就分别被命名为大麦哲伦星云（Large Magellanic Cloud）、小麦哲伦星云（Small Magellanic Cloud）。

19 世纪末期，美国哈佛天文台的台长爱德华 · 皮克林（Edward Pickering）准备用现代的望远镜和摄影技术重新为所有星星建立档案。他当然不想重复坐井观天的局限，便派人远征南半球，在秘鲁建立了一个观测站，常年拍摄北半球无缘相见的那一半星空。那两个麦哲伦星云更是他们搜寻各种星星的富矿。[12]90-91

皮克林是在 1877 年担任台长的，当时他才 30 岁。他接手的其实只是一个简陋的作坊。40 年前，哈佛大学给当地钟表匠、业余天文爱好者邦德一个不带工资的虚衔，由他自筹资金建造了当时美国最大的望远镜，于是有了哈佛天文台。邦德随后在1850年成为第一个拍出星星照片的人。

为了实现他的梦想，皮克林使尽浑身解数四处筹款。幸运的是，他得到亨利·杜雷伯遗孀的大力支持。杜雷伯成功拍摄星云的谱线后，曾豪情万丈地准备以一己之力拍摄所有星星，解开宇宙之谜，却不幸因病早逝。在皮克林耐心的劝说下，杜雷伯夫人陆续将他们的设备捐献给哈佛天文台，并每年捐赠巨款支持皮克林的计划，编制命名为“亨利·杜雷伯星表”（Henry Draper Catalogue）的恒星大全。[10]3-20

皮克林自己也是技术革新的能手。他设计了一个“双筒”望远镜，可以把北极星和另一颗要观测的星同时聚焦在目镜上。对比着北极星可以方便地判断所测星的亮度，大大地减少主观和随机因素。[10]11-12

最初的光谱观测都是把光谱仪连接在望远镜的目镜后面，一次只能看到、拍摄一颗星的光谱。皮克林则直接把分光的棱镜安装在望远镜前端的物镜处，可以同时分离视野所及的几百个星星的光谱。这些光谱在底片上成像，像是玻璃上爬满了一条条的小蚂蚁。[10]22（图6-1）

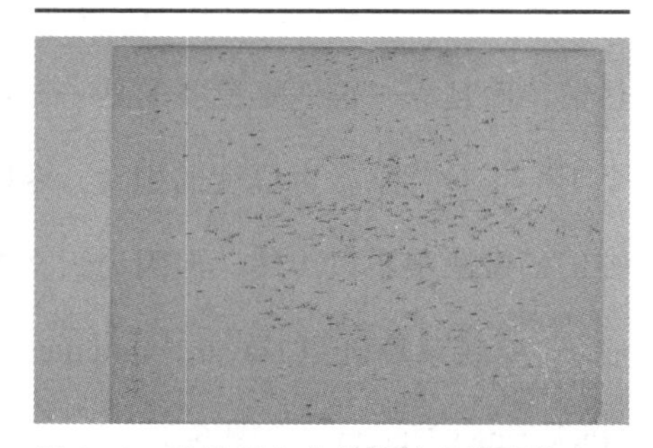

图6–1　哈佛天文台拍摄的光谱照片之一

上面每一条小黑道是一个星星的光谱，旁边是坎农记下的编号。

每个天气好的晚上，皮克林在哈佛和秘鲁的天文学家埋头操作望远镜和照相机，一幅接一幅地不间断地拍摄着星空的照片。普天群星，尽入彀中。

这些日积月累的照片标志着天文观测进入了“大数据”时代。皮克林需要计算机帮忙进行大规模的数据处理。

他当然没有现代意义的计算机。在那个年代，“计算机”（computer）这个词也不是今天的含义。它指的是从事简单、重复性工作的底层人员。哈佛天文台已经有几个这样的计算员。他们不需要很多天文知识，只要会辨识照片图像或光谱、比较星星的亮度、测量距离角度，以及使用计算尺按照既定公式做运算等技能。但最难的是必须具备非凡的耐心和细心。正因为如此，皮克林对他的人手很不满意，却苦于找不着合适的人选。这时，他夫人提醒他留意一下自己家里的保姆。

威廉米娜·弗莱明（Williamina Fleming）是苏格兰人，21 岁时随丈夫移民到美国，不久却被遗弃。她当时已经有了一个儿子却又怀有身孕，不得不做保姆谋生。皮克林很快注意到她做事井井有条的作风，安排她到天文台兼职帮忙。果然，她的表现很快就超越了那些男性员工。[10]9-10

皮克林愈加认定女性比男性更适合这种“人型计算机”的工作。她们听话、热情，而且——也许更重要的是——比男性职员便宜得多。他很快招募了十来个不同年龄背景教育程度的妇女，专职数据处理。老派的哈佛大学对这一惊世骇俗的做法很不以为然，但因为天文台经济独立所以也无从干预。这些女工就成了“哈佛计算机”（Havard computers），但更“通俗”地被叫作“皮克林的后宫”（Pickering's Harem）。（图 6-2）

弗莱明理所当然地成为这个“后宫”的大管家。

“后宫”其实只是一间很小的房子。里面一般两人一组，一人用放大镜或显微镜仔细观察玻璃底片，一边测量一边口授数字；另一人则在旁边做记录。① 她们日复一日重复着同样的任务，每星期工作 6 天，每天 7 小时。她们的工资是

① 皮克林经常鼓励她们说：“用放大镜在底片上能找到比用高倍望远镜看天空多得多的星星。”[10]26

图 6–2　皮克林（后排左三）和他的“后宫”部分成员，后排左五（稍靠前）是坎农。照片摄于 1913 年 5 月 13 日

每小时 25 美分，比外面扛粗活的工人稍高，但比办公室里的正式秘书低。

皮克林是一个老派的绅士。他对这些妇女与对天文学家同事一样地以礼相待，永远以“小姐”“太太”称呼，交谈时还会微微地欠身以示尊重。他经常满怀着歉意，倒不是因为所付薪水的微薄，而是他觉得让女人从事这样无聊、残酷的工作很不合适，至少不忍于他那颗大男人的心。（图 6-3）

他的“宫女们”并不以为意。她们积极、愉快地工作着，鲜有抱怨。她们有些就是在这天文台长大的，比如邦德的女儿和皮克林前任台长的女儿。其余也大多是天文爱好者。还有一些年轻女性干脆不要工资，自愿前来奉献。[10]9

弗莱明的二儿子出生后，便被她以皮克林的名字取名，以表敬意。

图 6–3　哈佛大学“后宫”中的“人型计算机”们在工作

“天上的星星眨眼睛。”这是一句耳熟能详的童谣，在世界各地都有类似的版本。其实，星星并不会对我们眨眼睛。那只是地球的大气层对星光随机扰动的表现，也是天文学家测量时需要尽量避免、排除的干扰。

绝大多数的恒星所发的光非常稳定，至少在相当长时间内不会改变。但也有一小部分恒星的亮度确实是在时高时低地变化，它们被称为“变星”（variable star）。

历史上，变星与突然出现然后消失的新星、超新星爆发一样是违反亚里士多德“恒星永恒”教条的怪物。它们有的纯属误会。比如，皮克林在 1881 年就发现历史悠久的“大陵五”（Algol）不是真的变星。它亮度的变化是因为另一颗比较暗的星周期性地游荡于它与地球之间，产生了类似于日食、月食的遮光效果。

但有些的确是自身光亮在变化的星。那时候还没有人知道星星的光是如何产生的，变星自然成为职业天文学家和业余爱好者感兴趣的目标。但持续跟踪测量每一颗变星的光亮变化状况、周期需要非常可观的人力。

皮克林便又祭出对付大数据的另一高招：“众包”（crowdsourcing）。他发动波士顿甚至整个美国东北部新英格兰地区的业余天文爱好者参与，在自家后院中跟踪变星。他定期写信给每个人指定目标，并组织邻近的人互相帮助、核对。他们观测的结果也通过信件回馈到天文台，由他审阅、甄别，在天文台年鉴上发表，并从中筛选出有意思的变星交给他的职业天文学家进行深度观测研究。

而在他自己的“后宫”中，那十多年积累的照片更是寻找变星、研究它们变化规律的最强大武器。通过比较不同日子、不同时期拍摄的同一个区域的照片，可以相当客观地找出新星和变星并测量亮度的变化。需要的还是细心和耐心，而这正是她们的强项。

1895 年，哈佛大学邻近的拉德克利夫学院的两个学生相继作为不领工资的志愿人员加入了皮克林的“后宫”。亨丽埃塔・勒维特（Henrietta Leavitt）和安妮・坎农（Annie Jump Cannon）有很多共同特点。她们都已经大学毕业，有过教书经历，在攻读研究生学位。坎农在大学期间因为猩红热两耳失聪，而勒维特这时也因病在逐渐失去听力。虽然这给她们的交流带来困难，却也对她们的工作有帮助：在拥挤、嘈杂的房间里她们更能不受干扰，专注于自己眼前的底片。[10]72

与众不同的是坎农在大学里学习过天文观测，有资格进入天文台操作望远镜观测、拍摄天象（图 6-4）。因此，她经常不知疲累地连轴转：晚上在天文台干着“男人的工作”，白天又回到女性中间任职“计算机”。在那里，她主要的职责是处理从南半球观测站寄来的越来越多的照片。她表现出特有的才华，能比

图 6-4　1892 年，坎农在大学期间学习操作天文望远镜

其他任何人都更快速地辨认、归类星星照片。[10]75-76

有了光谱之后，皮克林就意识到过去根据星星亮度、颜色分类的做法可以大大改进。他让弗莱明从光谱图片中寻找规律。弗莱明没有辜负期望，总结出一套分类法，用英文字母标记：绝大多数星星的光谱有着非常强的氢元素谱线，它们是 A 类；氢谱线稍弱的是 B 类……依次一直可以排到字母 G。[10]25-27

坎农又很快发现这个分类法不甚理想。她综合星星的颜色①、亮度和光谱特征，找到了更合理的归类。为此，她不得不打乱弗莱明原有的字母顺序，重新排列为：O、B、A、F、G、K、M。其中，O 类星呈蓝色，表面温度最高；M 类星则显红色，表面温度最低。[10]91

弗莱明和坎农发明的这个体系一直沿用到今天，是国际通用的“哈佛光谱分类”。唯一的问题是这个新次序不便记忆。于是有机灵人编出一个上口的句子：“哦，做个好女孩，亲亲我。”（Oh, Be A Fine Girl, Kiss Me.）——相当长时间里，天文学界每年还举办一个竞赛，用这个特定的字母顺序编写有趣的句子。[18]

---

① 出于基尔霍夫的发现，颜色对应恒星的表面温度。

当然，坎农的主要任务还是查寻变星。皮克林把整个天穹一分为三，由她和勒维特以及另一位姑娘一人负责一份在照片中搜寻变星。在这场"竞赛"中，坎农却不敌勒维特，后者在速度上一直遥遥领先。[10]119,123

勒维特曾一度离开哈佛，却又在恋恋不舍中于1903年回来。皮克林以每小时30美分的"高工资"雇她做了正式职员。其实，哈佛天文台那时正陷入财务困境，弗莱明不得不辞退了所有其他新手。但皮克林对勒维特青眼有加，特意挪用了别的资金来支付她的工钱。[10]113（图6-5）

图6–5 勒维特的工作照

皮克林先让勒维特专注于猎户座（Orion）大星云。哈佛天文台的前辈邦德和杜雷伯都曾费尽心机地研究、拍摄过这个星云。而这时他们已经有十多年分别从北半球和南半球视角拍摄的这个星云的无数照片。比较不同时期的照片，勒维特在短短几个月时间里便辨认出100多颗变星，而此前只知道有16颗。

然后，她又转向南半球的那大麦哲伦星云、小麦哲伦星云，一下子找出200多颗变星。到1905年时，她仅仅在小麦哲伦星云中就已经找出了900颗新变星——其他天文学家惊呼已经不可能跟上她的节奏。[10]114

1908年年底，勒维特一边继续发现新的变星，一边撰写题为《麦哲伦星云中的1777颗变星》（*1777 Variables in the Magellanic Clouds*）的论文。这时她开始注重于一种特别的“造父变星”（cepheid variables）。

这类变星光强变化的周期短的不到2天，长的可以达到127天。但无论周期长短，其光变都有着同样的规律：先是非常暗淡一段时间，然后突然明亮起来，但最大光强只是昙花一现，便又慢慢地暗淡下去。[①]

当勒维特为她收集的造父变星数据制备表格时，她觉察到一个有意思的趋势，于是在论文中随手记下了一句：“值得注意，越亮的变星周期越长。”可惜还没等到进一步探讨，她就病倒了，不得不请长假回家休养。

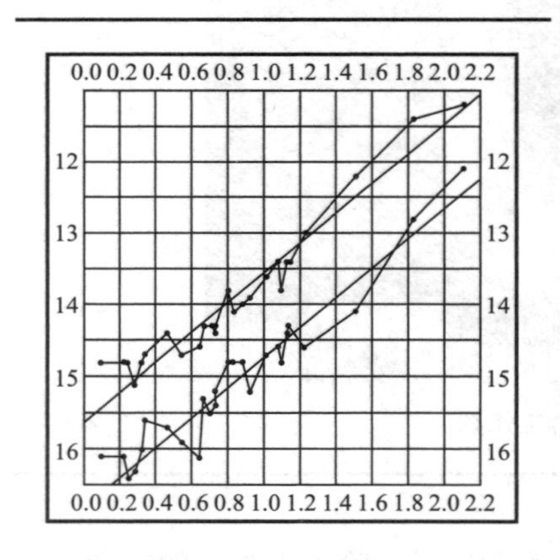

图6–6　勒维特1912年论文中描述造父变星亮度与周期关系的图

横坐标是周期（对数），纵坐标是亮度。两条直线上的数据点分别是变星的最大和最小亮度。

一直到1911年秋季勒维特才回到哈佛大学。这时弗莱明已经去世，坎农接替了她的主管位置。勒维特再度研究她3年前那个“值得注意”的现象。当她把小麦哲伦星云中的25颗造父变星的亮度和周期在对数坐标纸上标画出来时，惊讶地发现它们排列成相当标准的直线（图6-6）。也就是这些变星的亮度与它们周期的对数成正比。

1912年，她的论文《小麦哲伦星云中25颗变星的周期》（*Periods of 25 Variable*

① 现代天体物理学认为这是恒星演变的一个特定过渡期：星星内部的氢原料消耗殆尽，转向其他元素的聚变反应。这期间星体内部压力不稳定，其大气层像火山那样有积蓄、膨胀、爆发、冷却的周期。便是地球上观察到的亮度变化。

Stars in the Small Magellanic Cloud）在哈佛天文台年鉴上发表。皮克林立刻就意识到这个发现的重要性，认为会有突破性的意义。[10]130-131,[12]94-99

我们在地球上观看一颗星，只能看到它的“视觉亮度”（apparent brightness），也就是它传进地球上望远镜的光亮。我们并不知道它本身有多亮，亦即星的“内在亮度”（intrinsic brightness）。光在传播中随距离（平方）衰减。我们看到一颗星比较暗，可能是因为它的内在亮度本来就低，是一颗暗星；也可能它其实本身很明亮，只是距离我们非常远。我们无法分辨这两种情况。

当然如果不同的星与我们的距离相等，它们的光衰减程度相同，那么它们的视觉亮度与内在亮度便会直接相关。

勒维特发现的是造父变星的视觉亮度与它的周期有一个直接、简单的关系。而她选取的这些变星密集地处于同一个星云中，可以假设它们与地球距离相差不大。这样便可以推断，造父变星的内在亮度与它的周期也有着同样的关系。

这就是造父变星的“周光关系”（period luminosity relation），有时也直接被称作“勒维特定律”①。

这样，如果在宇宙的其他地方发现有造父变星，我们可以很容易地测量出它的周期。将这个周期与一个已知距离的造父变星的周期比较，便可以推算出它的距离。

勒维特发现了多少代天文学家梦寐以求的宝贝：一把可以用来丈量宇宙的尺子。

尽管皮克林对勒维特的发现甚为欣赏，他却没有给她提供进一步研究的机

① 2009年1月，美国天文学会理事会全票通过决议赞成采用“勒维特定律”的名字，取代“周光关系”。[10]262

会。勒维特继续被淹没在编辑星表的繁琐工作中，没能用她的尺子去丈量宇宙。多病的她在 53 岁时去世。

虽然莫里哀笔下的 17 世纪太太小姐们已经以拥有和使用天文望远镜为时尚，但天文领域一直都还是男人的天下。只有极少数女性——比如赫歇尔的妹妹、哈金斯的妻子——得以在为男人做助手时崭露头角。

1906 年，保姆出身的弗莱明因在发现很多星云、新星、变星方面的贡献获得英国皇家天文学会荣誉会员称号，是继哈金斯妻子之后获得该荣誉的第二名女性。[10]118

8 年后，坎农也成为英国皇家天文学会荣誉会员，并被牛津大学授予荣誉博士学位。她后来借参加学术会议时游历欧洲，惊讶地发现大名鼎鼎的英国格林尼治天文台中没有一位女性职员、在汉堡的会议上没见到一个德国女人……她在各种学术委员会中总是唯一的女性，地位却举足轻重。所幸的是，她成绩显赫，男性同行们均对她尊敬、仰慕有加。①[10]155-158

---

① 女子“人型计算机”并不只是在哈佛天文台昙花一现。在那之后的几十年里，几代聪明、勤奋、细心的女性在各行各业的类似工作岗位上默默地奉献着。第二次世界大战期间，她们更是后方从事弹道计算、密码破译等计算工作的主力。当现代电子计算机问世时，她们又成为负责接线、打孔乃至编程诸方面的先驱。[19] 2016 年美国电影《隐藏人物》（*Hidden Figures*）描述了几个 20 世纪 50 年代在美国航天局从事“计算机”工作的女性，展示了她们那不为人知的生活和贡献。

第 7 章
20 世纪初的宇宙大辩论

罗斯伯爵那座 1.8 米口径的利维坦望远镜称雄世界 60 多年，直到 1917 年才被超越。[11]40 那年，美国西海岸洛杉矶市附近的威尔逊山天文台有了一座口径达 2.5 米的新庞然大物。它主要由美国钢铁业实业家约翰·胡克（John Hooker）捐助，也就被命名为“胡克望远镜”。[12]182-185

威尔逊山天文台本身也是在 20 世纪初出现的，由美国钢铁大亨安德鲁·卡内基（Andrew Carnegie）捐款设立的卡内基科学研究院资助。刚开始，他们偏重观测太阳，看星星的是一个 1.5 米口径望远镜，比利维坦望远镜略逊一筹。胡克望远镜的出现立刻就改变了格局。

在那个世纪变迁之际，整个世界的格局也在变化。欧洲的传统贵族在经历衰退、战乱后已经捉襟见肘，而大西洋对岸的美国经过所谓的“镀金时代”（gilded age），完成了全面的工业化。新一代的暴发户占据着天文观测的前沿。

当然，工业化也带来了麻烦。早在 19 世纪 80 年代后期，皮克林就发现他在哈佛拍摄的天文照片质量越来越差。最大的原因是附近波士顿市区已经急速扩张到了校园边缘，电灯照明带来了越来越强烈的光污染。那时距离托马斯·爱迪生（Thomas Edison）发明大众化白炽灯也不过 10 年。

1887 年，皮克林和他的弟弟威廉·皮克林曾率队远征西部的科罗拉多、亚利桑那等州，试图寻找合适的地点，在远离市区、空气稀薄的高山上建设新的天文观测站。他们后来因为资金短缺未能如愿。但那时，美国西部的新富人早已捷足先登。

威尔逊山还不是西海岸的第一个天文台。沿着太平洋海岸往北 500 多千米以外，在旧金山市附近的汉密尔顿山上的利克天文台于 1888 年落成，比威尔逊山的早近 20 年。那也是世界上第一个设在高山之巅的永久性天文台，资助者是加利福尼亚州首富、实业家詹姆斯 · 利克（James Lick）。他没能看到天文台的落成，但遗体却永久地埋葬在天文台望远镜的底座之下。[12]4-12

虽然装备鸟枪换炮，但 20 世纪初的天文学家对宇宙的认识比他们 18 世纪的前辈比如赫歇尔却还没有多大长进。世纪变更时，荷兰人科尼利厄斯 · 伊斯顿（Cornelius Easton）和雅各布斯 · 卡普坦（Jacobus Kapteyn）、德国的施瓦西、英国的爱丁顿等都曾以赫歇尔数星星的方式再度揣摩银河的形状（图 7-1）。除了伊斯顿率先把银河画成涡旋状外，其他人心目中的银河依然是赫歇尔所描画的圆饼。[11]46-50,[20]

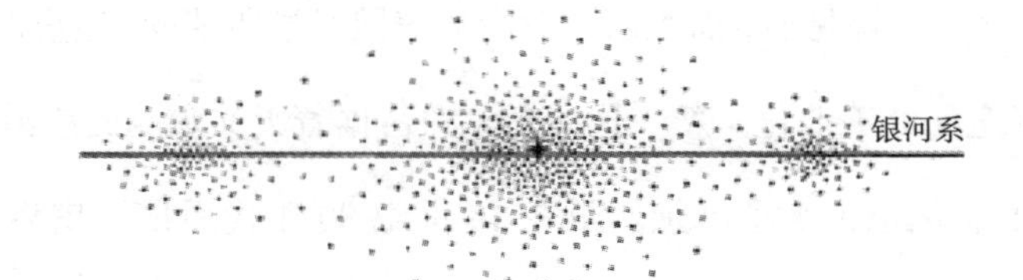

图 7–1　爱丁顿在 1912 年描绘的银河形状

太阳（十字标识）处于中央位置，但不在中间的平面上，而是稍微偏上。

赫歇尔当初估计银河横向的大小约为 6000 光年[①]。新一代天文学家则认为银河跨度应该在几万光年上下。他们也像赫歇尔一样认定地球所在的太阳系恰好处于饼子的中心——即使不是在绝对的中心，其偏差也不会太大。因为从地球上看银河环绕着我们，各个方向星星的数目、亮度相差无几。

威尔逊山上的哈洛·沙普利（Harlow Shapley）却觉得这个“日心说”有点蹊跷。

沙普利出生于美国荒僻的中西部密苏里州一个农场，邻近的小学只有一间教室。他没念几年书就辍学回家了，边务农边自学。到 15 岁后，他为当地小报当记者攒钱补习、申请上大学，直到 21 岁时才如愿被密苏里大学录取。

他报考的是新开办的新闻学院，不料到校后才发现开学被延期了。闲着也是闲着，他于是找了一本课程表，从头翻看能去上的课。按字母顺序，他第一个看到的是考古（archaeology）。因为不认识这个生僻词，只好放弃。第二个是天文（astronomy），就选了，从此改变了人生。[②]

虽然完全没有数理基础，但他只用了 3 年便大学毕业。又一年后他拿到硕士学位，赢得奖学金去普林斯顿大学继续深造。在那里，他师从天文学泰斗亨利·罗素（Henry Russel），又只花了 3 年便获得博士学位，然后被推荐去威尔逊山天文台。

在去西部之前，沙普利抽空访问了哈佛大学。已经年过半百的坎农在家做晚饭招待这个名声在外的年轻人，鼓励他好好干，因为她知道他会成为将来的哈佛天文台台长。一直在秘鲁观测站拍摄南半球天幕的梭伦·贝雷（Solon

---

① “光年”（light-year）是一个通俗的天文距离单位，即光在真空中一年所走的距离，近似 9.46×10^{12} 千米。也是在 20 世纪初，天文学家开始转用对他们更方便的“秒差距”（parsec）单位，1 秒差距约为 3.26 光年。

② 当然，这只是他后来自我调侃时所讲的故事。

Bailey）正好也在，他提议沙普利用威尔逊山的望远镜好好地看看“球状星团”（globular cluster）。[10]160-161,188; [12]114-116

星云因为模糊不清而神秘，星团就“逊色”多了。可以看出来它们是由数以万计甚至更多的星星组成，在相互的引力纠结下聚成一团。正因为其“朴实无华”，星团一直被专注于星云的天文学家所忽视。

沙普利到威尔逊山后果然兢兢业业地用那个 1.5 米望远镜拍摄了好几年的星团照片。一时间，他的名字在山上与球状星团成了同义词。白天没事时，他还仔细观察山上蚂蚁的行径。在做了大量细致的测量后，他得出某种蚂蚁的爬动速度完全是由地表温度决定的新颖结论，发表了一篇与天文学风马牛不相及的科学论文。[10]169

当然，他发表更多的还是关于星团的论文，在那里他看到了一个不同的银河。

星团与星星一样分布在银河同一个平面上。但与星星不同，在射手座（Sagittarius）方向有着大量星团的存在，其他方向上星团则明显稀疏。沙普利大胆设想巨大的星团只能在银河的外围边缘存在。这个不均匀的分布是因为我们所在的太阳系并不在银河的中心。真正的银河中心在射手座方向，离我们相当远。[12]119-134,[10]168-171

而更让他兴奋的是，他在一些星团中发现了造父变星，可以通过丈量它们的距离来计算银河的大小。

及至 18 世纪末时，人们还只知道存在 6 颗变星。英国人爱德华 · 皮格特（Edward Piggot）一直在寻找更多的变星。不料他的邻居小伙计约翰 · 古德利克（John Goodricke）才是这方面的能手。古德利克从小又聋又哑，在皮格特的呵护下学会了整晚地盯着望远镜看星星，17 岁时相继发现了著名的“大陵五”

“造父一”等变星。不幸的是，他年仅 21 岁就因在跟踪观察“造父一”时感染肺炎而离世。[10]160,[21]

他发现的“造父一”变星有着特定的光强变化模式，所以后来发现的所有同一类变星都被称为“造父变星”①。

勒维特发现的便是这类变星的光强和周期之间的“周光关系”。她清楚地知道那是一把可以丈量宇宙的尺子，只是还需要至少一颗已知距离的造父变星作为校准尺子的基准。她在论文中写道：“希望有同类型的变星能通过视差测量出距离”。“造父一”非常明亮，距离太阳系相对比较近，正是作为基准的良好对象。

丹麦天文学家、卡普坦的女婿埃纳尔·赫茨普龙（Ejnar Hertzsprung）首先进行了这方面的尝试。他对“造父一”以及其他几颗他认为距离太阳系比较近的造父变星的视差数据进行统计分析，推算出所需要的基准距离。沙普利又在这个基础上做了必要的修正和校准，确定了造父变星距离更为可靠的基准。有了可用的尺子，他便测量出了那些拥有造父变星的星团的距离。

因为他认为星团所在便是银河的边缘，沙普利由此得出银河的直径达 30 万光年之巨，是当时所有天文学家估计的 10 倍。面对这么广阔的一个银河，他不得不转变自己的“世界观”：他不再认为那些模模糊糊的星云是银河外的“岛屿宇宙”，而相信银河便是整个宇宙，星云只是银河内部的某种气态物质。即使某些星云可能是银河外的“岛屿”——比如看起来就在银河之外的大、小麦哲伦星云——也不过是银河这个大陆边上所附庸的小岛。[10]168-171,184; [12]119-134

他自己把这个宇宙叫作“大星系”（big galaxy）。

最特别的是，他指出太阳系不在宇宙中心，距离真正中心有约 6.5 万光年的

① “造父”是中国古代用来标志星座位置的“星官”之一。“造父一”在西方是“仙王座”（cepheus）的一颗标识为“德尔塔”（δ）的星。

距离——这个偏差比其他人所认为的整个银河都还要大。

1920年4月下旬，美国科学院在首都华盛顿举行年会。为了让各行各业的科学家以及当地民众更好地了解天文学的最新进展，他们安排了一个别开生面的议程，辩论“宇宙的尺寸”（The Scale of Universe）。在对外广告时，他们更是哗众取宠地设问道：“有多少个宇宙？”（图7-2）沙普利理所当然地被邀请宣讲他只有一个宇宙的主张。他的对立面则是他的远邻、利克天文台的希伯·柯蒂斯（Heber Curtis）。

飞机早就有了，那年美国还第一次出现了横跨大陆的航空邮件服务。但那时人们长途旅行还是坐火车。西海岸的沙普利和柯蒂斯凑巧在奔赴东海岸的同一班火车上相遇。他们也只是在停站、换车时有一些交流，礼貌地闲聊了一点经典艺术，刻意避免试探对方为辩论所做的准备。

4月26日，科学院年会开幕（图7-3）。白天是平常的议程，著名物理学家罗伯特·密立根（Robert Millikan）、阿尔伯特·迈克尔逊（Albert Michelson）等各方面科学家做了学术讲演。威尔逊山天文台台长乔治·海尔（George Hale）也介绍了他们那个胡克望远镜的最新进展。

晚餐之后，沙普利与柯蒂斯的专题在8:15开始。

虽然此次辩论后来被夸张地称为“世纪大辩论”（The Great Debate），不过当时其实只是两个天文学家自说自话地综述了天文学界对银河系的大小和范畴的认识及分歧。他们都对正反两方的论点、论据了如指掌，并不需要针锋相对地辩论。沙普利先介绍了星团的分布，由此展开他的“大星系”图像。柯蒂斯则更代表天文学界主流，阐述千千万万星云的每一个都是像银河一样的“岛屿宇宙”，因此宇宙的数量难以计数。

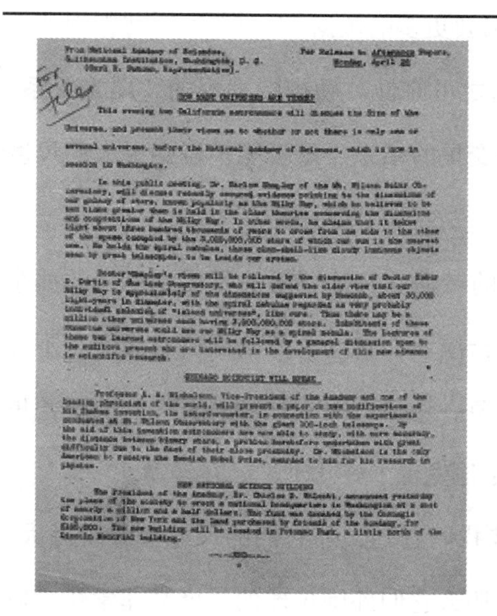

图 7–2 1920 年 4 月 26 日，美国科学院为“大辩论”发布的新闻稿，告知当晚将有一场题为“有多少个宇宙？”的公开讨论

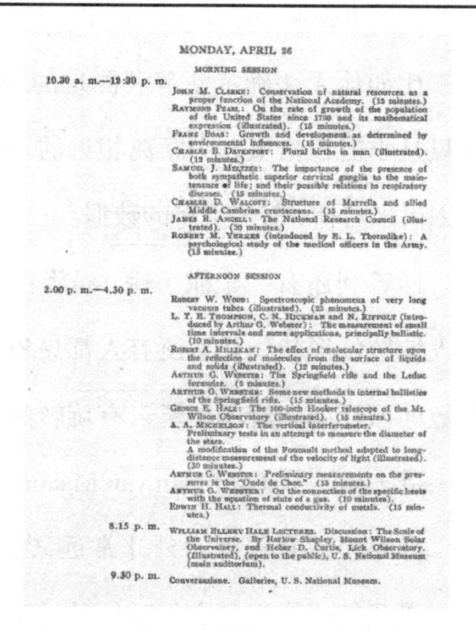

MONDAY, APRIL 26

MORNING SESSION

10.30 a. m.—12:30 p. m.

JOHN M. CLARKE: Conservation of natural resources as a proper function of the National Academy. (15 minutes.)
RAYMOND PEARL: On the rate of growth of the population of the United States since 1790 and its mathematical expression (illustrated). (15 minutes.)
FRANZ BOAS: Growth and development as determined by environmental influences. (15 minutes.)
CHARLES B. DAVENPORT: Plural births in man (illustrated). (12 minutes.)
SAMUEL J. MELTZER: The importance of the presence of both sympathetic superior cervical ganglia to the maintenance of life; and their possible relations to respiratory diseases. (15 minutes.)
CHARLES D. WALCOTT: Structure of Marrella and allied Middle Cambrian crustaceans. (15 minutes.)
JAMES R. ANGELL: The National Research Council (illustrated). (20 minutes.)
ROBERT M. YERKES (introduced by E. L. Thorndike): A psychological study of the medical officers in the Army. (15 minutes.)

AFTERNOON SESSION

2.00 p. m.—4.30 p. m.

ROBERT W. WOOD: Spectroscopic phenomena of very long vacuum tubes (illustrated). (25 minutes.)
L. T. E. THOMPSON, C. N. HICKMAN and N. RIFFOLT (introduced by Arthur G. Webster): The measurement of small time intervals and some applications, principally ballistic. (10 minutes.)
ROBERT A. MILLIKAN: The effect of molecular structure upon the reflection of molecules from the surface of liquids and solids (illustrated). (12 minutes.)
ARTHUR G. WEBSTER: The Springfield rifle and the Leduc formulae. (5 minutes.)
ARTHUR G. WEBSTER: Some new methods in internal ballistics of the Springfield rifle. (15 minutes.)
GEORGE E. HALE: The 100-inch Hooker telescope of the Mt. Wilson Observatory (illustrated). (15 minutes.)
A. A. MICHELSON: The vertical interferometer.
Preliminary tests in an attempt to measure the diameter of the stars.
A modification of the Foucault method adapted to long-distance measurement of the velocity of light (illustrated). (30 minutes.)
ARTHUR G. WEBSTER: Preliminary measurements on the pressures in the "Onde de Choc." (15 minutes.)
ARTHUR G. WEBSTER: On the connection of the specific heats with the equation of state of a gas. (10 minutes).
EDWIN H. HALL: Thermal conductivity of metals. (15 minutes.)

8.15 p. m. WILLIAM ELLERY HALE LECTURES. Discussion: The Scale of the Universe. By Harlow Shapley, Mount Wilson Solar Observatory, and Heber D. Curtis, Lick Observatory. (Illustrated), (open to the public), U. S. National Museum (main auditorium).

9.30 p. m. Conversazione. Galleries, U. S. National Museum.

图 7–3 美国科学院 1920 年 4 月 26 日年会日程

沙普利和柯蒂斯的“大辩论”排在晚上 8:15 举行，随后是自由讨论时间。

沙普利引用了勒维特的“周光关系”计算宇宙的尺寸。柯蒂斯也搬出哈佛“后宫”老管家弗莱明的发现作为他的一个论据：弗莱明前些年在很多星云中发现了大量的新星。假如星云只是银河内部的气体，就很难解释为什么银河那些地方会有频繁的新星爆发。如果想象那是另外的宇宙，其中会有大量新星便合理得多。沙普利也有回应：如果星云那么遥远，我们似乎不应该能看到那么明亮的新星[①]。

后人整理分析发现，他们两人的论点之间至少存在 14 项大大小小的分歧。用现代知识评判，可以说每人都对错各半。正因为当时存在着大量的未知成分，

① 当时还没有“超新星”的概念。

柯蒂斯一再强调做结论为时过早，还“需要更多的数据①”。[10]184-186,[12]149-157,[20]

比如他无法确定沙普利测量的距离之可靠性。勒维特发现的“周光关系”还只是小麦哲伦星云中距离相近的一些变星的结果，是否能扩展到更大的尺度范围尚未可知：需要更多的数据。

沙普利还有一个撒手锏：涡旋星云的转动。自从罗斯伯爵看到星云的那个令人惊骇的形状，几乎所有人都想象星云应该在转动。但是从所有天文台不计其数的照片上都看不出星云有旋转的迹象。除了也在威尔逊山天文台的阿德里安・范・玛纳恩（Adriaan van Maanen）：他发现了好几个星云在转动。

如果星云在银河之外非常远又能被我们看到，那它们的尺寸会异常巨大。再如果我们能辨识到它们整体的转动，那么它们外围星球的速度会非常快，以至于超越光速从而违反相对论。

柯蒂斯对这个强有力的证据无法反驳。他承认，如果玛纳恩的观察确实的话，那些涡旋星云便不可能距离我们太远，只能是在银河之内。但他也没有盲目缴械：还“需要更多的数据”。

演讲结束之后，科学家欢聚一堂进入社交程序。美中不足的是，美国宪法第18修正案那年刚刚生效，全国进入禁酒年代。尽管他们为宇宙争论得激动不已，却未能开怀畅饮。

真正的辩论其实发生在会后。沙普利和柯蒂斯又花了几个月的时间来回通信争论，然后各自整理出自己的观点，包括反驳对方的内容，分别写就论文在《国家研究通报》（*Bulletin of the National Research Council*）上同时发表。

他们对各自所持的科学观点均充满信心，确信自己在辩论中得胜，或至少

① more data are needed.

打了个平手。不过，沙普利也觉得自己讲演时表现不佳，远不如柯蒂斯流畅自如、引人入胜。只有他自己知道个中缘由：哈佛天文台在皮克林去世后寻找接班人，已经与他接头。那次年会上就有几个哈佛人物在考察。因此他不敢失之轻佻，有意采取了稳重、保守的风格。

图 7–4　沙普利在哈佛天文台办公室

他使用的是一张自己设计的八边形、可以旋转的办公桌，上面设有书架，方便轮换处理不同主题的公务、科研。

果然，不久沙普利便如愿以偿地受聘哈佛天文台台长[①]（图 7-4），令坎农兴奋不已。而更令沙普利兴奋、惊奇的是他从皮克林手中继承的“后宫”。那是一个无价之宝：太多消耗天文学家宝贵时间的繁琐工作可以交给那些“人型计算机”完成，效率大大提高。他甚至发明了一个用来估算人工资源的计量单位：“女孩小时”（girl-hour）。[10]189 他的“大星系”可以在哈佛“人型计算机”的大数据辅佐下发扬光大。

大辩论 3 年后，踌躇满志的沙普利在他哈佛的办公室里收到一封来信。匆匆读过后，他对身边的研究生长叹了一口气：“就这么一封信毁掉了我的宇宙。”[②] [10]204

信来自西海岸的威尔逊山，作者是沙普利熟知的一个年轻人，名叫爱德文 · 哈勃（Edwin Hubble）。

---

① 其实哈佛大学当时还是觉得沙普利太年轻、不成熟，先招聘的是他以前的导师罗素。罗素经过反复考虑，婉拒了这个管理职位，继续做他以科研为主的教授。[12]165-166

② Here is the letter that has destroyed my universe.

第 8 章

哈勃打开的宇宙新视界

哈勃其实只比沙普利小 4 岁，也是密苏里州的乡下人，两人的出生地相距不过 150 千米。与沙普利不同，哈勃的父亲学过法律，从事保险推销，是有稳定经济基础的文化人。哈勃经历了正规的中小学教育，学业成绩一直优等。但他出名的还是体育场上的建树。他从小身材高大，尽管比同学小两岁，依然是各类球赛中的健将。高中时他还曾在田径运动会上一举囊括七项冠军外加一个第三名。

中西部成立不久的芝加哥大学给他提供了奖学金。他也不负众望，以那时还不多见的 1.88 米身高担任校篮球队中锋，连续三年夺冠。[①]

和那个年代众多的天文学家相似，哈勃对天文的兴趣始于 8 岁的生日。外公送给他一具自制的天文望远镜，父母也破例允许他不用按时上床睡觉。结果他在后院里看了一个通宵的星星。当然兴趣只是兴趣，饱尝生活艰辛的父亲坚持儿子必须学法律，以保证将来能有一份体面的工作。看星星毕竟当不得饭吃。

孝顺的哈勃听从了父亲的忠告，在芝加哥大学主修的是为法学院准备的各类课程。但他还是放不下天文，便兼修了一些理科课程。虽然只是副业，但他

---

① 那也是芝加哥大学历史上仅有的篮球冠军称号。

二年级时就崭露头角，被评为最好的物理学生。他后来也是以科学学士毕业。

大学时，哈勃已经知道几年前去世的英国矿业大亨塞西尔·罗兹（Cecil Rhodes）遗嘱设立了奖学金，在美国挑选文体兼优的大学毕业生去牛津大学进修，以增进两国关系。这成为他向往的目标和学业、竞技的动力。物理教授密立根写了一封热情洋溢的推荐信，帮助哈勃如愿以偿地成为罗兹学者。

即使已经大学毕业，哈勃依然不敢违抗父亲的意愿。他在牛津大学还是专心研修法律，只是偶尔会跑到天文系解解馋，还不敢让父亲知道。

3 年的牛津生活给他最深刻的影响既不是法学也不是科学。他很快就完全摒弃了与生俱来的美国中西部口音，操起一口纯正的牛津英语。他一丝不苟地穿着考究的制服，外面还披件大氅。他还会潜心地烹制一壶精致的下午茶。这些依然不够，他的嘴边还出现了一只从不离口的烟斗。

其他来自美国的罗兹学者们颇为惊诧，把他叫作“假洋鬼子”。[12]170-181,[22]

父亲因病去世后，哈勃从欧洲赶回，作为长子承担起家庭责任。老爹当初的远见在这关键时刻却只是竹篮打水一场空：哈勃没有去律师行谋职，只是“沦落”为中学里的代课老师和教练。① 如此蹉跎一年后，他终于下定决心，返回芝加哥大学当研究生。这次他自己光明正大地选择了天文学专业。

芝加哥大学的耶基斯天文台有一个当时相当先进的 61 厘米口径望远镜。哈勃用它拍摄了大量星云照片。他发现其中一个星云的形状在变化，证明它应该离我们很近——正如沙普利所言，它处于银河之内。这个星云后来被称为“哈勃的变星云”（Hubble's Variable Nebula）。威尔逊山天文台台长海尔没等他毕业

① 成名后的哈勃似乎对这段经历不堪回首，编造了自己通过律师资格考试、进律师行的不实履历。[12]169,174

就给他下了聘书。

他的博士论文题目是《暗淡星云的摄影研究》(*Photographic Investigations of Faint Nebulae*)。虽然他在望远镜前花费了数百个小时照相，论文却只有9页文字、8页数据表格，外加区区两张照片。因为他还没来得及动笔时，美国已经正式参与了第一次世界大战。哈勃匆匆敷衍了论文便投笔从戎，加入美国远征军（图8-1）。[12]177-179

图8–1 第一次世界大战期间哈勃在美国远征军服役时的证件

虽然叫作远征军，他们却是在美国本土驻扎了一年多才奔赴欧洲。这时战争已经进入尾声。他随军驻扎在巴黎，没有真正上过战场。① 但他也得以晋升为少校军衔。战争结束后，他继续在欧洲游荡，直到1919年才想起威尔逊山为他保留的位置。于是他再次匆匆离开欧洲赶回国，在那年9月报到上任。[12]179-181

尚未离开威尔逊山的沙普利对这个不再有一点乡土气的老乡很不以为然。哈勃这时不仅叼着烟斗、一副英国绅士派头，还穿着戎装马裤、皮靴，身披硕大的斗篷，头上扣着贝雷帽。面对山上的一众书生，他居高临下地自我介绍是“哈

① 这并不妨碍他后来编造在战壕里被炸弹震晕的传奇。[12]180

勃少校”。

哈勃对沙普利也同样看不顺眼。那时沙普利已经在星团研究上声誉斐然，不过 30 岁出头就已经是哈佛天文台所垂青的台长人选。但哈勃觉得沙普利只是在战争期间躲在后方摘到了本来可能会属于他哈勃的桃子。①[12]189-191

其实来得早不如来得巧。哈勃虽然因为战争耽误了两年多，却赶上了千载难逢的好时机：那座 2.5 米口径的胡克望远镜在他到达一星期后正式投入使用。经过在小望远镜上一番练手、熟悉环境后，还是新手的哈勃因为海尔的偏袒获得了与山上的老将平起平坐共享这个巨型望远镜的资格。沙普利另谋高就之后，哈勃在这里就更如鱼得水了。[12]187-188

那年圣诞节前的平安夜，哈勃第一次操作起这座傲视全球的大家伙，把它对准了他早已熟悉的那些暗淡的星云。

罗斯伯爵通过他的利维坦望远镜看到星云的涡旋形状已经是大半个世纪以前的事了。星云却依然还是那样的神秘。除了偶尔能看到它们中间突然出现明亮的新星，星云还是连续一片的光云。

恰恰是作为利维坦继承者的胡克望远镜在哈勃的手下终于揭开了星云的面纱。

只要天气允许，哈勃便整晚拍摄星云的照片。这其实就是他博士学位论文的继续。在大望远镜帮助下，他看到星云并不都是涡旋，有些也是挺规矩的椭圆。按照星云的形状，他制作了一个沿用至今的“哈勃分类体系”（Hubble Classification System）。[12]191-192

---

① 哈勃不知道，沙普利虽然痛恨战争，不过当初也已经决定参军，但被海尔劝下。海尔觉得战争应该会有更用得着天文学家的地方。[10]168

当然，他更希望的是能捕捉到星云中的个体星星。在威尔逊山上，他没有弗莱明、坎农那样的行家里手“计算机”辅助，所有照片都必须他亲手冲洗、观察、测量、记录、归类。

功夫不负有心人。在强大的望远镜和长期曝光的操作下，星云中肉眼看不见的新星在他的底片中接二连三地出现。最让他感兴趣的是几颗在仙女星云中发现的新星。那便是波斯天文学家苏菲曾经记录的“云一般的点”、北半球人类最早知道的星云。

哈勃是在 1923 年 10 月初的观测中发现仙女星云中的新星的。按惯例，他在照片上将它们分别标记上“N”（nova）。当与天文台库存的照片对比时，他意外地发现其中一颗以前也出现过，因此并不是新星，而可能是时有时无的变星。这一发现让他兴奋无比，立刻在照片上把“N”字划掉，代之以加上感叹号的“VAR！”（variable）。

他的好运气还不止如此。在连续几个月跟踪拍摄之后，他明白这颗变星非同一般，正是一颗天文学家梦寐以求的造父变星。[10]204,[12]199-215

1924 年 2 月 19 日，还沉浸在兴奋中的哈勃给在哈佛的沙普利写了一封信，不带任何客套地开门见山道：

“亲爱的沙普利：你可能会有兴趣知道我已经在仙女星云中找到了一颗造父变星……”

他附上了一幅描述这颗星的光强变化曲线的图（图 8-2），其形状毋庸置疑地符合造父变星特征。那颗星的星光只有 18 等，极其微弱。但光强变化的周期长达 31 天。根据勒维特的周光关系，这么长的周期说明那其实是一颗内在亮度极其明亮的星星。与它那微弱的视觉亮度相比，表明它非常遥远。

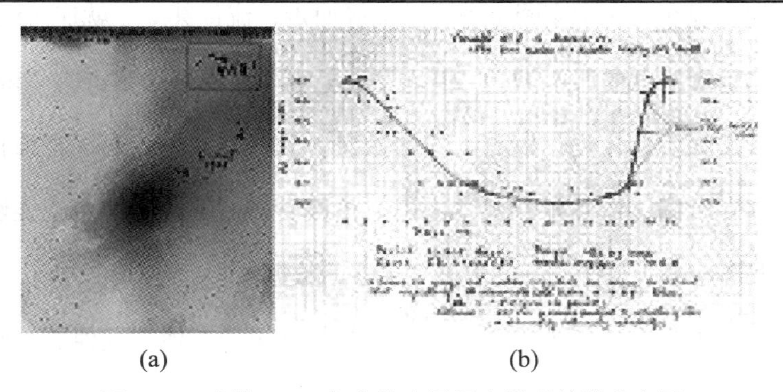

(a) (b)

图 8–2 哈勃 1923 年在仙女星云中发现的造父变星

（a）哈勃拍摄的仙女星云照片之一，上面有他做的标记；（b）哈勃随信寄给沙普利的变星光强变化曲线。

沙普利在大辩论前已经确定了用周光关系测定造父变星距离的基准。这时哈勃用这把现成的尺子很轻松地就估计出仙女星云距离地球超过 100 万光年。

而沙普利通过星团的测量发现银河比其他所有人想象得都更大，以至于大的就是整个宇宙时，他的银河也“不过”30 万光年。一个 100 万光年之外的星云显然不可能处于他的银河“大星系”之内。

那么遥远的星云能在地球上肉眼可见，说明它自身也巨大到足以与银河相比：岛屿宇宙。

所以，沙普利只寥寥地扫了一下哈勃的来信，便立刻领悟到他的宇宙已经完全被毁了。

1924 年年底，美国科学促进会在首都华盛顿举行为期 6 天的年度会议。美国天文学会也凑热闹，同时同地举行他们自己的年会。[12]ix-xii 普林斯顿教授、沙普利当年的导师罗素几度给哈勃去信邀请，暗示他的论文肯定会赢得天文学会的年度大奖。

哈勃的发现在天文学家圈子中早已不胫而走，流传甚广。就连《纽约时报》（*New York Times*）也在那年11月23日发表了哈勃发现遥远宇宙的“传闻”。但哈勃却一直按兵不动，迟迟没有正式的论文出现。他诚惶诚恐，害怕自己的数据或推论存在纰漏，依然躲在威尔逊山上拍摄更多的照片。他希望能够——如柯蒂斯在大辩论中所坚持的——掌握“更多的数据”。

更多的数据也在持续地出现。不仅仅是仙女星云，他在其他更为暗淡、模糊的星云中也陆续发现了造父变星。在威尔逊山那些万籁俱寂的夜晚，哈勃几乎孤独地忙碌着。随着底片的积累，他那把丈量宇宙的尺子在浩瀚的广宇中持续并执着地向外延伸。

在罗素的多次催促下，哈勃终于在最后一刻给他寄去了一篇论文稿。他自己则依然留在威尔逊山，没有去东部赴会。

自托勒密开始，天文学家计时的一天都是从太阳当空的正午开始，到第二天的正午结束。这样对星空的仰望、记录不至于在午夜时中断。当1925年新年到来时，80多位美国天文学家与常人一样欢庆元旦，也同时把他们的“纪日”改为与日历同步，从午夜到午夜。这样，即使对天文学家来说，正午也不再是新的一天到来的时刻。

然而，1925年元旦的正午，却依然成为一个历史性的天文时刻。

那一刻，天文学家和科学促进会的数学物理部成员济济一堂，在乔治·华盛顿大学新建成的大礼堂里继续开会。

罗素走上讲台，宣读了哈勃题为《涡旋星云中的造父变星》（*Cepheids in Spiral Nebulae*）的论文。哈勃报告说他已经在仙女星云中找到了12颗造父变星，也在另一个星云里发现了22颗，并在其他一系列星云中看到存在变星的迹象。

不仅如此，他更是已经能够清晰地看到星云的外缘由一颗颗可辨认的星星组成。星云不仅非常遥远，也不是如沙普利猜测的那样由气体尘埃组成，而是与银河一样群星璀璨——真实的岛屿宇宙。

天文学又一次进入了一个新的时代。

柯蒂斯在那场大辩论后也离开了西海岸的利克天文台，到东部匹兹堡市的一个天文台担任台长。此时他正在会场。在激动的同行中，他表现得颇为淡定。

当然，柯蒂斯最切身地明白哈勃这一发现的非凡意义。他后来在书中写道："在人类思想历史上，很少形成过比这更伟大的概念：我们——不过是在自己星系中百千万个太阳之一的一个小卫星上生存的微不足道的生物——能够看到自己星系之外还有其他类似的星系。它们每个都有着几万光年的直径，像我们一样有着几十亿个甚至更多的太阳。如此，我们的视线从 50 万光年穿越到几亿光年的远方——那更广阔的宇宙。" ①[10]206

1925 年元旦。那一天，人类发现了宇宙。

---

① Few greater concepts have ever been formed in the mind of thinking man than this one, namely,—that we, the microbic inhabitants of a minor satellite of one of the millions of suns which form our galaxy, may look out beyond its confines and behold other similar galaxies, tens of thousands of light-years in diameter, each composed, like ours, of a thousand million or more suns, and that, in so doing, we are penetrating the greater cosmos to distances of from half a million to a hundred million light years.

第9章
一个牧师的宇宙观

1920年沙普利与柯蒂斯的大辩论主题是“宇宙的尺寸”，焦点在于那些神秘的星云是银河内部的气体尘埃还是银河外部与银河类似的岛屿宇宙。在众多的分歧、论据中，柯蒂斯也曾提到光谱测量已经发现一些星云有着异乎寻常的径向速度，似乎不可能是在银河内部运动。

他们没有在这上面多费口舌。如果发挥一下想象，沙普利大概可以把柯蒂斯的那句“需要更多的数据”原话奉还：那时候他们两人都对光谱数据摸不着头脑，也就无从可辩。及至5年后哈勃的距离测量为他们的辩论画上句号，如何理解光谱依然是个悬而未解的谜。

柯蒂斯引述的光谱数据来自他所在的利克天文台的死对头：美国西南部亚利桑那州的洛威尔天文台。

也是在19世纪末，出身于波士顿富豪世家的帕西瓦尔·洛威尔（Percival Lowell）热衷于天文学，独自出资修建了洛威尔天文台。洛威尔天文台虽然没有最大的望远镜，但其所在的海拔高度比利克天文台及后来的威尔逊山天文台都高，有着更好的气候环境。在威尔逊山开张之前，洛威尔和利克这两家最早的高海拔天文台是既合作又竞争的小伙伴，经常在圈子里打得不可开交。

洛威尔最初是受到了有人看到火星表面有沟渠结构、疑似火星人存在的蛊惑。① 他的初衷是观测火星及其他太阳系行星的大气成分，确定是否含有生命赖以存在的水。为此，他花钱为天文台安装了一个特制的光谱仪。②

图 9–1　1909 年的斯里弗和他的妻子、女儿

虽然财大气粗、刚愎自用，洛威尔却有一定的自知之明。与同时代的美国富豪一样，他深知欧洲贵族那个在自家后院看星星的时代已经消逝，取而代之的是专业人士的竞技。他选中了刚刚从印第安纳大学毕业的维斯托·斯里弗（Vesto Slipher）（图 9-1）常驻天文台，负责观测。洛威尔则以频繁的书信、电报远程操纵。在为洛威尔看星星的同时，斯里弗还要替他种植、管理天文台的一片蔬果园。[12]70-75

初出茅庐的斯里弗性格憨厚，顺从而兢兢业业地完成老板交给的每项任务，包括邮寄新收获的瓜果。就在他花费一番苦功终于掌握了光谱拍摄的技巧时，洛威尔心血来潮，指示他拍摄仙女星云的光谱。

自从英国的哈金斯在 19 世纪发现星星的光谱中存在多普勒效应后，拍摄星云的光谱一直是天文学界的挑战。即使拥有 20 世纪初强大的望远镜，星云模糊的光强依然不足以留下可辨的谱线照片。斯里弗不愿辜负老板厚望，没有条件创

① 其天文台所在地因此被称为“火星岭”（Mars Hill）。
② 今天，洛威尔天文台最为人所知的是在 1930 年发现冥王星。

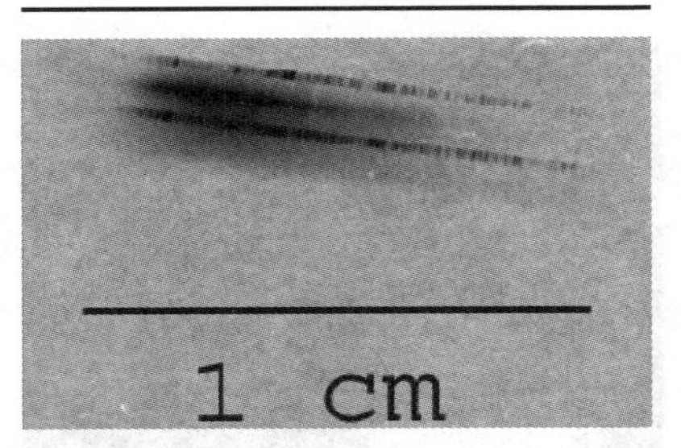

图 9–2　斯里弗拍摄的仙女星云光谱线（中）

底片上有同时拍摄的、在望远镜旁燃烧的铁和钒蒸汽发出的光谱线作为对照。二者（在显微镜下）比较可以测出星云光谱中特征谱线的位移。

造条件也要上，对望远镜、色散棱镜、照相机等进行全面彻底的革新改造以增大到达底片的光量。他经常连续几个晚上甚至几个星期曝光同一张底片，铢积寸累地采光。

1912 年的最后几个晚上，他经过连续苦战终于得到一张清晰的仙女星云光谱照片（图 9-2）。过年后，他又重复拍了几张验证，才公开了结果：他发现仙女星云正以每秒 300 千米的速度向着我们所在的太阳系奔来。[12]76-85

哈金斯当年测出御夫星的速度达 30 千米每秒，已经震惊了世界。斯里弗发现的星云速度比之又高出了 10 倍。不仅如此，他很快又发现处女座（Virgo）方位的另一个星云[①] 在以 1000 千米每秒速度背离我们而去。

与他的老板洛威尔正相反，斯里弗为人低调内向。他的数据只是陆续在自己天文台的通讯上发表，没有四处张扬，他甚至连天文学界的常规学术会议都不去参加。例外的是在 1914 年 8 月，他下山出席了在西北大学举行的美国天文学会年会，做了一个题为《星云的光谱观察》(*Spectrographic Observations of Nebulae*）的演讲。这时，他已经有 15 个不同星云的数据。它们之中只有 3 个在朝向地球奔来，其他 12 个都在离地球而去。无论往哪个方向，它们的速度都非常大，平均值是过去测得星星速度的 25 倍。

会场上的听众全体起立，给予斯里弗一片响亮的掌声。这是学术会议上颇

① NGC4594，现在也称作“墨西哥草帽星系”(Sombrero Galaxy)。

为罕见的场景。一直对他的能力、数据可信度颇有疑虑的利克天文台的台长这时也禁不住为这一成就赞不绝口。①[12]85-87

虽然斯里弗的数据令人印象深刻，却没有人能够解释个中奥秘。远在英国的爱丁顿在他的《相对论的数学理论》(*The Mathematical Theory of Relativity*)一书中做了详细列表，指出这些可能会是对于宇宙结构最具启发性的数据。这本教科书在天文学界广为流传，也顺便在欧洲推广了斯里弗的发现。[11]93-95

然而，揣摩出其中奥妙的，却是那时正好在爱丁顿身边的一个默默无名年轻人，一个天主教牧师兼理论物理学家。

乔治·勒梅特（Georges Lemaitre）是比利时的耶稣会（Jesuit）信徒，从小在教会学校长大。他 17 岁刚上大学时赶上第一次世界大战，当即参军担任炮兵军官，赢得军功章。战后，他回到天主教鲁汶大学，很快在 1920 年获得数学博士学位。然后，他又转入神学院进修，在 1923 年正式成为牧师。

同年，勒梅特获得一份奖学金，先到英国剑桥大学跟随爱丁顿学习现代宇宙学。爱丁顿对刚刚 30 岁的勒梅特颇为欣赏，在圈子内外到处夸奖他的才干。

一年后，勒梅特渡过大西洋，来到美国的哈佛天文台拜沙普利为师。这时他希望能得到一个货真价实的博士学位②。因为天文台尚未有授予博士学位的资格，他挂名在就近的麻省理工学院做研究生。[11]99-101,[12]240-243

在哈佛大学，他一边师从沙普利学习星云光谱知识，一边继续研究从爱丁顿那里学来的广义相对论宇宙模型。那时，爱因斯坦和德西特分别提出的模型

① 之后，利克天文台才发现他们自己的爱德华·法斯（Edward Fath）其实在几年前就看到了同样的光谱。但他因为觉得结果过于“离谱”而怀疑是仪器出了问题，没有进一步研究。[12]82

② 那时比利时的博士要求比较低，不怎么被外界认可。

已经问世好几年了，还没有几个人能懂。尤其是德西特的宇宙中似乎莫名其妙出现的光谱红移，让人觉得蹊跷、不解。经过一番数学推演，勒梅特发现了问题所在。

德西特的原意是构造一个没有质量存在、极其简单的宇宙模型。但因为他选错了坐标系统，他的宇宙其实并不像他所声称的那样处处对称，而是有着一个不应该存在的特别中心点。正是因为这个人为的不对称，才导致了红移的出现①。[11]101-102

1925 年元旦那天，勒梅特坐在听众席中聆听了罗素宣读哈勃星云测量的论文，印象深刻②。当在座者为哈勃揭示的宇宙尺度之大而惊叹、兴奋之际，他已经在思考下一步：如果把星云的距离与速度结合起来，有可能构造出全面的宇宙结构。

那年春天，他在美国物理学会年会上提交了一篇论文指出德西特的错误后便离开了哈佛大学。他先穿越美国旅行，到西部分别拜访了斯里弗和哈勃，然后回国在鲁汶大学任教，继续研究宇宙模型。这时，他已经具备一个独特的优势：既能在数学上搞明白爱因斯坦、德西特那些繁杂的理论，又在爱丁顿、沙普利指导下透彻地理解了天文测量的现实数据。

不到两年，他取得了历史性的突破。他以此撰写的论文有一个长长的标题，几乎就是论文的提要：《一个可以解释系外星云径向速度的质量恒定而半径在增长的均匀宇宙（*A Homogeneous Universe of Constant Mass and Growing Radius Accounting for the Radial Velocity of Extragalactic Nebulae*）。论文以法语写就，

① 《捕捉引力波背后的故事》[28] 的读者应该记得坐标系选择是广义相对论研究中屡屡出现的陷阱。

② 也许他记忆有误，也许是语言障碍，他以为当时听的是哈勃本人的讲演。[11]101

发表在基本上没人会注意的《布鲁塞尔科学学会年鉴》(*Annals of the Scientific Society of Brussels*)上。[11]103-110

论文问世后不久的 1927 年 10 月，第 5 届——也是最著名的一届——索尔维会议在布鲁塞尔召开。协助接待的勒梅特有机会拜见了前来赴会的爱因斯坦（图 9-3）。爱因斯坦说已经在人提醒下看到了那篇论文，并告诉他几年前苏联人弗里德曼发表过类似的宇宙模型。

图 9–3 爱因斯坦（左）与勒梅特

尽管弗里德曼曾经与爱因斯坦打过笔墨官司，他们的宇宙模型讨论只是寥寥无几的理论物理学家小圈子里的争论。即使是已经在剑桥大学、哈佛大学镀过金的勒梅特对弗里德曼的工作依然一无所知。

而爱因斯坦在经历过草率批驳弗里德曼的挫折后至少对广义相对论的数学可能性有了新的认识，但对弗里德曼提出的模型还是一如既往地深恶痛绝。这时他更是毫不客气地对面前年轻的牧师评价道："你的数学没问题，但你的物理直觉实在糟糕透顶。" ①[11]111-113

让爱因斯坦觉得糟糕透顶的，就是勒梅特在论文标题里旗帜鲜明地提出的，一个"半径在增长"的宇宙——非恒定的、在膨胀中的宇宙。

---

① Your calculations are correct, but your physical insight is atrocious.

勒梅特所提出的宇宙的确就是弗里德曼当初已经发现的广义相对论可能允许的几个模型之一。但与弗里德曼纯粹的数学研讨不同，勒梅特研究的是我们所在的真实的宇宙，即“可以解释星云径向速度”的宇宙。

当牛顿在 17 世纪创立经典力学时，他最辉煌的成就体现在对太阳系——当时人类所能把握的宇宙——动力学的准确描述。[①] 虽然爱因斯坦发明的广义相对论也在光线弯曲、水星近日点进动上通过了实际验证，但他的宇宙模型 10 年来却一直只是纸上谈兵，与我们眼前的宇宙、与天文望远镜中看到的星体分布没有半点瓜葛。

的确，当勒梅特试图与爱因斯坦讨论斯里弗的光谱数据时，他与 10 年前的德西特一样惊讶地发现爱因斯坦对天文观测结果几乎一无所知，也没有什么兴趣。

而恰恰是这个“物理直觉实在糟糕透顶”的勒梅特让爱因斯坦的抽象宇宙理论与现实的数据挂上了钩。因为勒梅特不仅仅——独立于弗里德曼——找出了一个膨胀中宇宙的解，他还为斯里弗所测的星云径向速度提出了新颖的解释。

与爱因斯坦、德西特坚持宇宙恒定不变相反，勒梅特像弗里德曼一样允许宇宙的大小随时间而变。他发现，如果宇宙随时间变大，场方程中的时空量度会整体性地随之变化，不同地点之间的距离也随之增长。这样，从一个地点发出的光到达另一个地点时自然地因为多普勒效应而发生红移，红移的程度与两点之间的距离成正比。

这样的一个定量关系可以直接通过天文数据验证。勒梅特撰写论文时，已经有 42 个星云既有斯里弗测量的速度，也有哈勃测出的距离。把数据列表后，

---

① 当然，牛顿得天独厚：行星运动没有摩擦阻力，绝大多数情况下可以近似为数学上最简单的二体问题。

他发现速度与距离之间果然存在明显的正比关联。由此他还推算出二者的比例系数。

于是，勒梅特的宇宙模型不再是天马行空的猜想，而是有了现实的验证。

勒梅特还进一步诠释了星云光谱红移的来源和含义：宇宙在膨胀，其各个地点的尺度都随时间增大。星云并不是在逃离我们，不是它们自己在高速运动，而是它们与我们之间的空间在膨胀、距离在拉长。

想象一个正在被逐渐吹大的气球。气球上任何两个点之间的距离都随着球体的膨胀在增大，但每个点相对于气球的表面却都是静止的。勒梅特宇宙的空间就是这样的一个膨胀中的气球，星星、星系、星云都是这个气球上的点。它们自己没有在运动，但被膨胀的气球表面承载着，彼此之间距离越来越大，似乎是在互相逃离。

我们看到几乎所有的星云都在离我们远去，但并不意味着我们所在的太阳系或银河是宇宙膨胀的中心。① 在一个均匀膨胀的宇宙中，犹如在吹大中的气球表面，任何地点都会看到所有其他点在离它远去。我们所在之处并不特殊。

也许是因为遭到了爱因斯坦的当头一棒，勒梅特在其后两年中没有再谈论他的宇宙。就在那场对话的半年后，德西特在一次学术会议上也表现出对勒梅特的不以为然。他觉得在这样专业的课题上不值得为一个名不见经传的小字辈浪费时间。[12]245

① 个别的星系（比如仙女星云）在反潮流般向我们奔来。那是因为它们与我们相距比较近，能够感受到彼此的引力作用。星系因为引力（空间弯曲）而靠近，只是局部的物理运动。

第10章
哈勃的“新”发现

冷不丁被哈勃的一封信颠覆了宇宙观的沙普利没有再纠缠两人以往的过节，很快全盘接受了哈勃有坚实数据支持的新世界。作为哈佛天文台台长，沙普利不再有在前沿观测、科研的机会或实力，已经逐渐蜕化为端坐在他那张特制办公桌后面的管理人员。阅读八角桌上越来越多的论文和报告，他意识到天文学名词需要正本清源，明确那几个历史悠久、一直都在被当作同义词而混用着的基本概念：“银河”“星系”“宇宙”。

他提议以“银河”专指我们所在的“星系”，银河只是“宇宙”中无数的星系之一。在银河之外，我们看到的每一个星云都是一个或多个与银河类似的星系。所有的星系的整体才是我们的“宇宙”。这样，“宇宙”重新恢复了原来的含义：独一无二、包罗万象的全部。

那个自康德开始的岛屿宇宙概念则应该被摒弃——星云不是个体的宇宙，只是宇宙中的星系。比如，“仙女星云”应重新命名为“仙女星系”。

哈勃依然不愿意附和沙普利。他固执地坚持“星系”这个词的本源含义：在古希腊它与“银河”同样来自“奶”的神话，故只能是银河的同义词。终其一生，他顽固地把银河外的星云别扭地称为“星系外星云”（extragalactic nebulae）[①]。

① 勒梅特1927年的那篇论文也采用了这个称呼。

直到哈勃逝世之后，天文界才一致性地采纳了沙普利的提议，成为我们今天的标准语言。[12]219-220

1914 年斯里弗在西北大学会议上报告星云光谱时，刚开始研究生学业的哈勃也在听众席中。哈勃在那次会议上被选为美国天文学会会员，并很可能就是因为斯里弗的演讲而与星云结下终身之缘。在他参军上战场前匆匆而就的毕业论文中，他颇遗憾地表示，要看清楚星云，必须有比他当时所用的更强大的望远镜。[12]85,177-178

10 年后，他如愿以偿地在威尔逊山用最强大的胡克望远镜找到仙女星云中的造父变星。在给沙普利寄出那封信之后，他倒忙里偷闲，自己结婚度蜜月去了。

他的新娘格蕾丝·哈勃（Grace Hubble）是洛杉矶银行家的女儿，为他带来一笔不小的财富。哈勃九泉之下的老父亲终于可以瞑目，不用再担心陷于追星梦的儿子无法养家糊口。他们的婚礼上没有哈勃的亲人。搬到西海岸后，他与中西部乡下的家庭切断了联系。在其后 30 年的共同生活中，格蕾丝从来都没有见过他的任何家人。[12]204-205,224

威尔逊山下的好莱坞电影城正进入第一个黄金时代。身材高大、仪表堂堂、衣着考究一副英国绅士派头的哈勃如鱼得水。格蕾丝尤其善于社交，他们的爱巢很快成为热门的聚会场所。包括查理·卓别林（Charlie Chaplin）等很多一流影星、剧作家、导演都是家中常客。这个圈子里的人觉得哈勃作为科学家实在是浪费人才。他们赞誉他为希腊美神阿多尼斯（Adonis），比当红男星克拉克·盖博（Clark Gable）有过之而无不及。[12]169-170

在这个娱乐圈子之外，哈勃的名声也正如日方中。罗素在 1925 年元旦宣读他的论文之后，媒体以各种耸人听闻的标题、哗众取宠的笔调渲染他所发现的

“千万个的宇宙”“天堂的新奇景”……哈勃这个名字开始变得家喻户晓。①[12]214,218

在威尔逊山上，哈勃少校却因为他的做派而形单影只。在外的名声只是让他与其他同事的矛盾愈加尖锐。[12]223-224 在山上，最有人缘的是另一个性格、为人各方面都与哈勃截然相反的小职员。

米尔顿·胡马森（Milton Humason）在学历显赫的天文学群体中是一个绝无仅有的异类。他同样出生于中西部的乡下，但幼年时没有哪个长辈送过他天文望远镜。他父亲教给他的是钓鱼、打猎等户外生活的技能和乐趣。他年少时随家庭搬到洛杉矶，很快就与这里的学习环境格格不入。好在夏天，刚刚十来岁的胡马森可以参加威尔逊山上的夏令营。那时候还没有天文台。在荒山上他钓鱼、射击、攀爬，尽情地享受自然，乐不思蜀。终于，高中第一年时，他说服父母准许他退学，跑到山上的一个小旅馆当小伙计，过起自食其力、自由自在的日子。[23]

海尔也正是在那期间选中威尔逊山修建天文台，开始了艰苦的基建工程。少年胡马森看着那些在山路上频繁运送物资的骡马队很眼馋，也看到了机会。他求人学艺，成为驾驭骡马的高手。两年后，当天文台冒险搬运 1.5 米口径望远镜上山时，正是 17 岁的胡马森率领骡马队协助载重卡车一步一步地挪过山上崎岖、狭窄的惊险小道。

几年下来，他天真活泼、自来熟的个性让他成为山上山下所有人的朋友。

只是好景不长，他与天文台首席工程师的女儿坠入了情网。为了赢得未来老丈人的首肯，胡马森不得不结束在山上的无忧无虑的生活，到洛杉矶市郊管

① 当然，他的论文也正如罗素所料赢得了美国天文学会的年度大奖。

理起家族的农场果园——有前途的体面工作。又不到几年，小两口不仅有了下一代，还存下钱置办了自己的农场，成为当地殷实富足的成功人士。

日子本来十分安稳，偏偏老丈人又随口透露山上已初具规模的天文台要雇用一个清洁工，再度勾起胡马森的浪漫情怀。他们匪夷所思地变卖了农场，搬进山上小木屋，成为天文台的最低端人口。胡马森担负着洗刷天文学家每日冲洗底片后残留的化学试剂、清扫垃圾等重任，还要在暴风雪后清障铲雪，保证山上小道的畅通。闲暇之余，他与4岁的儿子在山溪中钓鱼、林间漫步野餐打雪仗，其乐融融。[23]

他乐此不疲，主要还是因为这份工作带有一项“福利”：晚上可以自愿去给天文学家打下手。从跑上跑下递送物件到按照指定的坐标预备望远镜的朝向、置换观测箱、更换底片，以及在观测人员休息的间隙代替监控望远镜……他就这样一点点地学会了天文观测的基本技能。对他来说，这并不比少年时学会驾驭骡马难多少。

他的勤勉和热心赢得了天文台每一个人的喜爱和信任。他还曾冒着生命危险独自追踪、猎杀了一只在附近惹是生非的山狮，这更令他声名大噪。沙普利称他为不可多得的多才多艺“文艺复兴式人物”（renaissance man）。慧眼识珠的天文学家私下指导、培训他进行独立的天文观测，并与他共同署名发表论文。[23]

1919年，年方28岁的胡马森被海尔破格聘任为正式的天文职员，完成了从骡马手、清洁工到科学家的飞跃。在现代的天文台里，这很可能是前无古人后无来者：胡马森一直连高中学历都不具备。①

---

① 1950年胡马森快退休时，瑞典的隆德大学授予他荣誉博士学位。那时他已经发表近100篇科学论文，也是英国皇家天文学会会员。

不过，即使是对他极为欣赏的沙普利也有看走眼的时候。在为沙普利当助手时，胡马森注意到沙普利拍摄的星云照片上有个别亮度的变化，曾特意标出提醒沙普利注意。当时还深陷于“大银河”思维的沙普利很不以为然，训导了胡马森一番造父变星如何不可能在星云中出现的大道理后，便顺手擦掉了他做的记号。几年后，胡马森看到哈勃正是通过与那几张照片的比较而发现了仙女星云中的造父变星，一举成名。①[12]216-217,[23]

哈勃其实只比胡马森大不到 2 岁。拥有博士学位、留过洋的哈勃开始没怎么注意过这个没有学历的小职员。等到几年后哈勃意识到他需要胡马森的帮助时，胡马森已经与他人合作发表了多篇论文，并在观测、拍摄暗淡的星云上有了自己的建树。

1928 年夏天，哈勃已经是国际天文联合会中的星云委员会代理主席。他参加了在荷兰举行的年会，见到已经鼎鼎大名的德西特。德西特力促哈勃关注星云的光谱红移，唤醒了哈勃当年听斯里弗报告时的感觉。斯里弗那时已经成功测出了 40 多个星云的光谱，也达到了他在洛威尔天文台的设备极限。要再提供柯蒂斯期望的“更多的数据”，非威尔逊山的胡克望远镜莫属。[12]225-226

回国后，哈勃决定集中精力研究光谱。胡马森的专注、仔细和耐心正是长时间追踪捕捉遥远星云那微弱的光亮所不可或缺的天赋。于是他难得地放下架子，向胡马森提议合作。胡马森可以承担那夜以继日地连续曝光拍摄的苦差事，让哈勃可以有更多的时间寻找这些星云中的造父变星以估算距离。胡马森虽然并不十分情愿，却也无力拒绝。[12]226-227,[23]

① 阴错阳差，一向以细致著称的胡马森后来也曾错过一次在自己的照片中发现冥王星的良机。

星云之所以称之为星云，就是因为它们的光亮过于微弱无法看清它们的本像。罗斯伯爵用利维坦看到它们的涡旋形状，哈勃用胡克望远镜终于发现了其中的造父变星。但这些都还只是来自比较近的星云。当哈勃把视线转向更为模糊的遥远星云时，他发现即使是威力强大的胡克望远镜也无能为力。更遥远的星云中无法辨认个体星星，更遑论造父变星。

当然他也不是束手无策。在勒维特的尺子不好用之后，哈勃可以采用其他方法：假设每个星云中最亮的星的内在亮度会差不多，他利用已知距离的星云中最亮的星的视觉亮度与未知距离的星云中最亮的星相比，可以大致估算出距离上的差别。再往远处的星云完全辨认不出个体星星，他又假设星云整体的平均亮度可能也差不多，用已知距离星云的平均亮度与未知距离的星云相比，估计更远的距离。[12]229

这个没有办法的办法不是哈勃的发明，沙普利在研究星团的距离——他的大银河宇宙的大小——时，也采用过相似的手法。在天文学上这叫作“宇宙距离阶梯”（cosmic distance ladder）：在一种测量方法不再适用时，用它所测得的最远距离做基准转换到另一种可能适用的方法，一层一层地继续接梯子。哈勃所用的从视差到造父变星再到最亮的恒星，进而到平均亮度只是这个阶梯的一种，天文学中还有其他可用作距离阶梯的测量手段可以综合、对比使用。

1929 年 3 月，《美国科学院院刊》同时发表了两篇来自威尔逊山的论文。其一是哈勃的《星系外星云距离与径向速度之间的关系》（*A Relation between Distance and Radial Velocity among Extra-galactic Nebulae*）。在这篇文章中，哈勃揭示了他发现的规律：星云的径向速度与它们的距离成正比，并提供了一目了然的数据图（图 10-1）。

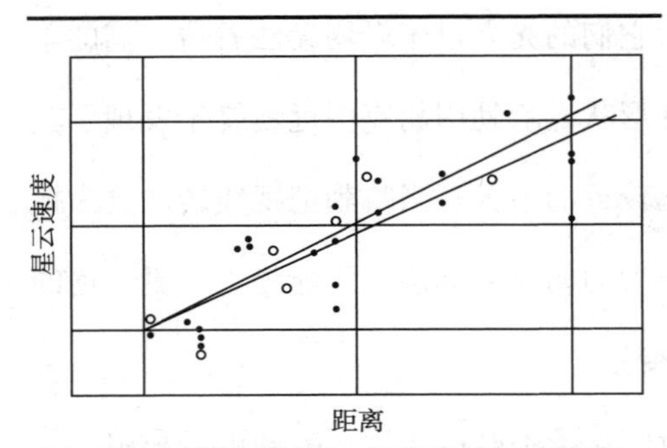

图 10–1　哈勃在 1929 年发表的星云速度（纵坐标）与距离（横坐标）关系图

其中实心点、实线与空心点、虚线分别代表两种不同计算方法的结果，二者相差不大。

在这篇论文中，哈勃采用的其实只是斯里弗早已测出的光谱数据[①]，因此他的“新”发现与勒梅特两年前已经发表过的结论并无二致。但引人注目的是紧跟着的另一篇，由胡马森单独署名的论文：《NGC7619 的巨大径向速度》（*The Large Radial Velocity of NGC7619*）。胡马森的这篇论文简短得不到一页，只报道了一个数据点。在这份简单文字的背后，却是一番不为人所知的辛劳。

在答应与哈勃合作后，胡马森便潜心苦干，极力拍摄那个暗淡星云的光谱。经过一系列的屡败屡战，他终于得到一张可用的光谱照片，发现那个星云的速度高达 3800 千米每秒，比斯里弗曾经发现的最高速度又高了两倍多。

当胡马森拿着这张底片敲开哈勃办公室的门时，一向矜持稳重的哈勃也掩饰不住兴奋，惊动了整个天文台。哈勃早已估算好这个星云的距离，胡马森测得的速度正是他按照正比规律所预测的数值，把他那张图上的直线延长了整整两倍！

哈勃对他这个合作者还不那么放心，既没有合写论文也没有直接采纳这个重要的数据，而是在同时发表的两篇论文中互相引用说明。这样，他既能利用这个新数据点的支持又不需要承担万一出错的责任。

① 但他没有在论文中明确交代来源。

测量这个数据的辛劳和哈勃的心计已经让胡马森身心俱疲，发誓退出、不再继续测量星云光谱。只是形势比人强，他们这一历史性突破的意义早已远远超越个人恩怨。海尔不顾其他天文学家的反对，将胡克望远镜的观测时间几乎完全交给胡马森一人使用，并专门为他购置了最先进的照相机。

不久，他又成功地拍摄到更远的星云：距离约1亿光年之巨，径向速度高达2万千米每秒——光速的6%。连哈勃也深感佩服：“胡克望远镜终于在你手中物尽其用了。”①

当然，更重要的是，那么遥远的距离，那么巨大的速度，依然符合着速度与距离的正比关系。（图10-2）至此，这个关系的普适性已经毋庸置疑。[12]229-235,[23]

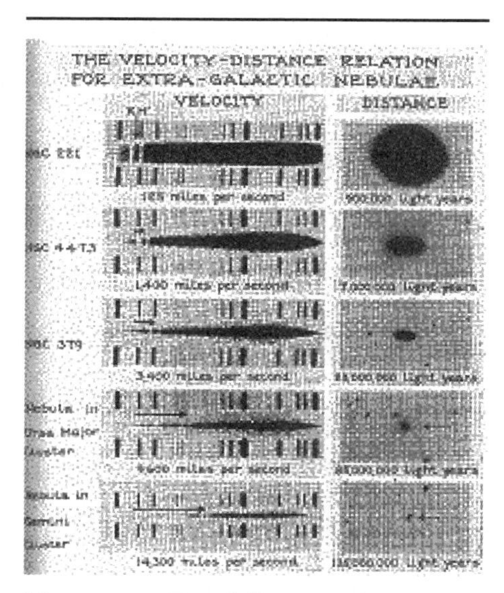

图10-2 不同距离的星云（自上而下越来越远）光谱比较，可以看到被标识为“KH”的钙谱线越来越往右边移动（红移）

哈勃早已奠定的名声保证了他的发现不会像勒梅特的那样被忽视。在发现宇宙真正的尺度之后仅仅4年，哈勃又发现了宇宙之不可思议的运动规律。这后一个历史性的贡献立刻被命名为“哈勃定律”（Hubble's Law）。其定律中速度与距离正比关系的系数也相应地被叫作“哈勃常数”（Hubble's Constant）。

① Now you are beginning to use the 100-inch the way it should be used.

第 11 章

爱因斯坦错在哪里？

1930 年 1 月 10 日，英国皇家天文学会的例会讨论了哈勃的新发现。正在伦敦访问的德西特应邀介绍了最新进展，他承认自己的宇宙模型中虽然存在红移，却无法解释这个与距离成正比的规律。爱丁顿觉得当时理论界的情形颇为滑稽："爱因斯坦的宇宙中有物质没运动，德西特的却有运动而没物质。" ①[12]143

那时候勒梅特已经证明了德西特的模型并不真的是一个静止的宇宙。因为坐标系的问题，在那个模型中任何地点放一个有质量的物体，该物体都会加速向边缘飞去。那便是模型中红移的来源，并非物理实际。因此，爱丁顿以双关语讥讽德西特道："你那模型'没有物质，所以无关紧要'"②。

难道就不能有一个既有质量又有运动（红移）的宇宙模型吗？爱丁顿近乎绝望地问道。[11]121-123,[12]239-241

那次会议的记录照例发表在学会的通讯上，几个月后传到比利时的勒梅特手中。勒梅特看到后哭笑不得，当即写信给爱丁顿，提醒前导师他在 3 年前就已经寄送过一篇论文。那篇论文提出的宇宙模型正是既有物质又有运动，并完

---

① Einstein's universe contains matter but no motion and de Sitter's contains motion but no matter.

② as there isn't any matter in it that does not matter.

美地推导出星云的速度与距离的关系——比哈勃的发现早了两年!

爱丁顿收到信大为震惊，立刻翻阅故纸堆，找出了那篇论文。不知道当初是没注意还是没看懂，他毫无印象。出于歉疚，爱丁顿此后花大功夫补救他的疏忽，宣传他昔日弟子的成就。

出于爱丁顿的安排，勒梅特 1927 年那篇法语论文的英文版于 1931 年 3 月在皇家天文学会月刊上重新发表。这个 3 年后的版本虽然大致保持了原貌，也有一些改动。勒梅特补充引用了他原来不知道的弗里德曼论文，老老实实地指出他的理论是弗里德曼理论的进一步推广。但更突出的是，他删掉了关于观测数据中星云的速度与距离成正比关系的整个一节内容。实诚的勒梅特觉得哈勃这时已经发表了更新、更可靠的数据，没有必要再“重炒旧饭”。

众多的天文学家只是通过这个英文版才接触到勒梅特的理论。他们不知道这个删节，因此依旧理所当然地认为哈勃是发现该关系——“哈勃定律”——的第一人①。

但勒梅特迟到的论文还是有着深刻的影响。作为观测天文学家，哈勃只是从数据中总结了红移的规律。他没有也无力做出进一步的解释。勒梅特正相反，他的规律是从广义相对论中直接推导出来的，然后才找到实际观测数据证实。因此，他对数据有一个革命性的诠释：我们看到星云巨大的红移，不是来自星云本身的速度，而是宇宙空间的膨胀。星云只是被动地由所处的空间带着走，就像流动水面上的浮漂，或者膨胀气球表面上画着的斑点。

即使是熟谙相对论的物理学家一时也无法接受如此怪异的观念。在洛杉矶，

① 后期历史学家曾猜测哈勃在翻译过程中插手维护他的优先权。这说法并不成立。[24]192-198 迟至 2018 年 10 月底，国际天文联合会全体会员投票，建议将“哈勃定律”正式改名为“哈勃 - 勒梅特定律”。[25]

到哈勃家里的不再只是好莱坞的明星。每两星期，一群来自威尔逊山和附近加州理工学院的天文学家、物理学家甚至数学家也会定期聚会，围着一块小黑板抽烟、争论，嘟囔着很多格蕾丝不懂的名词术语。作为主妇，她默默地为他们准备好酒品、饮料和三明治。

这些人中有的认为星云是在不变的空间中做随机运动，只是碰巧速度大的星云现在已经跑得离我们很远，才让我们有越远的星云速度越快的错觉；有人则觉得远方的星光来到我们地球的一路上大概经历了更多的散射干扰、逐渐失去能量才表现出红移……[11]157-161,[12]247-248

哈勃静静地听着。他无法加入这类理论性的探讨，只是集中注意力试图听到某种可以通过观测数据来确证某个理论是否正确的可能性——那才是他的用武之地。在内心里，他也无法理解勒梅特的空间膨胀理论。终其一生，他一直倾向于相信他看到的是星云本身——而不是空间——的运动。[12]248-249

1930 年 11 月，爱因斯坦与他的第二任妻子、表姐加堂姐[①]艾尔莎·爱因斯坦（Elsa Einstein）及秘书、助手一行四人乘坐一艘由“一战”时的战舰改装的豪华邮轮渡过大西洋来到美国。这是他第二次访美。但这次他们只在纽约稍事停留，便继续乘船南下，循通航仅十来年的巴拿马运河进入太平洋，然后又顺海岸北上，于那年 12 月 31 日到达圣地亚哥。在长达 4 小时的盛大欢迎仪式后，爱因斯坦第一次踏足美国西海岸。

他是应加州理工学院的邀请来这里进行为期两个月的学术访问。（图 11-1）除了阳光、海滩外，这里有他慕名的物理学家迈克尔逊和密立根。自然，他也对邻近

① 严格地说是表姐加再从姐：他们夫妇两人的母亲是亲姐妹，父亲是堂兄弟。

图11-1 1931年，爱因斯坦（右三）参观威尔逊山天文台图书馆

左一、左二分别为胡马森和哈勃；左四是迈克尔逊。

【图片来自 Huntington Library】

威尔逊山上正在颠覆他的宇宙论的哈勃满怀好奇。

爱因斯坦当时才51岁，开始有了为人熟悉的那一头飘逸的乱发，只是还没有完全变白。但他已经是世界上首屈一指的物理学家、科学家，大众媒体追逐的明星。他观看了当地的新年玫瑰游行，欣赏了在德国被禁的反战电影《西线无战事》(*All Quiet on the Western Front*)，还出席了卓别林的电影《城市之光》(*City Lights*)的首映式。当他们穿着正式的燕尾礼服，在观众掌声中一起步入影院时，卓别林感慨道："他们欢呼我，是因为他们明白我；他们欢呼你，却是因为没有人能懂你。"

哈勃的夫人格蕾丝义不容辞地担任起接待爱因斯坦的职责。一次她开车带爱因斯坦出门时，爱因斯坦专门对她夸道："你丈夫的工作非常漂亮，他很能干。"[2]372-374,[12]250-252

1931年1月29日，爱因斯坦与哈勃一起乘车登上威尔逊山。好莱坞的新

图 11–2　1931 年，爱因斯坦（左）在威尔逊天文台观赏胡克望远镜。

哈勃（中）和天文台台长沃尔特·亚当斯（Walter Adams）（右）陪同。

【图片来自 Huntington Library】

生代导演弗兰克 · 卡普拉（Frank Capra）亲自掌镜，为他们全程拍摄纪录片。在山上，爱因斯坦像孩子般对各个庞大的望远镜爱不释手、流连忘返。他们最后才来到胡克望远镜跟前。当工作人员无比自豪地介绍这个大家伙如何能发现宇宙的大小时，倒是艾尔莎淡定地评论：我丈夫只需要一张旧信封的背面。[2]354,[12]252-254（图 11-2）

几天后，爱因斯坦又在洛杉矶为当地的天文学家、物理学家举办了一个学术讲座。他开门见山地承认，基于哈勃等人的发现，宇宙大小不恒定，的确是在膨胀。他解释说，14 年前他在广义相对论场方程中引进那个宇宙常数项只有一个目的，就是要找一个恒定不变的宇宙解。现在看来是画蛇添足，完全没有必要。

于是，哈勃在媒体上又获得一个桂冠——“让爱因斯坦改变了主意的人。”[12]254-256

几乎所有科学历史的书籍、文章都会提到爱因斯坦曾抱怨引入宇宙常数是他“一辈子最大的失误”①。不少作者更是一厢情愿地设想，如果爱因斯坦当初没

① biggest blunder of his life.

有仓促行事，而是更相信他自己的方程并预测宇宙膨胀，该会是多么的辉煌。

这两个说法都没有证据支持。

前一个说法来自宇宙学家、科普作家乔治·伽莫夫（George Gamow）的描述，没有任何旁证。天体物理学家、作家马里奥·利维奥（Mario Livio）为这个“最大的失误”来源做了细致的调查和分析，可以肯定那是伽莫夫出于戏剧性的凭空编造。①[24]232-243

爱因斯坦在他 1917 年原始论文中便明确说明宇宙常数项只是为得到一个恒定的宇宙而引入，其前提是广义相对论场方程允许这样一个项的存在，因此有可能是真实的。他的确一直为此惴惴不安，只是因为这个项没有在场方程中自然出现，需要人为引入，破坏了他所追求的美学意义上的简单性。当恒定宇宙这个要求不再必要时，爱因斯坦轻易地就舍弃了它，并没有觉得当初的引入是多大的失误。

的确，爱因斯坦之所以引进宇宙常数项，并不是为了遏止或防止宇宙膨胀，而是恰恰相反。他看到的是他那个宇宙模型会在引力影响下坍缩，因此需要一个平衡因素。那是一个从牛顿开始就已经意识到的老问题，与后来勒梅特发现的宇宙膨胀没有关系。即使爱因斯坦对自己的理论充满信心，他最多只会无奈地指出他的广义相对论宇宙与牛顿力学的宇宙一样最后会坍缩到一个点，而不会想到宇宙会反过来膨胀。

因此，即使是在弗里德曼发现爱因斯坦的方程中包含宇宙大小可以随时间有不同的变化方式——既可以坍缩也可以膨胀——时，爱因斯坦也没有“恍然大悟”。他先验地认定弗里德曼的推导出了错，被纠正后依旧不以为然，觉得弗

---

① 当然，这说法现在依然也有所争议。[26]

里德曼的解“不具备物理意义”。

及至勒梅特给出更详细的数学理论，并辅以实际观测的光谱数据来证明宇宙的膨胀时，爱因斯坦依然只是学霸式地将之贬为“物理直觉糟糕透顶”。

其实，在这个问题上物理直觉糟糕的恰恰是爱因斯坦自己。

宇宙在大尺度上是恒定、静止的，是人类千年的直观经验。在确凿的光谱红移数据出现之前，以此作为宇宙理论的前提几乎是理所当然。然而，爱因斯坦的错误却并不止于此。

爱因斯坦引入的宇宙常数项是为了抵消引力作用、避免坍缩。因此，这个常数的数值必须非常合适。数值如果太小，不足以抵挡引力，宇宙还是会坍缩；如果太大，则会超越引力，宇宙就会膨胀。爱因斯坦在数学上确定可以有一个合适的数值存在，便大功告成地宣布发表了他的宇宙模型。

理论物理学家史蒂文·温伯格（Steven Weinberg）后来描述道：如果我们在地球上发射火箭，火箭或者有足够的能量逃离地球，或者最终耗尽燃料被地球引力拉回来坠毁。爱因斯坦式的恒定宇宙正好介于逃离（膨胀）和落回（坍缩）之间，是一个停留在半空中正好不上不下的火箭。那火箭的推力必须百分之百的恰到好处。[7]34-35

那么，有没有可能我们这个宇宙恰恰有一个如此准确的宇宙常数值，不偏不倚地抵消引力的作用呢？这不是完全没有可能——毕竟我们不知道宇宙是怎么来的，也许我们的运气异常的好。然而，这样的平衡还必须是百分之百的准确。因为只要有极其微弱的偏差，火箭就会飞走或坠毁，宇宙就会膨胀或坍缩，不会保持着静止状态。

在数学上我们可以找出一个将鸡蛋平衡在一根针的针尖上静止不动的解。

但那会是非常不稳定的解。因为我们知道，只要稍有偏差，鸡蛋就会倒下。这种解不可能在现实世界中出现。

爱丁顿在仔细研读被他忽视过的勒梅特论文时才意识到这一点。勒梅特已经证明——但没有明确表述出来——爱因斯坦所给出的宇宙解正是这么一个不稳定的解，“不具备物理意义”。[11]125,[24]224

加州理工学院竭尽全力，邀请爱因斯坦每年冬天来进行学术访问。爱因斯坦显然也喜欢这里的阳光海滩，在一年后再次来到南加州。这次，德西特也来了。曾经对勒梅特不屑一顾的德西特研读了勒梅特的论文后也转变了态度，大赞勒梅特的理论“高妙”。[12]241

爱因斯坦和德西特一番切磋后，合写了一篇仅两页长的论文，发表在美国科学院院刊上。这篇论文没有新思想，不过重复了弗里德曼、勒梅特和其他理论物理学家的最新进展。如果换上别的作者，估计不可能通过同行评议。但正因为作者是爱因斯坦和德西特——宇宙模型的两位开山鼻祖——这篇论文才有了特殊的意义：它标志着两人都正式地放弃了各自的宇宙模型，认同了弗里德曼和勒梅特的宇宙。（图 11-3）

图 11–3 爱因斯坦（左）与德西特在加州理工学院讨论他们的宇宙模型

论文发表后不久，爱因斯坦去伦敦拜访了爱丁顿。爱丁顿好奇地问爱因斯坦为什么还要发表那么一篇论文，爱因斯坦答：“我的确也不觉得有什么必要，但德西特很把它当一回事。”爱因斯坦走后，爱丁顿收到德西特的一封来信。信中说：“你肯定看到了我与爱因斯坦的论文。我不觉得那里面的结果有什么重要性，但爱因斯坦似乎觉得很重要。”[11]152,[27]78-79

两位泰斗公开“投降”后，广义相对论的宇宙模型逐渐在更多的理论学家的参与和发展下定型，成为所谓的“弗里德曼 - 勒梅特 - 罗伯森 - 沃尔克度规”（Friedmann–Lemaitre–Robertson–Walker metric）。是的，这其中就是《捕捉引力波背后的故事》中那个几年后不动声色地帮助爱因斯坦改正了引力波推导中错误的霍华德 · 罗伯森（Howard Robertson），普林斯顿大学的理论物理学家。[28]5-7

颇为讽刺的是，因为1932年那篇论文，这个新模型也经常被称为“爱因斯坦 - 德西特宇宙”。

第12章
勒梅特的“宇宙蛋”

当伽利略在17世纪初把他自制的望远镜指向满天星辰时，他改变了人类对太阳系的认识。18世纪的赫歇尔用他更大的望远镜数星星，人类的视野从而扩展到银河——他们心目中的宇宙。在20世纪20年代末的短短几年里，哈勃用胡克望远镜先是揭示了宇宙比过去想象的更大、更广阔，继而又察觉宇宙不是恒定，而是处于膨胀之中。这又一次颠覆了人类的宇宙观，引发更多科学乃至哲学上的新思考。

1931年1月5日，爱因斯坦还在洛杉矶过新年时，爱丁顿在英国数学学会年会上发表了一篇题为《世界的终结》（*The End of World*）主题演讲。他指出，如果宇宙一直膨胀下去，星系、星球之间的距离越拉越长，终将失去彼此之间的引力关联。这样，每个星球各自孤立，像热力学中所谓的“理想气体”中的原子一样自由运动，最后会趋向一个完全随机、无序的死寂世界。

这是物理学界从18世纪开始就推测过的“热寂”（heat death）。热力学中的孤立系统会自然地从有序走向无序。宇宙从总体看也正是一个孤立系统。宇宙的膨胀使得这样的一个世界末日变得更为现实、具体。

但这却并不是最让爱丁顿心烦的。毕竟世界无论何时、如何终结都还只是太遥远的未来。他更操心的是过去，也就是已经发生过的事情：我们的宇宙在膨胀之中。过去的宇宙会比较小，星系之间会更密集。他充满戏剧性地描述道：如果像看电影“倒带”那样往回放，我们会看到宇宙越来越小，星星之间越来越近。最终我们应该看到这么一个时刻，宇宙中所有星星、星系、原子、分子、光子等全都压缩到一个点上。然后……

然后就没法再继续倒带了——因为我们到了尽头。

爱丁顿表示这个想法让他不寒而栗。因为这意味着宇宙、时间都不是永恒的，有着一个起始点。他抱怨道：“从哲学意义上，说我们所处的自然世界会有一个确定的起点，我觉得无法接受。”[12]256,[11]166

爱丁顿的演讲在那年3月初的《自然》杂志上发表。不久，杂志便收到了来自爱丁顿当年爱徒的回应。勒梅特也在思考同一个问题，便顺手写了一篇笔记，题目针锋相对地叫作《世界的开端——量子理论的观点》（*The Beginning of the World from the Point of View of Quantum Theory*）。这篇文章简短得不到500个英文词，没有一个数学方程式，内容却是石破天惊。

勒梅特旗帜鲜明地指出宇宙的确有一个开端，对这么一个概念也没必要像爱丁顿所感觉的那么难以想象、接受。

20世纪初物理学的一个重大发现是放射性。及至1931年，人们已经知道越大、越重的原子越不稳定，会自发地发生衰变。勒梅特觉得最初始的宇宙就是一个特别的原子——他把它称作“原始原子”（The Primeval Atom）。这个原子的尺寸无穷小，但质量却是现在宇宙所有物质质量的总和。这样的原子自然非常不稳定，会自发地衰变，逐次分裂成越来越小的粒子[①]，由此便逐渐演化出了

① 当时，原子核“裂变”（fission）的概念尚未出现。

宇宙。

通俗一点讲，勒梅特把这个孵化出整个宇宙的原始原子直接叫作“宇宙蛋”(cosmic egg)。[11]166-168,[12]257,[29]

其实，在勒梅特之前，宇宙大小会变化的真正始作俑者弗里德曼就考虑过同样的问题。弗里德曼所发现的解中，宇宙大小既可以膨胀也可以坍缩。他最感兴趣的是宇宙是否在不停地来回“振荡”：膨胀到一定程度的宇宙会达到某个极限，然后反着收缩回来，直到极小，然后又开始膨胀……我们现在的宇宙有可能只是这个周期之中的一个。

身在苏联信息不通的弗里德曼对西方天文学家光谱红移的测量结果没有了解，因此不可能把他的理论与实际沟通，只是围绕着场方程做数学游戏。在论文中，他只能提醒读者现时的实验数据尚不足以帮助我们确定宇宙真正的演变方式。

但是，如果宇宙是从一个大小为零的初始态膨胀到今天，作为虔诚教徒的他便自然地把这个过程叫作“创世纪以来的时间”①。也就是说，时间有一个开端，那便是圣经中的创世纪。[11]90-92

只是他的这些推测当时只有寥寥无几的理论学家有些许了解，直到勒梅特、哈勃的突破之后才开始为人所知。

与弗里德曼不同，勒梅特在解释他的宇宙起源理论时有点战战兢兢。他小心翼翼地避免任何与宗教发生纠葛的可能，从来不像弗里德曼那样用“创世”的字眼，只是说“开端”。

---

① the time since the creation of the world.

尽管如此，他的牧师身份——加上他的这个“宇宙蛋”实在太像圣经的创世纪，使得大多数物理学家不得不怀疑他是在“挂羊头卖狗肉”，打着科学的旗号贩卖宗教的私货。（图 12-1）

图 12–1　正在讲解宇宙理论的勒梅特牧师

宇宙学是研究“天堂”的学问，自古以来便不能不与上帝纠缠不清。从哥白尼、伽利略以降，无数探索科学的先驱曾经饱受宗教威权的压力和惩罚，付出过相当大的代价。20 世纪的勒梅特则幸运得多，他的最接近“创世纪”的探索不仅没有被教会看作异端邪说，反而被认定为圣经的科学证明，因此教会对他大为赞赏。

已经处于科学和宗教夹缝中的勒梅特对来自教会的支持却大不以为然。与他的牧师身份相比，他更是一位受过系统、严格学术训练的科学家，坚持“宗教的归宗教、科学的归科学”。他一再声明他的宇宙起源学说完全来自广义相对论的数学方程，没有任何先验成分。他为《自然》撰写的论文底稿上原来有个结尾，感叹物理学之奇妙，为上帝提供了一层面纱。在送交之前，他明智地删去了这句可能引发歧义的话。

勒梅特在 1936 年教皇科学院（Pontifical Academy of Sciences）设立之初便是成员之一。当教皇庇护十二世（Pope Pius Ⅻ）在 1951 年正式宣布勒梅特的理论是对天主教的科学证明时，勒梅特公开表示了异议，再次指出他的理论与宗教无关。他和教皇的科学顾问一起成功地劝说教皇不再公开谈论神创论、宇宙学。[12]258,[30]

牛顿的经典物理学有着一个辉煌的成就。法国学者皮埃尔·西蒙·拉普拉斯（Pierre-Simon Laplace）曾经总结道：如果我们能够完全掌握世界在某一个时刻的全部信息——所有的作用力、所有原子所在的位置和速度——我们就可以通过物理定律完全、准确地预测将来任何时刻世界的状态。也就是说，一旦初始状态确定，我们便能够完全预知未来，既不需要有上帝来操纵，也不再有任何随机、非自然因素干扰。

如果说拉普拉斯所描绘的前提需要太多的信息量、超越人类的知觉能力的话，勒梅特把它“简化”成为一个极其简单的初始条件：原始原子。这个原子处于最理想化的有序状态，① 其中却蕴含着整个宇宙的所有信息。它其后的膨胀，什么时候在哪里会形成什么样的星云，什么时候在哪里会有什么样的太阳、地球，什么时候在哪里的原子、分子会组合成一个叫作“人”的生物，会如何行动、“思考”……

按照拉普拉斯的决定论，所谓人的自主意识不可能存在。所有一切的一切，都在 100 多亿年前那颗宇宙蛋中命中注定了。

勒梅特当时就意识到这个问题的存在，但他没有像爱丁顿那样“不寒而栗”。他进一步指出，就在几年前，沃纳·海森堡（Werner Heisenberg）刚刚在量子力学中提出了著名的“不确定性原理”（uncertainty principle）。在量子条件下，我们不可能完全掌握某个时刻世界的所有状态信息，任何时刻的宇宙都有着内在

---

① 用热力学的语言便是它的“熵”是零。

的不确定性。因此，即使是从一个最简单的宇宙蛋演化出来的宇宙，也会带有很强的随机性人类的自主意识也因此有了可能。

量子力学也是20世纪初的新科学，当时的研究对象集中于原子、电子这些尺度极其微小的粒子，似乎与尺度最大的宏观宇宙风马牛不相及。但在勒梅特的眼中，浩瀚宇宙也不过来自一颗原始原子。

更进一步，勒梅特指出这颗原子本身可能就是来自“真空”。因为在量子力学中，真空并不是一如既往的空空如也，也带有内在不确定性，会随机地发生粒子的产生和湮没。宇宙蛋也许就是这样一个“无中生有”的随机产物。

这样，量子理论进入了宇宙学领域，实现与广义相对论的第一次握手。

爱因斯坦显然很喜欢冬天的南加州。1932年12月，他连续第三年来到加州理工学院访问。这一次，密立根同时邀请了正在美国天主教大学担任访问教授的勒梅特，促成爱因斯坦与勒梅特的第三次见面。勒梅特这时也已经成为一位世界著名的科学家。因为他的牧师、科学家双重身份，他在美国的科学活动经常受到好奇媒体的追逐。这两位宇宙学巨匠的交流更是当时记者趋之若鹜的新闻。

还是在师从沙普利攻读博士学位时，勒梅特在麻省理工学院便接触到最早期的电子计算机①。他当时便试图使用这一新兴技术研究造父变星周期的来源。[11]100-101 后来，他与麻省理工学院的曼纽尔·瓦拉塔（Manuel Vallarta）合作，用计算机模拟研究宇宙射线，通过宇宙射线强度与地球纬度的关系证明了宇宙射线由带电粒子组成。因为地磁场的影响，宇宙射线会集中在地球的两极。

① 现代计算机，不是哈佛“后宫”的“人型计算机”。

在他们的论文中，勒梅特特意指出宇宙射线的来源可能相当古老，其中也许会含有当初“宇宙蛋”爆发时的成分。

当勒梅特在洛杉矶讲解这个新成果时，曾经觉得勒梅特物理很糟糕的爱因斯坦也叹为观止，当场起立鼓掌，赞道：“这是我听到过的最漂亮、最令人满意的理论。”[30]

就在爱因斯坦与勒梅特在南加州相谈甚欢时，外面的世界正发生着天翻地覆的变化。1933年，阿道夫·希特勒（Adolf Hitler）上台成为德国元首，整个国家很快陷入纳粹恐怖之中。作为犹太人，爱因斯坦首当其冲。在他回欧洲的旅途中，他的住所遭到纳粹党徒搜查，他被怀疑参与走私、窝藏武器的阴谋活动。爱因斯坦一到欧洲便在比利时下船滞留，终身再也没有踏足德国土地。[2]401-426

1933年10月17日，爱因斯坦终于来到美国定居，在新成立的普林斯顿高等研究院度过了他的下半生。在那里，他研究了广义相对论中的引力波、量子理论的完备性等重大物理问题，但更专注于他理想中的“统一场论”（unified field theory），逐渐与物理学主流脱节。终其余生，他没有再回到宇宙学领域，也没有再度访问南加州。

短短几年后，第二次世界大战爆发。世界各地的科学家不再有自己平静的书桌，也不可能再倾心于那满天的星斗、思考宇宙的来源和意义。他们有更迫切的任务。如果不是在逃亡的话，他们便以各种方式投入国防大业，现实地报效各自的祖国或自己选择的国度。

“二战”不仅是士兵、武器的厮杀，也是科技的较量。在雷达、弹道等军事科技上，物理学家做出了卓越的贡献。而影响最大的莫过于以量子力学、原子核物理为基础的原子弹的发明、建造和使用，加快了战争的结束。未曾料到的是，也正是战争中发展的核物理学为宇宙学的研究带来了下一个重大突破。

第13章
宇宙万物始于“伊伦”

伽莫夫1904年出生于俄国（现乌克兰）黑海的港湾都市敖德萨。他父母[①]都是中学教师，家里藏书丰富。伽莫夫酷爱俄国传统的长诗，同时也表现出对数理科学的爱好和天赋。他在中学时就自学了那时还非常新颖的狭义相对论。[11-16],[31]1-2

“一战”、十月革命和其后的内战搅乱了他的大学时代，但他还是凭能力被列宁格勒大学破格录取为物理研究生。那里有弗里德曼，是研究广义相对论的好地方。不料他入学刚一年，弗里德曼便英年早逝。

伽莫夫还遇到别的麻烦。因为对大学课堂教学的刻板、落后不满，他与列夫·朗道（Lev Landau）及另两个同学组成一个自学小组，钻研课堂上还未涉及的量子物理。当他们读到一位当红的哲学教授用辩证唯物主义批判爱因斯坦相对论的文章时，忍不住联名写了一封嘲笑的信给教授寄去。他们没想到这会惹出大祸，他们此举被定性为反马克思主义、反革命行为，各自遭到处分、批判，朗道还丢了教书的饭碗。[31]42-43,85-87

同情他们的教授赶紧推荐他们出国留学，伽莫夫因此有了去德国哥廷根大

① 伽莫夫父亲曾经是后来苏联时期列夫·托洛茨基（Leon Trotsky）的老师。

学度一个夏季的机会。

那是 1928 年，量子力学的波动理论刚刚出现不到两年。伽莫夫发现哥廷根大学的人都在兴致勃勃地求解各种原子的波函数。他一则不愿意随大流，二则对那越来越复杂的数学毫无兴趣，便别出心裁地琢磨起原子核的衰变。

随着放射性在 19、20 世纪之交被发现，人们认识到原子核有 3 种衰变方式，分别以希腊字母表的前 3 个字母标志：阿尔法（α）衰变、贝塔（β）衰变、伽马（γ）衰变。它们的区别是从原子核中逃逸而出的粒子：分别是带正电的氦原子核（也叫作 α 粒子）、带负电的电子和不带电的光子。

从比较大的原子核里面跑出来比较小的氦原子核似乎不奇怪。但 α 衰变的困惑之处是，同样能量的 α 粒子可以从原子核中逃出，却不能反过来钻回去。原子模型的提出者、最先辨识出 α 粒子是氦原子核的欧内斯特·卢瑟福（Ernest Rutherford）发现，即使用具备两倍动能的 α 粒子去轰击铀原子核，也无法突破。他只好生造出一个理论来解释这个奇怪的现象。

伽莫夫读了卢瑟福的论文后当即觉得大谬不然。他有一个更好的解释，就是量子力学中的“隧道效应”（tunneling）。在经典力学中，氦原子核要从铀原子核中逃出来，必须具备能克服后者壁垒的动能。但在量子力学里，描述 α 粒子的波函数即使在高高的壁垒下也有一定数值，说明它不需要具备能克服壁垒的能量就会有一定——虽然非常小——可能性逃逸。这就像面对一堵高墙并不一定非得从上面翻过去，而是可以在下面打个隧道钻过去。这样，衰变出来的 α 粒子的动能比需要克服的壁垒低得多，很难再自己跑回去。

有了这个思想后，伽莫夫很快做出演算，推导出符合实际测量的衰变“半

衰期”与能量的关系。①[31]41-53

这是量子力学在核物理中的第一个运用，开创了原子核理论的新局面。

夏天很快过去了。伽莫夫在归国途中绕道丹麦，作为不速之客拜访量子理论的泰斗尼尔斯·玻尔（Niels Bohr）。玻尔听了他的衰变理论，立即为已经囊空如洗的伽莫夫安排一份资助，让他留在玻尔研究所访学一年。伽莫夫不负众望，在那里提出了原子核内部结构的“液滴模型”（liquid drop model）。这个模型后来由玻尔和惠勒推广，解释原子核的裂变，成为研发原子弹的基础理论。②[31]54-61,65-68 同时，他也反过来计算让带正电的质子（氢原子核）、α 粒子通过隧道效应克服壁垒打进原子核的可能性。由于玻尔的推荐，卢瑟福邀请伽莫夫到剑桥大学访学。他的计算让卢瑟福确信有可能打开原子核。在他的帮助下，剑桥大学的约翰·考克饶夫（John Cockcroft）和欧内斯特·沃尔顿（Ernest Walton）设计出加速器，第一次用人工加速的质子打开了锂原子核。他们后来获得 1951 年诺贝尔物理学奖，在获奖感言中感谢伽莫夫所起的关键作用。[31]61-65

年轻的伽莫夫在海外两年取得的成绩让更年轻的苏维埃政府欢欣鼓舞，破格授予他苏联科学院院士称号。《真理报》还为他登载了热情洋溢的赞誉长诗。那时，他年仅 28 岁。[31]68

---

① 他遭遇的唯一困难是一个积分，只好求教于一位也在哥廷根大学的俄国数学家，并在论文中为此正式鸣谢。那人后来抱怨，在同行中不幸沦为笑柄。因为很多人去打听他究竟为这个重大的物理发现做出了怎样的贡献，而他只不过是做了一道非常初级的积分题。

② 他们还在看了美国西部侠客电影后为决斗时的拔枪速度问题入迷。玻尔认为后拔枪的（英雄人物）能够后发先至是因为他只纯粹靠反应，动作快；而先拔枪的（匪徒）脑子里要做一个什么时候拔枪的决定，所以动作会慢。伽莫夫专门上街买了玩具枪、枪套和牛仔帽等道具，让玻尔与众人逐一比试。多少年后玻尔还会津津乐道他当年如何一枪击倒了伽莫夫。

然而，他回到祖国后的日子并没有因此好过。他的护照被注销，申请出国参加学术活动屡屡被拒。他讲授量子力学时竟被党领导当堂叫停，警告他再也不能言及“不确定性原理”这种不符合辩证唯物主义的谬论。特罗菲姆·李森科（Trofim Lysenko）主义在生物界的横行更是让他觉得前途充满着威胁。苏联在成为一个意识形态挂帅的国家，他身在其中格格不入，只能设法出走。他与新婚妻子花了几年时间探查、计划偷越国境的途径。他们曾经在一个黑夜试图用皮划艇偷渡黑海，却被突起的风暴吹回而功亏一篑，差点丧命。[31]83-85,88-93

玻尔、保罗·朗之万（Paul Langevin）等西方科学家意识到伽莫夫的困境。他们想方设法通过上层关系说服苏联当局允许伽莫夫出国访问。当他终于有一次机会时，他坚持必须与妻子同行，还当面向外交部部长维亚切斯拉夫·莫洛托夫（Vyacheslav Molotov）陈情。获得批准后，他们俩终于在1933年借参加第七届索尔维会议时离开苏联，从此再未回去①。[31]94-97

短短几年后，苏联开始肃反大清洗。伽莫夫的朋友、已经在物理学界声誉鹊起的朗道被判刑坐牢。[32] 他们当年学习小组中的另一个成员被枪决。② 伽莫夫逃离苏联后，不仅被苏联科学院开除，还被缺席判处死刑。

因为一个偶然机会，还在欧洲流亡的伽莫夫被美国的乔治·华盛顿大学聘请为教授。他接受这个职位时提了几个条件，其中之一是每年要举行一次学术会议，由他选取主题、邀请各路大侠，在美国创造一个犹如玻尔研究所那样的

---

① 玻尔和朗之万曾向苏联政府担保伽莫夫会回国，因此对伽莫夫的“不守信用”颇为生气。还是居里夫人（Marie Curie）从中斡旋才平息了风波。

② 被枪毙的成员名叫马特维·布朗斯坦（Matvei Bronstein）。[33]

氛围。①[31]97-100

伽莫夫为1938年的第四次会议选定的主题是恒星发光能源的来源，这是他当初游学时也曾深入过的课题。

早在十几年前，爱丁顿就设想过两个氢原子可以在一定条件下结合成一个氦原子。根据他们的质量差别和爱因斯坦著名的“质能关系”，这样的“聚变”能够释放出能量。他猜想那很可能是太阳发光的能量来源。在伽莫夫解释α衰变后，聚变才成为一种更真实的可能性。因为氢原子核也可以利用隧道效应突破各自的壁垒。

受会议的讨论启发，伽莫夫的好友汉斯·贝特（Hans Bethe）推算出一整套核反应过程，系统地解释了太阳发热发光的机制。贝特因此获得1967年诺贝尔物理学奖，伽莫夫的名字也再次出现在获奖感言中。[31]106-109

1939年1月26日，从欧洲来访的玻尔在伽莫夫的第五次会议上公开了铀原子核裂变的信息，人类进入一个新的时代。[31]127,132-135 在那之后，伽莫夫的会议还举办了3次。但他发现越来越难请到人了。他身边的物理学家——包括贝特——相继在神秘地失踪。

作为首屈一指的核物理专家、液滴模型的提出者，伽莫夫却无缘和他的同行们一起参加美国建造原子弹的“曼哈顿计划”。因为他过去在苏联当红时，曾经因为在军事学院授课的需要有过一个红军的军衔，无法获得美国军方绝密级别的许可。他只有较低层次的涉密资格，得以与爱因斯坦一起协助美国海军的炸药、爆破研究。②[31]139-140

① 另一个条件是必须同时聘请他的好友、也在落难之中的爱德华·泰勒（Edward Teller）。泰勒后来不仅是伽莫夫长期的合作伙伴，而且成为美国“氢弹之父”。

② 正是在这个过程中，他声称爱因斯坦对他说过引入宇宙常数是他一生中最大的失误的话。

即使在战争期间，无论是在忙着造原子弹的贝特还是研究炸药的伽莫夫，也没有完全忘记探寻大自然本身的奥秘。

中国很早便有了金、木、水、火、土之“五行”，认为那是构成宇宙万物的基本材料。印度、希腊等的古文明中也都有大同小异的概念。这些“元素”之所以被选中，是因为它们在地球的生活环境中最常见，似乎很普适。

现代科学家认识到真正的元素是100多个不同的原子，它们的化学性质由其原子核中质子的数量决定，以此可以排列成元素周期表。原子核中还有不带电的中子。质子与中子质量差不多，它们的总数决定原子核的质量——也就是相应原子的质量，因为电子的质量相对可以忽略不计。当一个原子具有相同的质子数但中子数略有差异时，它们属于略有区别的同一元素，叫作“同位素”。

除了简单的金属外，金、木、水、火、土这些材料主要由比较重的元素构成的分子组成。[①] 当天文学家放眼宇宙，用光谱分析技术辨认群星的元素构成时，他们发现地球上常见的那些元素在宇宙中却是少得可怜。

我们居住的地球虽然挺大，其实非常微不足道。太阳系的质量99.9%集中在太阳这颗恒星上。而在太阳中，74.9%是最轻的元素氢，23.8%是第二轻的元素氦[②]，另外1%是氧。太阳中也有其他元素，但它们的总和都不到1%。

太阳并不特殊，宇宙中所有恒星的构成也与太阳类似。其他发光的类星体、星际间的气体、尘埃等也基本上由氢、氦这些最轻的元素组成。

20世纪初期是原子、原子核物理飞速发展的年代。物理学家知道，越重、越大的原子核越不稳定，会发生衰变。因此，轻且稳定性好的氢、氦在宇宙中

① 辅之以最轻的元素氢。

② 氦这个元素最早就是在太阳的光谱中发现的。

占绝大多数这本身并不那么令人惊诧。也许，这就是各种元素在宇宙这个大环境中相互发生反应、转换的结果。

在“二战”之前，物理学家就已经能够根据已知的原子核稳定性和反应的数据，推算在不同的温度、压力条件下处于平衡态的各种元素会具备的比例。只是结果令人失望：无论怎么努力，他们都没法得到宇宙中元素实际存在的比例。在所有条件下，较重的元素只应该比氢、氦稍微少一些，不可能像现实中那样极其稀少。即使在恒星内部那种超高温、超高压的环境中也是如此。[34]

还是伽莫夫看出了其中的奥妙：宇宙中的原子不是现在才有的，而是直接来自勒梅特的那颗“宇宙蛋”。它们的比例在宇宙诞生之初便确定了，像化石一样保存至今。

乔治·华盛顿大学有一个很特别的传统，大多数专业课程是在晚上讲授。当地很多在政府、企业、军队的人白天正职上班，晚上利用自己的业余时间来这里进修。

伽莫夫的物理课堂里有一位年轻人拉尔夫·阿尔弗（Ralph Alpher）。他是美国海军的技术人员，白天上班，晚上在夜校研习物理，就这样从大学一年级一直到获得博士学位。他在伽莫夫指导下完成硕士论文时，正是同盟国在欧洲胜利那一天。之后，他又兢兢业业地进行繁杂的数学推导，完成伽莫夫布置的一个有关宇宙结构的博士学位论文课题。就在他大功告成之际，伽莫夫发现朗道的学生叶夫根尼·利夫希兹（Evgeny Lifshitz）在苏联也做了同样的博士题目并已经发表。被抢了先的阿尔弗一气之下撕碎了他所有的演算手稿、笔记，把它们一并冲入厕所下水道。[31]163,[34]

没办法，他们只好从头开始。这次伽莫夫便和盘托出他一直在琢磨的宇宙中元素分布问题。

当年伽莫夫完成了 α 衰变理论之后也曾经试图弄明白原子核的 β 衰变。带正电的原子核里怎么跑出了带负电的电子在当时是未解之谜，他也束手无策。直到 1932 年中子被发现，β 衰变的过程才得到理解：原子核内的中子衰变时转换成为质子同时释放出一个电子[①]。

中子不带电，因此不受带正电的原子核排斥，比质子、α 粒子更容易钻过“隧道”进入原子核，引发原子核的嬗变。这个过程叫作“中子俘获”（neutron capture）。伽莫夫设想原来很小的原子核可以通过俘获中子越长越大，同时中子衰变增加原子核中的质子数，这样可以制造出越来越大、越来越重的新元素。

爱丁顿已经在 1944 年因病去世。令他不寒而栗的“倒带”式回放宇宙的历史在伽莫夫这里有了更具体的物理意义：整个宇宙是热力学上一个所谓的“绝热系统”（adiabatic system），不可能与外界有任何能量交换——因为压根就不存在什么“外界”。这样的系统在膨胀时压力、温度会降低，而压缩时压力、温度会升高。把宇宙回溯到勒梅特的“原始原子”时，那颗原子的内部是一个压力、温度都处于无穷大的世界。

在那样的高温、高压状态，我们今天所熟悉的分子、原子都无法存在，而是完全分解成最基本的质子、中子、电子。只有在宇宙开始膨胀，温度、压力降低时，它们才可能重新合并。

伽莫夫想象勒梅特的“宇宙蛋”在高压、高温下完全由中子组成。当这个超大原子“破裂”时，相当一部分中子会衰变质子和电子。质子与电子结合成为氢原子。氢原子核（即质子）俘获中子成为氢的同位素氘。氘核中的中子衰

① 外加一个“中微子”。

变或者氢与氘的聚变产生氦。氦非常稳定，基本上不再发生核反应，只有极少数还会继续俘获中子、质子产生一定的锂和铍。

在初始的宇宙中，这些反应不是同时发生的。每个反应会发生在其特定的时刻。因为“宇宙蛋”破裂后，压力、温度会随着膨胀急剧降低。这些反应所需要的条件也稍纵即逝。当一部分氢、氘原子在合适的温度下聚变成氦后，宇宙的温度已经下降，剩下的氢原子错过了这个“村”，便不再有同样大规模聚变成氦的“店”，因此永久地以氢原子存在于逐渐冷却的宇宙之中。

这样，我们今天的宇宙便遗留了大约75%的氢、25%的氦以及极其少量的氘、氦同位素、锂……

阿尔弗设法找到已有的核反应数据后，对最初期的勒梅特宇宙做了几个基本假设，便推算出氢、氦等元素应该有的浓度。他们的结果居然与今天的现实宇宙吻合得非常好。这个新理论第一次解释了宇宙中氢、氦的比例和其他元素稀少的缘由。

论文完成后，伽莫夫看到他们俩的署名又心生促狭之意，不顾阿尔弗的激烈反对硬在两人中间塞进了他的好朋友贝特的名字。他没有别的用意，只是让作者排列（阿尔弗、贝特、伽莫夫）听起来就像希腊字母表的“阿尔法、贝塔、伽马”。

这篇题为《化学元素的来源》（*The Origin of Chemical Elements*）的论文发表于 1948 年 4 月 1 日《物理评论》。那天正好是西方传统的愚人节。这篇划时代的论文也永久地被称为 αβγ 论文。（图 13-1）

阿尔弗后来以此成果进行博士学位论文答辩时规模空前，有 300 人前来参加，其中还有特意来采写新闻的记者。对论文本身没有贡献的贝特也应邀作为

答辩委员会成员躬逢其盛。[31]160-162,169-172; [34]

牧师勒梅特是第一个将爱因斯坦的广义相对论宇宙模型与现实的星云光谱测量数据联系起来的物理学家，为抽象、纯数学的宇宙理论与实际的物理世界搭起了第一座桥梁。但他的“宇宙蛋”只是一个抽象的概念。阿尔弗和伽莫夫第一次将最前沿的核物理引入了勒梅特的理论，为宇宙学的下一步发展开辟了一条新颖的蹊径。他们将初始宇宙具体为在一定温度、压力下存在的中子，以及在膨胀过程中逐步通过核反应所产生的越来越丰富的原子、分子。

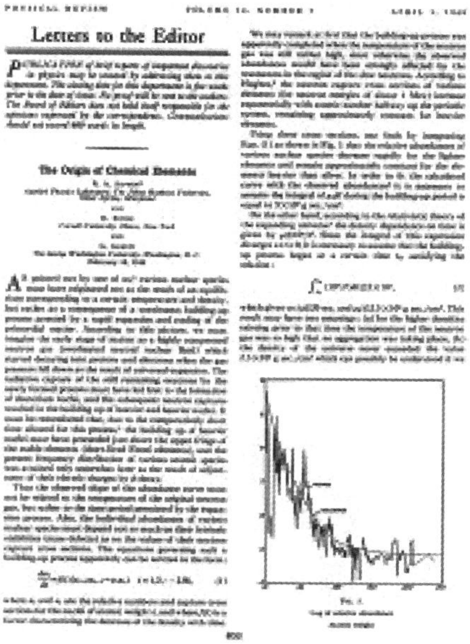
Letters to the Editor

The Origin of Chemical Elements

图 13–1　1946 年 4 月 1 日《物理评论》上发表的 αβγ 论文

为了显示与勒梅特抽象的“原始原子”的区别，阿尔弗找来一本巨大的词典，在其中寻寻觅觅，终于发现一个异常生僻的词“伊伦”(ylem)。其含义是古人想象中最初的、宇宙万物均由它而生的神奇物质，用来描述他们这个由中子构成的高温高压之宇宙起源倒也正合适。

不过无论是勒梅特奇葩的“宇宙蛋”还是阿尔弗诡异的“伊伦”，在大多数物理学家眼中都还是匪夷所思的幻想。在被认可、接受之前，还得如柯蒂斯当年所提倡的那样：需要更多的证据。

第 14 章
宇宙的年龄

“二战”之后，英国广播公司恢复了一项传统、非常受欢迎的科学家、学者向大众解释学术问题的节目。剑桥大学的物理学家弗雷德·霍伊尔（Fred Hoyle）是常客，经常在那里讲解一些天文课题。

在 1949 年的一次讲座中，霍伊尔提到战前勒梅特、伽莫夫的宇宙起源假说，很鄙夷地描述道：他们竟然觉得宇宙的一切都是在过去某个特定时刻的一次“大爆炸”（Big Bang）中突然出现的。

他认为这很莫名其妙、简直岂有此理，与科学沾不上边。不过他所用的这个字眼非常形象且又通俗上口，很快就取代勒梅特的“宇宙蛋”“原始原子”以及阿尔弗的“伊伦”，成为那个宇宙起源理论的正式名称：宇宙大爆炸①。[24]157-158,[31]182

霍伊尔在节目中推销的是他自己的理论。“二战”期间，他与托马斯·古尔德（Thomas Gold）和赫尔曼·邦迪（Hermann Bondi）一起在英国军队服务，研究雷达技术。战争结束后，三人又联袂加盟剑桥大学，再度研究天体物理。工作之余，他们经常一起出去看电影。1945 年的一个晚上，他们观看了恐怖名片

① “大爆炸”这个字眼在英国俚语中还带有色情含义。但霍伊尔坚持他当时没有邪意，只是在用大众化的语言解释科学理论。

《死亡之夜》(*Dead of Night*)。那电影的情节在结尾时回到了开头，因此呈现出循环反复、无穷无尽的结构。霍伊尔异想天开地觉得宇宙也可以类似地既在膨胀又没有起始、结局。他们把这个模式叫作“稳定态模型”(steady-state model)。(图 14-1)

图 14–1 提出“稳定态宇宙”理论的剑桥天文物理学家(前排从左至右):古尔德、邦迪、霍伊尔

这个模型中的“稳定”并不是爱因斯坦当初的恒定不变。他们的宇宙也还是在膨胀，但他们设想在星系因为空间膨胀而拉开距离的同时，中间会持续地冒出新的星球、星系来填补空档。这样从时间上看，宇宙依然是稳定“不变”的。就像一座城市在向外扩张，陆续在郊区修建新的住宅。城里的人逐渐往郊区迁移，他们腾出的空房子却也在被外来户填充。这样，我们可以看到人口在不断向外移动(“膨胀”)。但如果看房子的居住情况(空间)，却没有变化，是一个稳定态。

他们这个模型中的“外来户”是凭空冒出来的，没法解释。物理学中还找不出这么个机制。当然，他们的对手——大爆炸理论——也是基于一个无中生有的“蛋”或“伊伦”。至少，在稳定态模型中，宇宙是永恒的，时间没有突然的起点，更容易为人们所接受。在20世纪五六十年代中，稳定态宇宙与大爆炸宇宙分庭抗礼，在物理学界各有拥趸，一直不相上下，甚至还几度占了上风。[6]47-48; [24]185-187,198-203; [31]179-185

21世纪初风靡全球的美国电视连续剧《生活大爆炸》(*Big Bang Theory*)的开场主题曲高唱："我们的整个宇宙以前是一个又热又稠密的状态，然后在140亿年前开始膨胀……一切都起始于那一次大爆炸！"①

这个剧名和歌词中的"大爆炸"来自霍伊尔的不屑；"又热又稠密"的初始状态来自伽莫夫的创见；而那个"140亿年前"的时间定位在历史上却不那么直截了当。自从爱丁顿"不寒而栗"地意识到大爆炸的宇宙会有一个时间起点后，宇宙的年龄便是一大争议所在，也是霍伊尔贬低这个理论时能抓住的一个软肋。

从爱因斯坦开始的宇宙模型是简化得不能再简化的"球形奶牛"，只有一个参数：宇宙中所有物质的平均密度。他最初的宇宙在时间上是静态的，自然没有年龄的概念。但在空间上"有限无边"，也就是宇宙有个大小，由密度决定。

那还是1917年，他用当时的数据做了个简单的估算，发现模型给出的宇宙半径约1000万光年。而那时已知的宇宙——也就是银河——不过1万光年左右。爱因斯坦在私信中曾多次提起过这个困境，却从来没有在论文中披露过这个不利于他的证据。在最初那篇划时代的论文里，他只是在最后泛泛地交代了一句他的模型可能并不与当时的天文知识吻合。[8]

区区十几年后，哈勃大大地扩展了宇宙的浩瀚。爱因斯坦在放弃宇宙常数、静止模型后，于1931年4月又发表了一篇论文，采用弗里德曼的宇宙模型再度

① Our whole universe was in a hot, dense state. Then nearly fourteen billion years ago expansion started... That all started with the big bang!

估算宇宙的大小，还有随新模型而出现的宇宙年龄。

勒梅特、哈勃发现的宇宙膨胀规律是我们在地球上观察的星体径向速度与它们的距离成正比，比例系数便是哈勃常数。这个常数一般用天文单位表达，显得挺复杂。但其实，速度除以距离，结果会是一个时间的倒数。在不再有宇宙常数的广义相对论场方程里，如果假设从大爆炸开始宇宙一直在以同样的速度膨胀，那么哈勃常数的倒数正好就是膨胀所经历的时间跨度，也就是宇宙的年龄。

这样，由抽象的数学定义的宇宙模型便又可以与实际的观测直接联系上了。或者反过来，通过实际测量的哈勃常数，也可以倒推出宇宙的年龄、密度、大小等。爱因斯坦因此得出宇宙的年龄约 100 亿（10^{10}）年。（图 14-2）

不幸的是，他在单位换算过程中出了错。根据勒梅特、哈勃当时所给出的哈勃常数，宇宙的年龄其实应该只是 20 亿年左右。[11]153-156,[12]258-259,[35]

20 世纪初发现的原子核衰变在各方面有广泛的实际应用，其中之一是在地

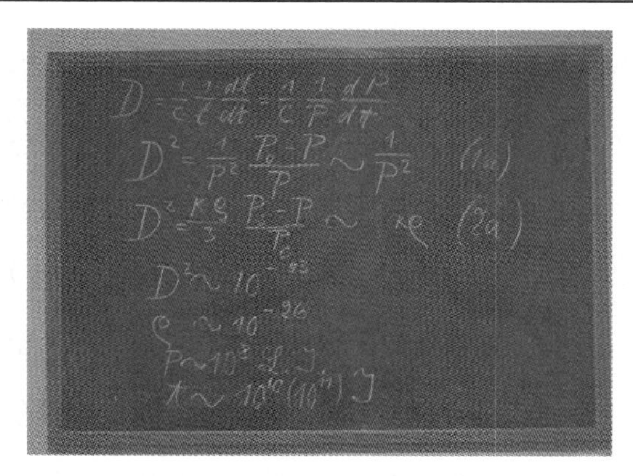

图 14–2 爱因斯坦 1931 年在牛津大学讲解宇宙模型时手写的黑板

最后 3 行分别是宇宙密度、半径、年龄。因为他演算有误，这些数值即使在当时也并不正确。

【图片来自 Wikimedia：Decltype】

质考古上鉴定古物年龄。因此，即使在 20 世纪 20 年代，人们已经知道地球的年龄可能高达 15 亿 ~30 亿年。对于大爆炸理论的支持者来说，这是一个巨大的尴尬：我们的太阳系居然会比宇宙出现得更早！

勒梅特最初发现宇宙膨胀速度与距离的正比关系是理论推导的结果，然后才在实际的星云数据中寻找证据。两年后，不知情的哈勃正相反，他纯粹是从观测数据中找出的这个规律。其实，他在 1929 年发表的那个图（图 10-1）中的数据点相当发散，只能勉强地看出其中有线性关联。①

那些数据点没能很好地集中在直线上，是因为它们有着相当大的误差。用光谱中的多普勒效应测量速度非常精确，误差极小。而距离的测量却十分勉强：无论是视差法、勒维特的造父变星周光关系，还是哈勃后来所用的各种光强估算，都会有相当大的而且随距离越远越大的误差。这造成所测得的哈勃常数不可靠。

为了提高天文观测的精度，威尔逊山天文台台长海尔一直在为胡克望远镜之后的下一代大型天文望远镜奔走、筹款、设计。胡克望远境的口径是 2.5 米，他所钟情的下一个望远镜口径要大出整整一倍，达 5.1 米。经过 20 年的努力，当此望远镜终于在“二战”之后由加州理工学院主导制成，安装在新成立的、距离威尔逊山不是很远的帕洛玛天文台（Palomar Observatory）时，海尔已经去世 10 年了。为了纪念他，这座新的庞然大物被命名为“海尔望远镜”。

“二战”开始时，已经年过半百的哈勃少校当即告别威尔逊山，再次投身军旅。他在东部的陆军弹道实验室指导，改进了炸弹、炮弹的使用效率。为此，他获得一枚军功章。

---

① 温伯格后来评论说，哈勃是发现了一个他预先知道他要找的答案。当然，哈勃之所以有足够的自信，是因为胡马森已经测到的更远的星云数据也支持这个线性关联。[7]25-27

威尔逊山上其他天文学家也都下了山，以各种方式精忠报国。山上只有寥寥几个人留守，其中之一是德国天文学家沃尔特·巴德（Walter Baade）。巴德曾经因个人原因签字效忠纳粹政府，因此在美国被当作敌侨看待，只是在他的好朋友胡马森等人的担保下才没有进集中营，被容许自我软禁于天文台内。阴差阳错，巴德因此获得好几年独霸望远镜的良机。更得天独厚的是，为防止日本人空袭，山下的洛杉矶市实行灯火管制，变得漆黑一片，正是天文观测的最好时机。巴德因此用胡克望远镜拍出了哈勃、胡马森从没能拍到过的更清晰的照片，第一次在仙女星云中分辨出单个的星星，并发现星星中还存在不同的分类。[11]49,[12]258-259

“二战”结束后，哈勃回到威尔逊山。他似乎换了一个人，不再像过去那样专横跋扈、目空一切。已知天命的他试图人性化地与同事们修复关系，却已经太迟了。凭着他的声望，哈勃以为自己会是帕洛玛天文台第一任台长的当然人选，却因为有太多人反对而落空。他甚至在海尔望远镜的使用安排上也失去了发言权，只是在该望远镜投入使用时获得用它看第一眼的象征性荣誉。[12]266-267

无论是在威尔逊山还是帕洛玛，哈勃的地位逐渐被胡马森和巴德取代。巴德用海尔望远镜发现其实造父变星也与恒星一样有两个不同的类别。当初勒维特发现周光关系的那些造父变星与后来沙普利、哈勃用来丈量星团、星云距离的其实不是同一类。这样，宇宙距离阶梯无法直接衔接，需要修补。

1952 年，巴德在国际天文联合会年会上宣读了修正后的结果：哈勃常数的数值应该是哈勃 20 多年前估算的一半。相应地，宇宙的年龄增加了一倍，约 36 亿年。在座的天文学家大为惊异。霍伊尔正好在场负责官方记录，大概内心颇为失落。而倾向于大爆炸理论的人不由大大地松了一口气。

随后，巴德的研究生艾伦·桑德奇（Allan Sandage）又发现哈勃在用星云中“最亮的星”估计距离时所看到的其实不是星，而是星云中发光的“电离氢区”（H II region），其亮度与星体不同。因此，哈勃估算的距离更不可靠，他的修正又把宇宙的年龄增加到55亿年。

尽管哈勃常数的数值屡屡被大幅度修正并一直在争议之中，哈勃定律本身——星星的径向速度与距离成正比——却一直经受住了考验。它所揭示的宇宙膨胀规律也不断地在现代天文观测中被进一步证实。[36]49-51

桑德奇在1953年获得博士学位。哈勃在同一年因脑血栓去世，终年63岁。他生前的遗愿是要静悄悄地离去。在他1949年严重心脏病发作后就一直悉心照料他的夫人格蕾丝独自操办了后事，没有葬礼，没有墓碑。她在1981年去世之后，世界上再没有人知道哈勃的长眠之地。

桑德奇毕业后一直在帕洛玛天文台工作，成为新一代的天文大师。他和胡马森曾试图用海尔望远镜观测更远的星系的红移光谱，延续哈勃的香火。但他们没能成功，洛杉矶夜益灿烂的灯火永久性地湮没了望远镜中微弱的星光。

伽莫夫当初提交那份具里程碑意义的αβγ论文时，还曾老实地在贝特的名下标注他为“缺席作者”（*in absentia*）。这个怪异的做法引起杂志编辑的好奇，专门去询问贝特。贝特才知道好朋友在盗用他的大名。他也是一个天生好事者，当即满口同意在这篇与他无关的论文上挂名。他调皮地说：“没准儿这论文里说的会是对的。”

贝特的运气没有那么好。阿尔弗很快意识到“伊伦”不可能只有中子那么简单，应该包括电子、质子、正电子等，更多的还会有光子、中微子等没有质量的“纯”能量。随着这些计算变得越来越复杂，只喜欢鼓捣新主意的伽莫夫不再有兴趣纠缠细节。他正好有学术假，便暂时离开了乔治·华盛顿大学，出外讲学、科研。

阿尔弗也已经博士毕业了。在没有伽莫夫的日子里，他身边另有一个伙伴：罗伯特·赫尔曼（Robert Herman），他是普林斯顿大学的物理博士，曾经师从罗伯森研修广义相对论。他们俩都是犹太裔，属于在美国出生的欧洲移民第二代。两人都有正式工作，白天需要兢兢业业地上班，只有在业余时间才一起继续钻研宇宙起源，完善他们的“伊伦”模型。

伽莫夫对赫尔曼尤其青睐，因为赫尔曼自小学得流利的俄语，是伽莫夫背诵亚历山大·普希金（Alexander Pushkin）长诗的忠实听众。但让伽莫夫失望的是赫尔曼却不愿意将自己的姓改为德尔特（Delter），好延续出希腊字母表的下一个字母“德尔塔”（δ）。（图 14-3）

图 14–3　阿尔弗和赫尔曼合写的回忆录《大爆炸起源》

赫尔曼（左）和阿尔弗（右）看着伽莫夫精灵般从一个标志着“伊伦”的酒瓶中冉冉升起。

在元素的来源解决之后，伽莫夫琢磨的是星系的起源。还是在 1948 年，他在《自然》发表了一篇论文，论述大爆炸几十万年之后，宇宙终于冷却到氢、氦原子可以稳定、持久地存在，而不被高能的光子持续电离。它们之间的引力作用会产生质量分布的涨落，相对密集的地方便会逐渐形成最早期的星系。利用一些最简单的假设和几个物理常数，他推算出了那些最早期星系质量与大小的关系。

阿尔弗和赫尔曼看到这篇论文后，立即发现老师的数学演算有问题。伽莫夫从善如流，建议他们自己写一篇文章为他纠错。他们俩在两星期内就给《自然》交了稿，不仅纠正了伽莫夫的错，还推广了他的想法，做出一整套计算宇宙从初始至今状态的方法。他们意识到，因为大爆炸之后宇宙一直在“绝热膨胀”，通过宇宙模型和哈勃常数，不仅能推算宇宙的密度、大小、年龄，还能得出宇宙的温度。[31]175-176; [34]

他们在论文中简单明了地指出：“推算出的今天的宇宙的温度大约是 5 开①。”

---

① 绝对温度，即 –268℃。

第 15 章
宇宙大爆炸的余波

也是在 1948 年，从美国海军退伍的马里兰大学年轻教师约瑟夫·韦伯(Joseph Weber ）找到伽莫夫，自我介绍是微波技术专家，询问是否有合适的课题让他研修一个物理学博士学位。伽莫夫不假思索地回答：“没有。”韦伯不得已，后来辗转进入了探测引力波领域①。

伽莫夫大概自己都不知道，他那两个弟子阿尔弗、赫尔曼在推算出大爆炸之后的宇宙在今天应该有绝对温度 5 开左右的背景温度后，那时正在四处寻找微波专家，咨询观测这个大爆炸遗迹的可能性。[34]

“二战”之后像韦伯那样的无线电微波（微波是无线电频谱的一部分）专家其实相当多，有些还是颇为资深的物理学家。战争期间，物理学家在原子弹之外最突出的贡献大概就是在雷达、通信技术上。战后，这些人才回到大学实验室，以各种方式用他们在战争中开发或学会的技术开拓科学研究的疆界。

20 世纪 50 年代初，英国、澳大利亚天文学家注意到他们的无线电天线可以接收到一些来自天外的电波。古尔德和霍伊尔率先意识到这些电波来自银河之

① 详见《捕捉引力波背后的故事》[28] 第 3 章。

外，可能非常遥远。因为用光学望远镜看不到发射这些电波的源头，不知道是不是来自恒星、星系，便暂时把它们的来源叫作“类星体”（quasar）①。

后来，帕洛玛山上的桑德奇等人费了九牛二虎之力才在1963年用海尔望远镜看到一个与类星体吻合的光源，并拍摄到光谱。果然，这个光谱红移得更夸张，显示光源速度达4.7万千米每秒。这时已经无法继续用已有的宇宙距离阶梯测定其距离，只能通过哈勃定律由速度倒推，估算其距离大约在几亿光年之外，比胡马森看到过的最远星系又远了好多倍。

无线电与可见光一样是电磁波，只是处于不同的频率波段。可见光在宇宙空间旅行时会遭到各种星系、尘埃等的吸收和散射，有相当的损失②。而无线电信号在宇宙中几乎畅行无阻。即使是来自非常遥远的无线电，也能在地球上接收到。由此诞生了“射电天文学”。

类星体的发现给霍伊尔等人的稳定态宇宙带来了一个难题。他们理论的精髓就在于“稳定”：宇宙恒定，不像大爆炸理论那样有个起点，并随之演变。

我们在观察星空、宇宙时，距离上的远近同时也是时间上的先后。因为光传播的速度虽然很快，达30万千米每秒，却也不是无限。远处的光——或无线电信号——传到我们这里需要一定的时间。来自几亿光年之外的信号便是经过了几亿年的时间才抵达。也就是说，我们今天看到的类星体，其实是几亿年之前的存在。

那些几亿年前的类星体却与我们附近、更“现代”的星系有着明显的不同：类星体在发射着强烈的无线电波，而相应的可见光很微弱；我们已经熟悉的星云、星系则恰恰相反。这不符合稳定态模型中宇宙时时、处处都一样的描述。

① 这个词是华裔物理学家丘宏义（Hong-YeeChiu）生造出来的。[37]
② 这也是哈勃等人根据光强估算距离的主要误差来源。

更让霍伊尔他们头疼的是，随后的跟踪观测还发现，类星体数目的分布也随距离而变化：越远的地方，类星体越多，密度越高。[24]203-210

大爆炸理论在这里得心应手。大爆炸之后的宇宙是随时间不断地演化的。几亿、几十亿年前的宇宙与今天的宇宙大相径庭。那时宇宙的温度高，尚未形成今天常见的星系、恒星。类星体大概就是大星系诞生之前或之初的躁动，大量的基本粒子在巨大的黑洞周围高速运动、碰撞，发出强烈的无线电波。因为恒星还没有大量地形成，可见光便相对地微弱。

越远的类星体密度越高更是大爆炸的自然结果：膨胀中的宇宙越早期密度越高，膨胀后密度减低——也就是说膨胀之后"拉开"的空间里并没有像霍伊尔想象那样出现新的物质填充。

类星体的发现，不仅又一次扩大了人类认知宇宙的视野，再次揭示天外有天，也让大爆炸理论在与稳定态模型的僵持中第一次占了上风。不久，更强劲的证据又出现了。

"二战"之后，普林斯顿大学的罗伯特·狄克（Robert Dicke）教授对广义相对论、宇宙学发生了浓厚的兴趣。每星期总有一天，他和他的学生们会海阔天空地讨论这方面的课题，直到入夜才一起到镇上的小店去喝酒吃比萨。他对大爆炸和稳定态理论都不满意，因为这两个理论中宇宙的物质都来自无中生有。他更倾向于弗里德曼描述的振荡宇宙：宇宙是在不停地膨胀、坍缩，如此周期往复。这样宇宙中的物质总是存在着，只是密度在变化。

20 世纪 60 年代中期，霍伊尔和同行合作解决了伽莫夫等人没能解决的难题：宇宙初始的基本粒子通过中子俘获过程只能产生最简单的几个原子，到锂原子以上便出现了"断链"，无法持续。霍伊尔等人发展出一套在恒星内部高温、高压条件下产生更重的原子的反应链，才解开了宇宙万物的来源之谜。但也因此，稍重的原子必须在宇宙膨胀后期、恒星已经大量出现以后才能面世。

狄克因此想到，如果宇宙在来回振荡，这些后期才有的原子在宇宙的坍缩过程中也必须消失，才能在下一轮膨胀中重新产生。而它们之所以消失，只能是因为坍缩的宇宙进入超高温状态，以至于所有原子都被剥裂，还原为质子、中子等基本粒子。

狄克觉得这样一来宇宙的温度是可以推算的。他指导学生吉姆·皮布尔斯（Jim Peebles）做一下理论计算。皮布尔斯很快得出结论：宇宙从最初的高温膨胀、冷却至今，现在的温度应该在绝对温度 10 开左右。

那是 1964 年，阿尔弗和赫尔曼的宇宙温度约为 5 开的论文已经发表了 16 年。狄克似乎对他们的工作完全不知情或者完全忘却了。他的振荡宇宙的坍缩过程其实就是爱丁顿、伽莫夫所想象的时间逆转的宇宙“倒带”过程。作为理论模型，二者没有太多的实质区别。

皮布尔斯写好论文投稿后被匿名的审稿人打回，指出他们不应该忽略了阿尔弗、赫尔曼等人的贡献。皮布尔斯按要求修改后依然没能过关，但狄克没太在意。他已经开始了下一个行动。

与伽莫夫那几个人不同的是，狄克自己就是实打实的微波技术行家。他在 1946 年发明了一个“狄克辐射计”（Dicke radiometer），是微波天线中最常用的接收器。他也是一个实验好手。就在他琢磨宇宙的同时，他还用现代化手段重复了传说中的伽利略比萨斜塔实验，以超高精度证明物体在引力场中的运动与质量无关。

这时他带着另外两个学生很快就在普林斯顿大学地质系楼顶上装置起一个微波天线，准备寻找大爆炸的遗迹。

大爆炸发生在100多亿年之前，无法在实验室中重复，自然没办法直接观测。阿尔弗、赫尔曼以及狄克、皮布尔斯推导出的宇宙温度却是大爆炸的一个直接后果，或者说“残留”。狄克觉得这应该能够观测到。

宇宙不是一个热平衡的世界。无数的恒星内部在发生激烈的热核反应，表面不断地发光发热。它们的表面温度至少几千摄氏度，内部更是达到亿摄氏度的量级①。

然而，从空间、体积来看，恒星在宇宙中只是微不足道的存在：它们在地球人的眼中不过是点点星光。其余的广宇，是一片漆黑死寂、冰冷的世界。

不过，早在20世纪初，天文学家发现星星之间也不是完全的空空如也，而是弥漫着一些不明成分、来源的气体、尘埃，被笼统地称作“星际介质”（interstellar medium）。1940年，加拿大天文学家安德鲁·麦凯拉（Andrew McKellar）还观察到这些介质中居然存在有机分子。他测量到氰分子自由基的旋转光谱，推算出其能量分布相当于绝对温度2.4开。如果假设这些介质、分子与其周围环境处于热平衡状态的话，那么也就可以认定这些介质所处的空间的温度大约是2.4开。但是，直到他在1960年去世，麦凯拉的数据都没有引起人们注意。[34],[38-39]

阿尔弗、赫尔曼、狄克、皮布尔斯等人所研究的宇宙温度不是星星、介质甚至分子这些实际物体的温度。在他们的理论模型中，大爆炸伊始的宇宙又热又稠密，充满了光辐射和质子、中子等基本粒子，互相搅成一团。当宇宙终于膨胀、冷却到质子与电子可以结合成稳定的氢原子之后，光子才能在宇宙中畅

---

① 在极高温尺度，绝对温度与摄氏度之间已经没有实质区别。

行无阻。那就是所谓宇宙的第一缕光。那时的光子能量（频率）非常高。再经过100多亿年的膨胀、冷却，光子的波长随着空间膨胀被持续拉长，其频率相应地红移变低。到今天，按照他们算出的宇宙温度，那些光子应该主要处于能量很低的无线电波段，也就是微波频段。

这些光子——如果存在的话——直接来自大爆炸开始的那颗蛋，充满了那时候还不很大的宇宙。在今天的宇宙中它们也就同样地会均匀地散布在整个空间而无处不在，成为宇宙恒定的背景："宇宙微波背景"（cosmic microwave background）。

阿尔弗和赫尔曼当初在大学、学术会议上做过一系列讲座，希望能引起微波行家的兴趣，寻找探测这个宇宙大爆炸的遗迹，但无人响应。人们或者不相信这个天方夜谭，或者觉得这样的微波信号即使存在，也会太微弱，没有希望测出。

最令他们丧气的是，连他们的导师、向来喜好异端邪说的伽莫夫也没有买他们的账。两人后来相继找到不同的新工作，各奔前程，没有再继续这个课题。伽莫夫更是在学术上"移情别恋"，与刚发现脱氧核糖核酸（deoxyribo nucleic acid, DNA）的双螺旋结构的詹姆斯·沃森（James Watson）和佛朗西斯·克里克（Francis Crick）还有物理学家理查德·费曼（Richard Feynman）等人搭伙去试图破解生命遗传编码的秘密。[31]209-223 在那之后十来年里，大爆炸理论陷入低迷。阿尔弗和赫尔曼所提出的微波背景被人遗忘，直到被狄克、皮布尔斯重新"发现"。

就在狄克和他的学生们一切准备就绪、只待开机探测时，狄克接到一个意外的电话。

1957 年 10 月 4 日，苏联成功发射人类第一颗人造卫星。次年，美国仓促成立了一个航天局（即美国国家航空航天局，National Aeronautics and Space Administration, NASA），应对新时代的挑战。航天局试图发掘卫星的实用价值。他们最早的尝试之一是发射一个简陋的球体，进入轨道后内部爆炸充气，成为大气层外的一个大气球。这气球的表面上涂有一层铝金属，可以反射电磁波。这样，他们从西海岸的加州发射微波信号，由卫星反射回地球表面，被设在东海岸贝尔实验室的天线接收，成功地实现横跨北美大陆的太空微波通信。

这个气球卫星只是被动地反射电磁波，能回到地球表面的信号非常微弱。贝尔实验室为此专门制作了一个大型微波天线。接收微波的天线与日常熟悉的卫星天线不同，不是抛物面的圆盘，而是像早期的方形高音喇叭。这个天线长 15 米，喇叭口 6 米见方，以它所在的镇命名为“霍姆德尔喇叭天线”（Holmdel Horn Antenna）。天线内部探测微波信号的正是一个狄克辐射计。

航天局的这个项目没有太长的寿命。1962 年，美国发射了第一颗正式的通信卫星，上面携带电子设备，可以将接收的信号放大后再播放，大大提高了使用效率。地面上也不再需要特制的大天线就可以接收到卫星信号。

于是，霍姆德尔这个天线沦为闲置。两个刚刚博士毕业来到贝尔实验室的天文学家阿伦·彭齐亚斯（Arno Penzias）和罗伯特·威尔逊（Robert Wilson）看中了这个难得的高灵敏度、低噪声家伙，觉得可以用它来普查银河系的微波分布。于是他们着手天线的校准，逐个剔除可能的误差和环境噪声。（图 15-1）

在排除了所有可辨认的噪声后，他们被一个奇怪而顽固的噪声所困扰。这个噪声无论白天黑夜都始终存在。他们把天线对准邻近繁华的纽约市，然后转到反方向做比较，居然没有差别；他们又耐心地跟踪测量了几个月，让地球绕着

图 15–1　彭齐亚斯（右）和威尔逊（左）在他们使用的贝尔实验室“霍姆德尔喇叭天线”前

太阳公转，也没有发现那个噪声有任何季节性的变化。他们仔细检查仪器，发现有几只鸽子在天线里做了窝。于是他们花大工夫，将天线拆开，仔细清洗了多年积累的鸟粪[①]。他们驾车把鸽子送到很远的地方放生，但善于找路回家的鸽子很快又回来了，于是他们不得不拿起鸟枪来解决这个干扰源。然而，天线上的噪声依然如故：无时不有，无处不在。

无奈中，彭齐亚斯在与同行的电话中倾诉了他们这个烦恼。对方想起刚刚听过皮布尔斯的一个讲座，似乎有点关联，建议他与普林斯顿的那拨人联系求助。彭齐亚斯于是给狄克打了电话。狄克放下话筒时脸色死灰，当即告知他的团队：“伙计们，我们被人抢先了。”[②]

贝尔实验室距离普林斯顿不过 60 多千米。狄克一行驾车前往，共同分析彭齐亚斯和威尔逊的数据。没有太多的悬念，他们很快就确定令这两个倒霉蛋近乎疯狂的噪声便是他们在普林斯顿准备寻找的宇宙微波背景辐射——大爆炸的

① 彭齐亚斯很专业地称之为“白色的电介质物体”。
② Boys, we’ve been scooped.

余波①。

彭齐亚斯和威尔逊实际测量的数据表明今天的宇宙背景温度是绝对温度 4.2 开，与理论预测相当接近。[31]187-190, [36]58-69, [40]51-80

1978 年，彭齐亚斯和威尔逊因为这个无意的发现获得诺贝尔物理学奖。这是诺贝尔奖第一次颁发给与天文观测有关的贡献。

当年阿尔弗雷德·诺贝尔（Alfred Nobel）设立他那后来举世闻名的奖金时，在科学类上指明了物理学、化学和生理学或医学——他觉得最实用的科目。天文学没有被包括在内。相当长时期内，诺贝尔奖委员会也不认可天文学是物理学的一部分。因此，历史上一些做出过突出贡献的天文学家，包括勒梅特、爱丁顿、哈勃等，都与这个奖项无缘。[22]

因为狄克的决定性协助，彭齐亚斯和威尔逊曾邀请他在他们的论文上署名作为第三作者。狄克绅士般地谢绝，可能因此失去了分享诺贝尔奖的机会。普林斯顿团队另外撰写了一篇论文，与彭齐亚斯和威尔逊的观测报告同时发表，从理论上阐述那便是宇宙大爆炸留下的遗迹。[40]51-80

在领奖仪式上，彭齐亚斯才有机会回顾他恶补的历史，突出介绍了伽莫夫、阿尔弗、赫尔曼等人的早期贡献。[31]190 对于已经去世的伽莫夫来说，这是他第三次——也不是最后一次——在诺贝尔奖获奖仪式上收获到感谢。

① 威尔逊在加州理工学院攻读博士学位时曾听过霍伊尔的课，因此对稳定态模型有印象。他们俩对大爆炸理论均不甚了解，因此对阿尔弗、赫尔曼的宇宙温度预测以及近在咫尺的狄克小组研究工作完全一无所知。

第 16 章
于最细微处见宇宙

1977 年，温伯格在美国出版了一本面向大众的科普书《最初三分钟》（*The First Three Minutes*），介绍宇宙大爆炸后随即发生的一系列场景。这个引人入胜的标题——书中内容其实并不仅限于“三分钟”——和新奇、翔实的科学内涵吸引了大量读者，成为影响广泛的畅销书。

宇宙微波背景的发现又过去了 12 年。大爆炸这个奇葩的想法不仅在科学界得到广泛认可，成为该书副标题所称的“宇宙起源的现代观点”（*A Modern View of the Origin of the Universe*），而且也不再是一个简单抽象的猜想。它已经发展为坚实的物理理论，并能够在现实世界中得到验证。

作为“外行”的彭齐亚斯和威尔逊发表他们的微波测量结果时，还曾小心翼翼地避免解释他们数据的含义，把这个不讨好的任务交给同时发表诠释性论文的狄克小组。狄克他们也没有提“大爆炸”，而是采用了普林斯顿同事惠勒提议的“原始火球”（primordial fireball）的说法。还是《纽约时报》报道时直截了当，用了《信号暗示一个“大爆炸”宇宙》（*Signals Imply a “Big Bang” Universe*）的大标题。一年后，皮布尔斯也开始采用“大爆炸”这个字眼，象征着他们终于“归顺”了伽莫夫、阿尔弗的宇宙起源理论。[41]

在类星体上遭受重创的稳定态模型早已在苟延残喘，霍伊尔还是竭尽全力负隅顽抗。直到 2000 年，他在去世前一年还出版了一本专著维护稳定态宇宙，批驳天文学界随大流接受大爆炸理论的行径。但他已经沦为孤独的绝响：即使是他的老朋友古尔德、邦迪都已经接受了大爆炸学说。[24]210-212

微波背景辐射的发现是稳定态模型破产、大爆炸理论胜出的分水岭。数学家保罗・爱尔迪希（Paul Erdös）曾感叹：上帝犯了两个错误：一是他用大爆炸的方式创造了宇宙；二是他留下了微波辐射的证据。[34]

温伯格既不是天文学家也不是宇宙学家，而是一个研究基本粒子的理论物理学家。他探索的对象是物理学中最微观的世界。由他来描述、解释最宏观的宇宙似乎有点风马牛不相及。然而，这也正是 20 世纪 70 年代物理学所特有的一道亮丽风景。

因为，在那最初的“三分钟”里，宇宙其实就是一个基本粒子实验室，高能物理学家的乐园。

伽莫夫年仅 24 岁时用量子力学的隧道效应解释原子核衰变，随后又推算把粒子加速到一定的动能，可以突破原子核的壁垒。为此，他协助考克饶夫和沃尔顿发明了第一个粒子加速器（图 16-1）。从他们那个犹如健身房器械的管子里出来的质子成功地打开了锂、铍等原子核。

图 16-1　20 世纪 30 年代考克饶夫和沃尔顿设计的粒子加速器

在我们这个适合人类生存的世界里，实验室里产生的粒子不具备太高的速度，因此需要加速才能击碎原子核。如果换一个环境，比如太阳等恒星的内部，因为温度、压力非常高，那里的粒子本身便带有非常大的动能，不需要人为加速就可以持续核反应。因此，使用加速器可以在人类世界中模拟恒星内部的环境。

如果把膨胀、冷却的宇宙回溯到最初，那是一个即使太阳中心也相形见绌的最极端世界，其中的粒子具备极高的能量。原子核——或任何有内部结构的粒子——都会在不断的碰撞中解体，回归为最原始的“基本粒子”。因此，伽莫夫按照他当时的认识设想最初的“伊伦”只能由中子组成。

考克饶夫和沃尔顿在剑桥修建的加速器把质子加速到了具备几万“电子伏①”的动能。从动能来看，这些质子相当于来自一个温度高达 10 亿℃的世界，远高于太阳的中心，大体相当于大爆炸之后 200 秒时的宇宙。[36]87-88

当爱丁顿绘声绘色地描述他如何在想象中将宇宙的演化“倒带”回放到时间的起点时，他没有想到就在他眼皮底下的几个年轻人所鼓捣的简陋家伙便是在实现这个操作，并且已经接近了宇宙爆炸后的“最初三分钟”。

考克饶夫和沃尔顿的设计很快被美国的欧内斯特·劳伦斯（Ernest Lawrence）发明的“回旋加速器”（cyclotron）超越。劳伦斯因此在 1939 年——比考克饶夫和沃尔顿还早 12 年——获得诺贝尔物理学奖。回旋加速器具备不需要太大的场地能源便能够持续加速粒子的优势，在其后几十年中有了飞速的发展。20 世纪 50 年代，美国布鲁克海文国家实验室的回旋加速器就已经可以把粒子加速到 30 亿电子伏的高能（图 16-2）。那相当于是大爆炸之后 0.000 000 003 秒、温度为 35×10^{13}℃的宇宙。[36]87-88

越来越大、能量越来越高的加速器揭示出一个崭新、神秘而丰富多彩的微

① 电子伏（electronvolt）是一个高能物理常用的能量单位，指一个电子在一伏特的电压中加速所获得的动能。

图 16–2 20 世纪 50 年代美国布鲁克海文国家实验室的回旋加速器（Cosmotron）
【图片来自 BNL】

观世界。五花八门的粒子在不同的能量档次上出现、分解，表现出不同的碰撞、反应机制。这些在最小尺度上的知识、数据的积累正好为大尺度的早期宇宙提供了实在的线索：在某个时期的宇宙中翻天覆地的就应该是某个相应能量的加速器中所看到的粒子和它们的反应过程。

苏联著名物理学家雅可夫·泽尔多维奇（Yakov Zeldovich）一语中的："宇宙就是穷人的'加速器'①。"

1968 年，也就是伽莫夫逝世的那一年，斯坦福的直线加速器用高能的电子轰击氢原子核，证实质子并不是原来想象的基本粒子，而是由更基本的"夸克"（quark）组成。中子亦然，因此不可能是能存在于"伊伦"中的原始粒子。

20 世纪 70 年代，包括华裔物理学家丁肇中（Samuel Ting）在内的众多高能物理学家利用大型加速器一层层地揭开了微观世界的奥秘，逐渐形成基本粒子的"标准模型"（Standard Model）。正是在这个模型的基础上，温伯格得以"越界"总结、描述宇宙的早期膨胀、演化过程。

① The universe is the poor man's accelerator.

勒梅特曾经把他的宇宙蛋所在的时间叫作“没有昨天的那一天①”。在那一刻，爱丁顿的录像带已经倒到了头，不再有更早的过去。我们不知道——也不可能知道——那时的宇宙确切会是什么样子。因为广义相对论在那一刻出现了数学上的“奇点”（singularity），不再具有物理意义。最多，我们只能泛泛地描述宇宙那时没有空间尺寸，处于时间的零点，而温度、压力、密度都是无穷大。[36]86-87

“原始火球”爆炸后，一个有真实物理意义的世界才开始展开。温伯格在他的书中将爱丁顿倒好的录像带一幕一幕地重放。

大爆炸发生 0.01 秒后，宇宙的温度高达 1000 亿℃。在那样的“炼狱”中，基本上只存在没有或几乎没有质量的光子、中微子、电子以及它们相应的“反粒子”：反中微子和正电子。那时候的宇宙是一个和睦相处的大家庭，所有粒子胶合成一团，不分彼此，处于完全的热平衡状态。也有极少量（$1/10^{10}$）的质子和中子混在其中，它们不停地被众多的轻子轰击而来回互变，中子甚至没机会自己衰变成质子。

0.12 秒时，宇宙的温度随着膨胀冷却到约 300 亿℃。那些可怜的极少数质子、中子被轰击的程度稍微缓和，部分中子得以衰变成质子。原来数目相同的质子、中子数开始出现差异，质子占 62% 而中子只有 38%。

1.1 秒时，温度冷却到 100 亿℃。和睦的大家庭第一次出现分裂：不爱与他人掺和的中微子“退了群”（decouple）。这些中微子自顾自地弥漫于宇宙空间，不再与其他粒子交往，形成所谓的“宇宙中微子背景”（cosmic neutrino

① the day without yesterday.

background），延续至今①。

13.83 秒时，温度冷却到 30 亿℃。宇宙中的电子和正电子开始大规模互相碰撞而湮灭，转化为光子。也是在这个时候，伽莫夫描述的“中子俘获”的元素制造过程才得以开始，宇宙中第一次出现氢、氦原子核以及它们的几种同位素。

182 秒后，温度冷却到 10 亿℃。电子和正电子湮灭后基本消失，宇宙这时充满了光子和中微子，以及越来越多的氢、氦同位素。因为不再有电子、正电子的持续轰击，还未被“俘获”的自由中子也得以大规模衰变成质子。宇宙中质子、中子的比例出现显著差异：86% 的质子对 14% 的中子。在那之后，所有的中子都被俘获、“封闭”在氢、氦原子核中②。[7]102-121

温伯格的书名是《最初三分钟》。这除了吸引读者眼球外，也因为他觉得宇宙的最初三分钟是最精彩的。那之后宇宙只是惯性地膨胀、冷却，“再没什么有意思的事情发生了”。[7]112 这个说法也许是出于他对基本粒子物理的情有独钟，未免夸张。

在最初的狂热过去后，宇宙依然持续地膨胀、冷却着。大爆炸之后 50 000 年左右，宇宙中有质量的粒子开始超越光子、中微子等成为主体力量，引力也开始发挥作用。几十万年之后，宇宙终于冷却到“只有”几千摄氏度的“低温”。这时带正电的氢、氦等原子核才能够与带负电的电子持久性的结合，形成稳定、中性的原子。一直与这些带电粒子纠缠不清的光子终于也得以脱身，与那些远古的中微子一样“退了群”，成为另一道与世无争的宇宙背景。随着宇宙持续的

① 遗憾的是，这一背景的存在还只是理论预测。因为中微子几乎完全不与其他物质发生反应，异乎寻常地难以探测。宇宙中微子背景的能量非常低，探测更是难上加难，至今无法找到这个可以验证大爆炸理论的证据。

② 原子核内的中子寿命非常长，基本上不会自己衰变。

膨胀，这些光子的频率不断地红移，最终在微波频段被彭齐亚斯和威尔逊意外地发现。

但在地球和地球上的贝尔实验室出现之前，这些光子的频率就先红移到了红外线波段。那时整个宇宙已没有可见光，进入所谓“黑暗时代”（cosmic dark age）①。

黑暗时代一直持续到大爆炸两亿年后。那时氢原子在引力作用下形成第一代恒星，内部因压力点燃核聚变而发光、发热。宇宙才再度出现光明。在那之后的几亿年里，宇宙继续膨胀、冷却，恒星聚集成为类星体、星系、超星系，等等。恒星内部的核聚变逐级发生后制造出碳、氧、硅、铁等较重的元素，然后在恒星“死亡”之前的超新星爆发中将这些元素抛洒出来。某些恒星坍缩成密度巨大的中子星。它们的碰撞、合并又能制造出铅、金、铂等重金属。

在大爆炸之后大约 92 亿年，宇宙的某个角落中出现了太阳系。最先出现的是作为恒星的太阳，随后是木星、土星、天王星和海王星，然后才有水星、金星、地球和火星。又过去 40 多亿年后，地球上出现了人类。他们抬头仰望、低头沉思，从浪漫的想象和原始的敬畏到智慧的认识和逻辑的推理，经过几百年的努力，逐渐发现了宇宙的膨胀、理清了宇宙的来源和头绪。

温伯格等物理学家所描述的这个图景是一个精确、定量的物理过程。它不仅能预测微波背景辐射，而且还能非常准确地解释今天宇宙中各种元素的由来和比例。另一位也以热心科普著名的物理学家劳伦斯·克劳斯（Lawrence Krauss）的裤兜里永远地放着一张数据卡片。当他遇到对宇宙来源于大爆炸表示

① 当然，可见光、黑暗这些概念都是以地球人类为主体的描述，而那时候还远远没有人类。

怀疑的人时，便会骄傲地拿出卡片引证，说明大爆炸不是空想臆测，而是一个已经被证实的理论。[42]18

然而，也正是在 20 世纪 70 年代末，当基本粒子和宇宙起源在物理学中趋近辉煌的顶峰时，一丝不苟的物理学家发现他们的大爆炸理论依然有着显著的缺陷，无法解释宇宙膨胀过程中的几个奇诡、顽固的谜点。

第 17 章
大爆炸之后的困惑

1978 年 11 月，狄克教授来到康奈尔大学访问。那里有一个以贝特命名的讲座，每年邀请校外专家就一个前沿选题做一系列学术报告。一个月前，彭齐亚斯和威尔逊刚刚获得了诺贝尔物理学奖①。宇宙大爆炸正是一个热点。

11 月 13 日的讲座面向物理系各专业的师生。狄克没有重复大爆炸理论已经取得的成就，而是着重于一个疑惑：宇宙是平的。[36]19-27

自从广义相对论面世以来，空间弯曲这个不容易理解的概念已经广为人知。在爱因斯坦这个理论中，质量告诉空间如何弯曲。地球之所以在绕着太阳公转，是因为太阳附近的空间是弯曲的，迫使地球随之拐弯。不过太阳的质量虽然很大，对宇宙来说却轻如鸿毛。一旦离开了太阳系，它的影响微乎其微，那外面的空间不会因太阳而弯曲。

当然，天外有天。宇宙有数不清的太阳，还有质量更大的中子星、黑洞等。它们各行其责，令自己附近的空间弯曲，却也同样地对遥远的空间无能为力。从整个宇宙这个大尺度来看，空间是弯曲的还是平坦的？

① 也就是说，狄克自己刚刚与诺贝尔物理学奖擦肩而过。

爱因斯坦在 1917 年给出的第一个宇宙模型时答曰：是弯曲的。那是一个“有限无边”的“球形奶牛”宇宙。其中每一个点都有着同样的弯曲度，一个类似于二维球面的三维圆球。

弗里德曼、勒梅特等人很快发现爱因斯坦的模型只是一个特例，而且是他无中生有地引进宇宙常数、凑出一个静态宇宙的结果。如果没有那个宇宙常数项，广义相对论中的宇宙是随时间变化的，而余下的三维空间既可以是正曲率（类似于二维的球面）、负曲率（类似于二维的马鞍面），也可以就是寻常、平坦的欧几里得空间。[11]102,[36]41-46

在哈勃证实宇宙的膨胀之后，爱因斯坦放弃了他的宇宙模型。宇宙的形状便再度成为悬而未决的课题。弗里德曼发现，爱因斯坦方程中的宇宙形状取决于其中的质量密度。如果密度恰好是某个特定的数值，那么宇宙就是平坦的。密度大了，宇宙会有正曲率；小了，则是负曲率。那个特定的数值便叫作“临界密度”（critical density）。为了方便，物理学家把宇宙的实际密度与临界密度之比叫作“欧米伽”（Ω）。只有在正好 Ω=1 时，才会有一个平坦的宇宙。（图 17-1）

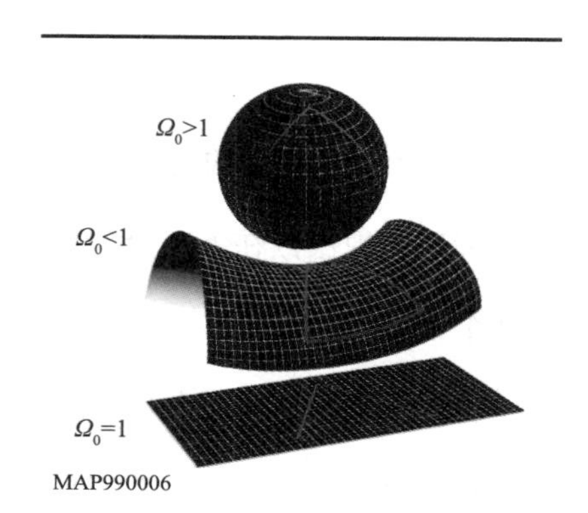

图 17–1 宇宙空间可能有的几何形状的二维示意图：正曲率的球面（上）、负曲率的马鞍面（中）、平面（下）
【图片来自 Wikimedia：Olaf Davis】

在 20 世纪 70 年代，天文学家已经注意到远方星系的数量大致与距离成正比，表明我们所在的宇宙其实是平坦的。彭齐亚斯和威尔逊观察到的微波背景在天际的各个方向看不出区别，也说明宇宙的曲率——如果有的话——非常小。

对质量密度的估计也差不多合拍：今

天宇宙的 Ω 可能处于 0.1~2，相当地接近于 1。

狄克在错失微波背景的发现后不久就开始思考这个问题，这时已经琢磨了近 10 年。他讲解道：Ω 其实不是一个常数，会随着宇宙的膨胀变化。这是一个“放大”的过程：如果宇宙初始时 Ω 稍微大于 1，它会变得越来越大；如果当初稍微小于 1，它今天就应该已经变得非常小。只有从一开始 Ω 严格等于 1，宇宙才会永久性的平坦。

Ω 要具备今天接近于 1 的这个范围，它在大爆炸后 1 分钟时必须介于 0.999 999 999 999 999 和 1.000 000 000 000 001 之间。如果说这是碰巧的话，我们的运气实在匪夷所思。狄克因此忧虑，大爆炸理论可能不完备，存在着明显的漏洞。

其实，类似的困惑不止这一个。还有一个挑战可以溯源于日常生活中似乎不值一哂的常识：夜晚的天空是黑的。如何解释这个浅显的问题，却曾经足足困扰了天文学家几百年。

曾几何时，夜晚的天空是黑的属于天经地义：在托勒密的描述中，恒星不过是稀稀疏疏地镶嵌在天球上的点缀。在没有太阳光的夜晚，天幕上自然只有那么些个繁星在闪烁。

在伽利略举起他自制的望远镜看到“不可思议之多”的、过去从来没有人看到过的满天星星后，人类才意识到肉眼所见的星星只是宇宙的一小部分。天外有天，也许会是无边无际。

开普勒立即为这个浪漫的想法当头浇了一盆冷水。他一针见血地指出，如果宇宙中有无穷无尽的星星，它们总体的光亮会接近甚至超过太阳。地球上便不可能有黑暗的夜空。[5]44-50

开普勒的想法由德国的奥托·冯·格里克（Otto von Guericke）赋予更完整的描述。他形象地类比道：一个人如果身处无边无际的森林中，无论林中的树木粗细、疏密如何，他都无法看到森林之外的亮光。因为无论往哪个方向看，他的视线迟早会被或远或近的某棵树挡住。只有在有限大小的森林里，才有可能通过树间的缝隙看到外面的光亮。

夜晚看天上的星星正好相反。如果有无限多的星星，那么无论在哪个方向都迟早会看到一颗在发光的星星。这样，即使在夜晚，星星的亮光应该完全覆盖整个天幕。

格里克以在他担任市长的城市中演示科学实验著名，尤其热衷于真空。他曾将两个密封的半球中间抽成真空，然后各用 8 匹强壮的马从两边拉，结果仍然拉不开这两个半球，从而展示了大气压的威力。他认为，夜晚的黑暗说明宇宙中有星星的部分很有限。更远的地方是无限的真空，不再有星星。我们在星星之间看到的黑暗，便是那遥远真空的所在。[5]61-63

不料，格里克无意中给后来的牛顿出了个大难题。发现了万有引力的牛顿意识到，假如宇宙中只存在有限数目的星星，这些星星迟早会因为引力坍缩到一个点上。只有在星星无穷多时，才可能在各方向彼此抵消引力而平衡①。[5]72-73

于是，夜晚的天空为什么黑暗，依然无法解释。在那之后的几代天文学家相继提出各种解释，也都铩羽而归。

比如以计算出彗星回归而著名的埃德蒙·哈雷（Edmond Halley）。他以光的波动说这个新理论计算恒星光的传播，指出光强会随距离的平方衰减。越远的星光到地球时越是微弱，这是我们无法用肉眼看到远处星星的原因。他认为这

① 尽管如前所述，牛顿这个论断本身也并不成立。

可以解释夜空的黑暗，因为太远的星星光亮太弱，没有贡献。

但我们看到星光并不是个体的星星，而是视线内所有星星光的总和。遗憾的是，哈雷在计算星星的分布时犯了一个几何上的错误。一个视角上的面积与距离的平方成正比，因此视角内一定距离上星星的数量也与距离的平方成正比。它们发光的总和正好抵消了衰减的损失，到达地球的光亮因此与距离无关。这样，即使我们分辨不出远处个体的星星，夜晚的天空还是会被无穷多的星星照亮——类似于我们看到的银河、星云中成片的光亮。[5]75-80

图 17–2 “发现”夜晚的天空为什么黑暗的诗人爱伦·坡

1848 年，美国作家、诗人埃德加·爱伦·坡（Edgar Allan Poe）（图 17-2）突发奇想，在纽约举办了一个演讲会发布对现代宇宙学“有革命性影响”的成果。可惜现场听众寥寥无几，没有他所期望的宾客满堂。之后，他把演讲稿写成散文诗，题目叫作《尤里卡》（*Eureka*）。这个词来自传说中希腊科学家阿基米德（Archimedes）在澡盆中领悟到浮力原理时的兴奋叫喊：“我明白了。”

爱伦·坡此前听过一两次科学讲座，也读了几本相关的书。但他只是以诗人的情怀描述他所理解的客观世界。他“看到”宇宙随着神灵心跳的节奏不断膨胀、收缩，他预见宇宙最终将走向毁灭……在丰富多彩的浪漫想象之间，他也写道：如果宇宙中有无限多的星星，那么黑夜一定会光明如同白昼。我们之所以有黑夜，唯一的可能是遥远的星光还没来得及抵达地球。[5]146-150

《尤里卡》出版后依然石沉大海，毫无反响。一年后，爱伦·坡在贫困、酗酒、潦倒中去世，年仅 40 岁。作为艺术家，他在死后获得了比生前辉煌得多的声誉。

就在《尤里卡》问世的那一年，年仅 24 岁的英国剑桥大学的物理学家威廉·汤姆森（William Thomson）推出了后来成为科学标准的“绝对温标”（absolute temperature）①。1884 年，已经是大师的汤姆森来到爱伦·坡生前居住的巴尔的摩市，应邀在成立不久的约翰斯·霍普金斯大学给那时还处于蛮荒状态的美国物理学界做一系列讲座。他们不知道爱伦·坡“越界”的诗篇，但汤姆森在讲座中介绍了他自己对夜空黑暗问题的研究。

与爱伦·坡不谋而合，汤姆森也认为远处恒星的光还没能传到地球。但作为科学家，他依据的不仅仅是想象。那时的物理学家已经知道恒星发光需要消耗燃料，因此不可能永远地发光。当我们观看几亿光年之外时，那里的恒星不可能连续发光几亿年。如果它们与太阳的寿命同步，它们现在是在发光，但那光还没来得及到达地球。

这样，我们能看到的不是宇宙所有的星星，而只是其中一小部分。汤姆森把这部分叫作“可见宇宙”（visible universe）。因为可见的星星是有限的，像一个不是那么太大的森林，我们便可以通过缝隙看到夜空的黑暗。

他在偏僻的美国所做的这个报告也没引起过多大注意。[5]157-165

及至 20 世纪 50 年代，也在剑桥的邦迪提出合理地解释夜空的黑暗是天文学研究者的重要职责。他发表了一系列论文，还把这个历史难题正式命名为“奥伯斯佯谬”（Olbers' paradox）。海因里希·奥伯斯（Heinrich Olbers）是 19 世纪初曾参与这个争论的一个德国天文爱好者。但他既不是这个“佯谬”的提出者，也没有什么突出的贡献。

---

① 汤姆森后来封爵而改称开尔文勋爵（Lord Kelvin）。绝对温标的单位也被叫作“开尔文”（K）。我们所说的宇宙微波背景辐射的温度用的就是这个温标。

邦迪之所以旧话重提，是因为他发现夜空的黑暗其实是宇宙膨胀的证据：因为越远的恒星远离的速度越快，它们发出的光红移得越厉害，可能会完全移出可见光频段，因此在夜晚看不见。这个解释对他尤其合适，因为符合他那个无限、稳定态宇宙模型。[5]5,189-194

然而，还是后来击溃了稳定态宇宙的大爆炸理论能够给出更扎实、准确的描述。

在大爆炸之初，宇宙曾经充满了光。但那时的光子与质子、电子等基本粒子组成的高温等离子体搅和在一起，并不透明。只有经过30万年质子与电子组合成稳定的原子之后，才出现第一缕可见的光。时至今日，那些光子已经红移到微波频段，只能用贝尔实验室那样的喇叭天线才能“看到”，但不再为我们的夜空提供任何光亮。

后来，宇宙还经历过黑暗时代，才有了第一代恒星的诞生。这些以及后来出现的恒星距离我们会更近一些，它们发出的光也还没有完全被红移，能够被现代天文望远镜捕捉到。它们是最早也就是最远的恒星。在它们之外不再有光。所以，从地球上仰望，夜空中没有布满闪烁的星星，而是存在大量的“缝隙”，那便是没有光亮的黑幕。

爱伦·坡和汤姆森不可能知道宇宙会有一个年龄、时间会有一个起点，否则他们那个“远处星星的光还没来得及传到地球”的说法会更有说服力。他们误打误撞的解释虽然不完全正确，却在不经意中引入了一个重要的物理概念。

因为他们更不可能想到，20世纪初的爱因斯坦会提出一个惊人的思想：宇宙中传递信息的速度不可能超过光速，并由此发展出相对论。如果在宇宙有限的年龄中，某个地方的光还来不及传播到地球来，那么，地球上的人类便不可能获知那个地方的任何信息。对于地球人来说，那不只是看不见那里可能有的星星，而是那个地方本身不具备任何物理意义，根本就无法定义其是否存在。

这样，汤姆森的“可见宇宙”可以推广为“可观测宇宙”（observable universe）的概念：人类所能认知的宇宙，只是与地球能以光传播发生联系的那部分。在那之外，是否依然天外有天，宇宙是有限还是无限……凡此种种，都因为无法认知而“无所谓”了。

我们在地球上登高望远，视线会因为地理的阻挡有一个极限，叫作地平线。相应地，当我们仰望星空时，也会遭遇到这个“可观测宇宙”的极限，在天文学中叫作“视界”（visible horizon）。在今天的宇宙，这个视界的距离大致——但不完全——等于光速乘以宇宙的年龄，即从大爆炸伊始到今天光所能传播的最远距离。

不过细心的天文学家便由此发现了宇宙的另一个蹊跷。

我们在地球上往东看，在接近视界的距离上观测到了微波背景辐射。我们转过身来再往西看，也是在接近视界的距离上观测到了微波背景辐射。它们都在我们的视界之内，所以我们能观测得到。然而，因为它们各自在相对的两个方向，彼此之间便已经间隔了接近两个视界的距离。从宇宙大爆炸到今天，光或任何信息不可能从其中一边传递到另一边。

不仅如此，微波背景辐射的光子出现在宇宙大爆炸后“仅仅”30 万年的时候。那时的宇宙更年轻，视界比现在还短太多。所以，东边的微波光子与西边的微波光子从来不可能建立过联系、交换过信息。[36]181-184（图 17-3）

然而，彭齐亚斯和威尔逊发现的微波辐射无处不在、无时不有，无论在哪个方向都没有区别。无论从哪里来的微波光子都有着同样的频率、处于同一温度。它们是怎么约好——物理行话叫“达到热平衡”——的？

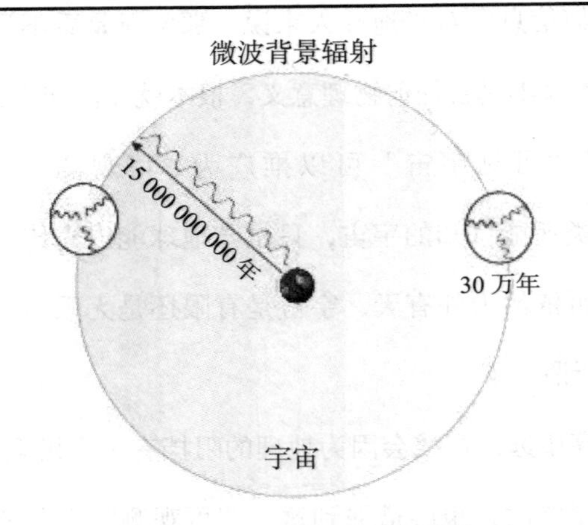

图 17-3 “视界问题”示意图

我们看到的微波背景辐射是在宇宙大爆炸后 30 万年时发出的。那时的光和信息只来得及传播到图中两个小圆圈所标的范围。两个小圆圈之间不可能互相交流。

【图片来自 Wikimedia：Theresa knott】

也许与宇宙是平坦的一样，这又是碰巧了。我们的宇宙会有那么多诡秘的巧合吗？难怪狄克教授会对大爆炸理论的完备性深为忧虑。

狄克在康奈尔大学讲座的教室里坐着一位年轻的博士后。他对广义相对论、宇宙学只有很泛泛的了解。那天他得了支气管炎正在发烧，只是懵懵懂懂地听了狄克的讲述，在日记里简单记下了这个挺有意思的问题。因为这些与他正在进行的研究完全不搭界，他没有再去多想。

第 18 章
磁单极之谜

阿兰·古斯（Alan Guth）（图 18-1）忍着发烧听狄克的讲座时，他尚未真正开始的物理学生涯正面临着夭折的威胁。他到康奈尔大学已经一年多了。在这之前，他在麻省理工学院博士毕业后已经在普林斯顿和哥伦比亚两个大学各做了 3 年的博士后。尽管这些牌子在履历上很闪亮，奈何他一直没有引人注目的成果，故没能找到正式教职。所以他在这里依然是个博士后。他已经 31 岁，毕业时就结了婚，还刚添了一个儿子。

图 18–1　年轻时的古斯

他的运气有点背。在研究生和第一个博士后期间，他钻研的是夸克相互作用，结果论文刚发表就过时了：同时出现的“量子色动力学”（quantum chromodynamics，QCD）解决了那个课题。他搭错了车。

康奈尔大学当时热闹着的是正红火的“格点规范理论”（lattice gauge theory），用计算机模拟计算夸克相互作用。古斯颇为得心应手，正着手撰写两篇论文，希望能成为教授职位的敲门砖。[36]17-19,105-106

他不知道他正错过另一辆奔驰而过的车。

尽管世界丰富多彩，物理学家却相信宇宙的一切——至少在最基本的物理层面——可以用一个最简单、最优美的终极“万物理论”（theory of everything）描述。牛顿发现行星绕太阳的公转与熟透的苹果落下地面遵从的是同样的力学定律。詹姆斯·克拉克·麦克斯韦（James Clerk Maxwell）则以一组漂亮的方程式将电和磁两种相互作用合而为一。

爱因斯坦在晚年孤独地全力以赴，要证明电磁力和引力也能合并成他的“统一场论”。直到1955年去世时他依然没能找出头绪。那时，物理学的主流却早已不在引力。他们在日益强大的加速器中发现了一个更为五彩缤纷的微观世界。那里引力的作用太弱，完全可以忽略不计。但在电磁力之外，却又出现了两种新的作用力：将夸克等基本粒子约束在一起形成质子、中子的“强相互作用”和原子核衰变中的“弱相互作用”。

就在爱因斯坦去世的前一年，32岁的华裔物理学家杨振宁（Chen Ning Yang）和他在布鲁克海文国家实验室的办公室室友、27岁的罗伯特·米尔斯（Robert Mills）一起提出了“规范场论”（gauge theory）。他们发表的论文很短，不到5页，也没能解决什么实际问题，却因为其理论的数学形式很吸引人而引起持续的注意。他们把麦克斯韦方程中描述电磁相互作用的对称性推广为一般性的、抽象的“规范对称”，试图以此描述强相互作用，但并没能找到合适的途径。[43]

出乎他们自己的预料，这个后来被称为“杨 - 米尔斯场”的思想在20年后突然大放异彩。先是温伯格等人找出了弱相互作用的对称性，在规范场论框架下完成了弱相互作用与电磁相互作用的统一。其后，强相互作用也以古斯曾失之交臂的量子色动力学的形式被成功纳入。

至此，电磁力、弱作用力和强作用力三种力实现了统一，构成一个完整的规范场论。虽然引力还依然独自逍遥在外，基本粒子领域的物理学家并不在乎。他们很气魄地把这个新理论直接叫作“大统一理论”（grand unified theory）。

要不是因为他的一个难兄难弟在没完没了地鼓动，专心于自己课题的古斯对身边发生的这一波轰轰烈烈会一直无动于衷。

在中国上海出生、香港长大的戴自海（Henry Tye）（图 18-2）与古斯同岁，他们在麻省理工学院有过同一个博士生导师。戴自海比古斯晚两年获得博士学位，刚巧也来到康奈尔大学做博士后。他到来之前就已经对大统一理论着了迷，笃信那是基本粒子理论的未来。古斯却不怎么为之所动。

图 18–2　戴自海

就在狄克讲座的 3 天后，戴自海又找到古斯，再次提议一起研究大统一理论中的“磁单极”（magnetic monopole）问题。[36]27-28

统一了电和磁的麦克斯韦方程固然优美，却有一个明显的“缺陷”：描述电和磁的部分在方程组中不那么对称、一致。这是因为两者在自然界中有一个区别：电有正有负，既有带正电的原子核，也有带负电的电子。磁虽然也有南极、北极之分，但所有磁体都同时兼具南北两极，无法分离。即使把一块磁体打碎，每个碎片也都还是同时有着南北极。也就是说，自然界没有单独存在的“南磁荷”或“北磁荷”。如果能有的话，这样的磁荷就叫作磁单极。

对数学形式上的对称性情有独钟的物理学家猜想磁单极应该也是存在的，只是或者还未被发现，或者我们所在的环境不适合。自麦克斯韦所在的 19 世纪到现在，他们在这上面花费过大量精力寻找、琢磨。古斯在哥伦比亚大学做博士后时也曾花了 3 年工夫研究这个东西。

的确，推广了麦克斯韦方程的大统一理论中可以有磁单极的存在。戴自海因此希望能与古斯联手另辟蹊径。古斯毫无兴趣。因为他已经知道，要“制造”出磁单极，需要达到 10^{17} 亿电子伏的能量。那时人类最强大的加速器已经能把粒子加速到 500 亿电子伏，可磁单极依然遥不可及。古斯不愿意在这不切实际的问题上继续浪费时间。[36]28-31

但戴自海不是想人为制造磁单极。与温伯格一样，他知道人类无法制造出的高能环境都曾经在宇宙之初出现过。所以他是想用大统一理论计算一下，最初的宇宙在高温高压时——也就是泽尔多维奇所说的“穷人的加速器”中——应该出现过多少磁单极，它们是否可能留下某种遗迹。

古斯依然不为所动。他不太了解大统一理论，但知道大爆炸的那一刻是理论完全失效的奇点。能产生磁单极的时刻距离这个奇点实在是太近了，这样计算出来的结果多半完全没有物理意义。身为前途未卜的博士后，他不敢贸然造次。

狄克走后半年，温伯格也来康奈尔访问。那时他的《最初三分钟》正红极一时，但他来这里做的讲座完全是学术性的：为什么宇宙中几乎不存在反粒子。

反粒子最初由英国人保罗·狄拉克（Paul Dirac）在 1928 年做出理论上的预测，后来由加州理工学院的卡尔·安德森（Carl Anderson）1932 年在宇宙射线中发现正电子的轨迹并随后以实验证实其存在[①]。与电子对应着有正电子，与质子对应有反质子……反粒子是我们熟悉的“正常”粒子的“反面”：它们有着相同的质量、自旋等物理特性，但所带的电荷相反。正反粒子彼此也水火不相容。如果相遇，就会互相湮没，化为无形无质量的能量。好在我们今天的世界几乎完全由正粒子组成，反粒子只在宇宙射线中非常偶然地出现，或者在高能加速

① 安德森的同学、中国科学家赵忠尧对这个实验有过显著贡献。

器中人为产生，对我们的生存和日常生活不构成威胁。

为什么我们会如此幸运？温伯格讲解了大统一理论如何解释这个问题。他的计算表明在宇宙之初——不是“三分钟”的最初，而是在 0.000 000 1 秒时——宇宙的温度有 1×10^{13}℃。那时候宇宙中只有夸克，正夸克与反夸克的数量大体相同，只略有差异：每 300 000 000 个正夸克有 299 999 999 个反夸克。在随后的膨胀、冷却中，这些正反夸克互相湮没，基本上完全消失，只留下那剩余的 1/（3×10^9）的正夸克，它们主导形成了今天不再有反粒子的世界。

还不仅如此。为了解释这个 1/（3×10^9）差异的来源，温伯格又计算了宇宙大爆炸后 10^{-39} 秒时的情形。那时宇宙的温度约 10^{29}℃，在那么“稍瞬即逝”的一刻，因为电荷和宇称对称性的破坏（CP 破缺，CP violation），正反夸克在数目上出现了这么一个微小的偏差。

听众席中的古斯注意到 10^{29}℃这个温度。那正是粒子能量处于 10^{17} 亿电子伏的环境，也就是产生磁单极的契机。他长出一口气。既然温伯格这样的名家能从容地进行这种数学奇点附近的演算，他自然也可以同样算算那同一个时刻的磁单极数目。

于是，温伯格刚走，古斯便找到戴自海，索取了有关大统一理论的文献，从头学起。[36]105-113

10^{17} 亿电子伏在大统一理论中是一个占有特殊地位的能量点。只有在这里，大统一理论才是真正的名至实归：强、弱、电磁这三种行为迥异、互不搭界的作用力在这个能量上合而为一、不分彼此，实实在在地就是同一种作用力。也就是说，如果不考虑引力，宇宙在 10^{-39} 秒时只存在一种相互作用，也叫作“大统一作用”。

随着宇宙的膨胀，在温度、能量降低后，原有的大统一对称性会发生“自发破缺”（即对称性自发破缺，spontaneous symmetry breaking），依次呈现出三种不同的规范对称性，分别相应于今天的三种作用力。[6]74,[36]111-145

在杨振宁等发展出规范场论之后，对称性和对称性自发破缺成为现代物理学举足轻重的基石之一。其实这个概念由来已久，在日常生活中也屡见不鲜。

比如液态的水，其中的水分子是随机、均匀分布的。如果把水整体平移一个任意的距离或旋转一个任意的角度，从水分子的分布上看不出有什么变化。因此，水具有空间平移和旋转对称性。但固态的冰就不一样。冰中的水分子锁定在特定的晶体结构位置上。如果平移的距离或旋转的角度不是正好与晶格的周期相符，就能看出来冰被挪动了。因此，固态的冰不具有液态水一样的平移、旋转对称性。当水结成冰时，原有的对称性便“破缺”了。结冰的那一刻，所有的水分子必须一致性地选取一个晶格位置凝结，就是所谓的“自发”破缺。①

水在 0℃时突然结成冰的过程在物理学中叫作“相变”（phase transition）：从液相变成了固相。大统一理论中的大统一对称性随温度降低而自发破缺时，也伴随着类似的相变。正是在这个相变过程中，会有一系列新粒子产生，包括磁单极。

弄清楚这些理论问题之后，古斯和戴自海很快就找到了计算磁单极的途径。他们发现采取不同的模型、假设会得到不同的结果。但无论如何取舍，磁单极的数目都会相当大。这显然与我们今天找不到磁单极的事实不符。

正当他们在为这个结果困惑的时候，他们收到了一篇论文稿。温伯格的研究生约翰·普雷斯基尔（John Preskill）正巧也做了同样的计算。虽然只是研究生，

① 当然，日常生活里的水结冰时出现的晶格位置更取决于容器壁、杂质等外在因素的影响，只有在最理想的条件下才会是自发的破缺。

但普雷斯基尔是自己独立地进行了这项研究。论文也是他单独署名，只是在最后的鸣谢中提到导师温伯格的名字。

他的结论与古斯和戴自海的差不多：根据大统一理论，宇宙大爆炸之初应该产生与质子、中子总数相同的磁单极。普雷斯基尔还进一步指出，若果真如此，宇宙大爆炸理论便麻烦了。磁单极的质量巨大，是质子质量的 10^{16} 倍，它们所产生的引力作用不能再被忽略，会决定性地影响整个宇宙的膨胀过程。如果宇宙在有这么多磁单极的情况下还能膨胀到今天这么大，说明宇宙本身的膨胀速度其实快得惊人。那样的话，我们今天的宇宙不会有 140 亿年的历史，而是只有 1200 年！[36]150-152

这个结论显然荒唐。于是，磁单极问题成为大统一理论的一个软肋，也是宇宙大爆炸理论的又一个未解难题。

古斯和戴自海甚是懊恼，两个老资格的博士后居然就这样被一个未出茅庐的研究生给抢了先。为了已经付出的努力不至于全部付诸东流，他们只好竭尽全力试图寻觅一个能在大爆炸过程中避免这个磁单极问题的窍门，以便加上一点新内容来发表自己的演算。

功夫不负有心人。在 1979 年快结束时，古斯在感恩节的长周末加班加点，终于发现一个可能性：磁单极的产生对大统一相变发生的温度、时刻相当敏感。如果相变在大爆炸之后稍晚一点、温度稍低一点时发生，出现的磁单极数目便会大大减少以至于微不足道。

一般而言，水在温度降到 0℃时便会发生相变而结冰。但在某些特定的条件下，非常纯净的水也可以进入所谓的“过冷”（supercooling）状态，在 0℃以下依然保持液态不结冰。条件理想的话，水能这样冷到零下几十摄氏度。这种过冷的现象在其他相变中也很常见。他们因此设想，如果大统一对称破缺的相变没有在其应该发生的温度实现，而是也过冷了一段时间，延迟到宇宙继续冷却后的稍低温度才发生，便可以避免磁单极的困境。

虽然他们找不出宇宙之初的大统一相变过程中能发生过冷的理由或机制，但他们总算是有了更进一步的成果，足以发表自己的论文了。普雷斯基尔的论文已经引起相当的关注。他们听说其他人也正在酝酿这方面的论文，实在不能再让别人抢了先。因此，尽管古斯对这个粗糙的想法并不自信，他们也不得不加紧完成演算，起草论文。

在一片忙乱中，戴自海突然提醒古斯：如果宇宙真的有过这么一个过冷的延迟相变，会不会对宇宙膨胀的速度本身也带来某种实质性的影响？

第 19 章
暴胀的宇宙

1979 年，正在重新打开国门的中国吸引了大量海外华裔的注意力。戴自海作为最年轻的成员参加了一个由杨振宁和李政道（Tsung-Dao Lee）召集、30 位美籍华人物理学家组成的访华团，从年底开始在中国旅行 6 个星期，访问各地的科研机构。

他们的行程包括 1980 年 1 月初在广州市郊区从化温泉举行的一个基本粒子物理讨论会。那是中国改革开放后的第一个大规模国际物理会议，有 50 位来自世界各地的华裔物理学家参加，是中国物理学界与国际重新接轨的一次里程碑意义的盛举。[44]

对于年轻的戴自海来说，他得以重返童年时便离开了的故土，再次见到留在上海、已经多年未见的奶奶。

不过古斯对地球另一边的时代性变迁没有感觉。在此之前他只知道他的合作者要去一个遥远、闭塞的国度，会失去联系两个月。因此，他们必须尽快完成论文，以免夜长梦多。

其实，古斯自己几个月前已经离开了康奈尔大学，横穿美国搬到加州的斯坦福直线加速器国家实验室。那也是戴自海给他出的主意。国家实验室提供一些比较容易申请的一年期博士后资助。在已经有康奈尔大学 3 年博士后资助的期间找这么一个机会，可以将博士后生涯再延长一年。同时也可以开阔眼界结交朋友，为找工作增加门路。戴自海自己去康奈尔大学前就在费米实验室待过一年，在那里迷上了大统一理论。[36]27-28

位于斯坦福大学的这个实验室拥有当时世界上威力最强大的加速器，正在开展一系列突破性的研究，是大统一理论的重要实验基地。古斯在这里遇见大量的行家里手，经常一起讨论切磋，受益匪浅。他和戴自海则保持电话联系，紧锣密鼓地工作着。

直到 1979 年 11 月底，他们才找到了利用过冷的延迟相变避免磁单极问题的诀窍。戴自海随之好奇：这样的延期相变对宇宙膨胀本身会不会有什么影响？

在宇宙模型上，牛顿和爱因斯坦两位泰斗都曾有过同样的低级失误，把不稳定的数学解当作物理的实际。牛顿以为只要宇宙无限大、星星无穷多就可以相互抵消引力的作用有个稳定的世界。爱因斯坦则把引入宇宙常数后的一个不随时间变化的解作为现实的宇宙。但这两种情形都是不可能真实存在的“不稳定态”。

就像要在陡峭的尖顶上平衡一块巨石，在数学上是可能的。但巨石的势能很大，又没有稳固的支撑，总会自己滚落下来，所以说那是不稳定的。滚落到山脚下后，巨石的势能处于最低状态，不会再自己跑回山上去，因此那才是“稳定态”。一个系统处于不稳定态——如果可能的话——只会是暂时的，它总会自己向稳定态转变。

不过，巨石从不稳定的山顶向稳定的山底滚落的过程中也可能被山坡上的沟壑、树木等障碍物阻挡而卡在半山腰，这时它处于一种介于稳定态和不稳定态之间的“亚稳态”（metastable state）。在经典物理中，亚稳态的系统需要外界的帮助获取动能，克服阻挡它的势垒，才能继续走向稳定态。比如有人推动了石头，让它继续滚下山去。

水在 0℃以下还没有结冰而进入的过冷状态也是一种亚稳态。一旦有点干扰，这样的水会迅速地结成冰而达到稳定态，亦即发生了延迟的相变。

同样地，当古斯和戴自海为了解决磁单极问题设想让宇宙进入的“过冷”状态也是一个亚稳态。只是，以量子力学为基础的大统一理论有自己的词汇：能量最低的稳定态叫作“真空”，不是真正稳定态的亚稳态则叫作“假真空”（false vacuum）。

亚稳态中的宇宙当然无法指望会有什么人来把它推出来，也不可能有什么外来干扰。但在量子世界中，还有另外克服势垒的套路：宇宙可以通过“隧道效应”直接从假真空过渡到能量最低的真空，那就是当年伽莫夫用来解释原子核衰变的途径。

戴自海好奇，如果宇宙在完成这个相变之前是被“卡”在假真空中，那么此期间的宇宙还会“正常”地膨胀吗？

1979 年 12 月 6 日的晚上，古斯在他妻子和儿子都睡着了之后，照例独自坐到桌前，开始以数学的方式推导这个假真空中的宇宙。

普雷斯基尔已经推算过，如果宇宙经历的是正常的相变，就会产生大量的磁单极。它们的引力作用非常大，能让整个宇宙坍缩。古斯和戴自海的延迟相变则避免了那么多磁单极的出现。

而他们的宇宙进入过冷状态时，也会有新的东西出现：伴随对称性破缺而现身的“希格斯粒子”（Higgs boson）①。古斯非常惊讶地发现在假真空中的希格斯

① 物理学家还要等近 40 年才能在实验中证实希格斯粒子的存在，但在理论上他们并不存疑。

粒子表现得正好与磁单极相反：它们具备负压强，或者说是含有一种不明来历的能量，不仅不会造成宇宙坍缩，反而会推动宇宙急剧膨胀：宇宙的大小不再是与时间成正比的匀速增大，而是会呈现指数增长。

说起指数增长，不能不提起印度传说中那个发明国际象棋的大臣向国王索取的报酬：第一个格子里放一粒麦子，第二格两粒，第三格四粒……不知利害的国王没料到这会让他倾全国之力也无法满足这个需求。

古斯这个假真空中的宇宙也是同样地增长着：每 10^{-37} 秒的“短暂一刻”相当于棋盘上的一个格子，宇宙的大小会增加一倍。国际象棋的棋盘只有 64 个格子，大臣索取的麦子数目也就只翻了 64 番。古斯估算他的宇宙的大小会在总共 10^{-35} 秒的时间内翻 100 多番，变成比当初大 10^{50} 倍。

在“正常”的宇宙大爆炸模型中，这么一点时间内宇宙的大小只会增长 10 倍。[36]167-175

这时已经是凌晨 1 点，古斯因为这个结果大为震惊，毫无睡意。

他当即回忆起狄克那个让他印象深刻的讲座。宇宙是否平坦取决于宇宙中物质的密度是否接近于临界密度值，也就是 Ω 是否接近于 1。狄克指出宇宙要有今天的平坦，大爆炸后的一分钟时 Ω 必须介于 0.999 999 999 999 999 和 1.000 000 000 000 001 之间。似乎只有鬼斧神工才可能这么碰巧。

当宇宙的大小在指数增长时，其密度显然会随之剧烈变化。古斯凭着记忆重复了狄克的演算过程。果然，他发现在他这个新的宇宙里，Ω 在指数增长的过程中会急速地趋近于 1。于是，在那之前 Ω 可以是任何数值，无论是成千上万之大，还是几万分之一之小——在这么个延迟相变之后、宇宙开始“正常”膨胀过程之际，Ω 的数值一定会不大不小，就是 1。

所以不是我们这个宇宙特别运气，这是延迟相变过程的必然。他几乎是在无意中解决了狄克的难题。今天的宇宙是平坦的，是因为当初有过那么一次指数级增长的剧烈“拉伸”，把以前可能有过的任何皱褶、沟壑都给拉平了。[36]176-178

第二天一早，没怎么睡觉的古斯骑自行车直奔办公室。他只用了 9 分 32 秒，创下自己的最快纪录①。

在查找资料、仔细验算了前晚的推导之后，他在笔记本上写下：“辉煌的领悟②”，过冷可以解释宇宙今天令人难以置信的平坦，因而解决了狄克讲座中的难题。在“解决了”之前他曾写下“可能”，稍后又划掉了。[36]179（图 19-1）

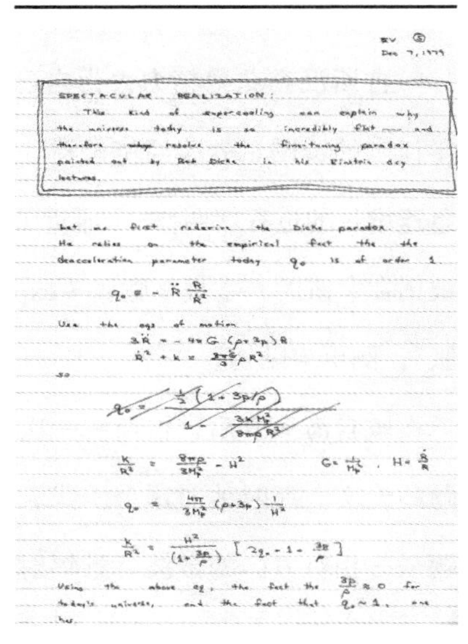

图 19–1 古斯的科研笔记本中 1979 年 12 月 7 日的那一页，上面记着他“辉煌的领悟”

长途电话那头的戴自海却没有反应。狄克讲座的那天，戴自海到得晚，远远地坐在角落里，没有留下什么印象。此时他的心思也不在听他朋友的新发现。他忙于收拾行李准备启程，只希望古斯不要分心，先完成他们的论文再说。[36]180,[45]

古斯同意不在已经基本完稿的磁单极论文中节外生枝。他们终于在戴自海动身的前一天寄出了论文。电话里道别时，古斯提出他大概不能坐等几个星期，问戴自海是否介意由他自己单独来研究、发表这个平坦性问题的解决方案。戴自海还是没能领悟到古斯那番激动背后的重大意义。他们刚刚共同经历过被他

① 古斯坚持记日记。无论工作、生活，事无巨细均有案可查。

② Spectacular realization

人抢先的苦楚。他理解古斯的处境，便不假思索地同意了。[36]180

戴自海没料到，在费了九牛二虎之力终于把古斯推上大统一理论的快车之后，自己竟这样错过了一个难得的人生机遇。

古斯没有花费精力去为自己的新发现找一个好名字。也许因为 20 世纪 70 年代末的美国正处于经济停滞、通货膨胀失控的泥潭，他把宇宙的这个指数性急速增长的过程就叫作“(通货)膨胀”(inflation)。中文里的“膨胀”一词已经被用在宇宙的“常规”膨胀(expansion)上了，于是把这个新的概念翻译为“暴胀”，倒更为贴切。

戴自海离开后，古斯在一次午饭时碰巧听到两个同事谈论一篇关于视界问题的论文。那时他对这个困扰天文学界的难题还一无所知。当他搞清楚这个问题——相对方向的微波背景辐射源之间超过了光速可以传播的距离，从来没有机会达成热平衡却处于同一个温度——并回家琢磨一番之后，不禁哑然失笑。

传统大爆炸理论中的宇宙大小是匀速增长的。我们的视界，也就是我们今天所能看到的宇宙，包含着彼此不在同一个视界中的空间所在。这些地点即使在过去也没有在一个视界之中，因此从来、永远不会有机会互相交流。

但在暴胀理论中，宇宙的大小变化巨大，在暴胀之前只是暴胀后的 $1/10^{50}$，这是一个超越想象能力的比例。(图 19-2)他估算我们今天能看到的宇宙之内的所有空间点在暴胀之前都“挤压”在半径只有 10^{-52} 米的、实在是小得可怜的空间里①。那时以光速便可以轻松地抵达这个狭小空间的每一个“角落”。或者说，我们今天的视界，无论是哪个方向上最远的地方，在暴胀之前也都互相包容于

① 作为比较，(那时还不存在的)质子的半径约为 10^{-15} 米。

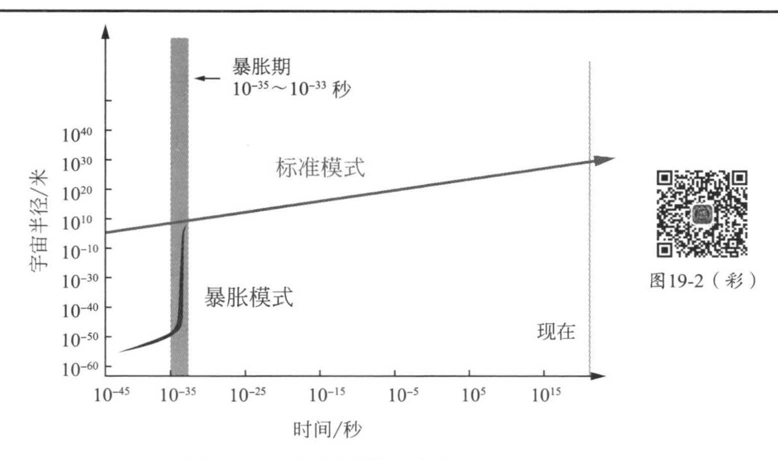

图 19-2　宇宙暴胀示意图

标准的大爆炸理论中，这个半径大小随时间线性增大（红线），相对变化不大。暴胀的宇宙（深蓝线）则初始半径非常之小，经过暴胀期（浅蓝色的时间段）时才急剧变大，然后在暴胀结束时回归于大爆炸理论（具体数值与古斯当初的估计有出入）

【图译自 Wikimedia】

同一个视界当中，也就在那时已经达到过热平衡。[36]180-186

微波辐射出现在大爆炸之后的 38 万年。那时候宇宙中遥遥相对的两个地点已经彼此离得很远，永久性地失去了联系。虽然它们不可能再“相逢一笑”，但毕竟在“渡尽劫波”的暴胀之前曾是亲兄弟，自然有着同样的物理特性。

于是，暴胀的概念同时解决了大爆炸理论的两大难题，似乎还都“得来全不费工夫”。

1980 年 1 月 23 日，古斯在实验室举办了一个小讲座，第一次将他的新理论系统地公布于众。他回顾了与戴自海合作的如何用过冷的延迟相变避免磁单极问题，然后指出这个延迟相变导致宇宙的暴胀，可以同时解决宇宙的平坦、视界难题。他连续讲了一个半小时，比通常的讲座时间“暴胀”了 50%。（图 19-3）

图 19–3　古斯在讲解他的宇宙暴胀理论。黑板上写着暴胀开始和结束的时间

正在实验室访问的哈佛大学教授、著名宇宙学家西德尼·科尔曼（Sidney Coleman）听得津津有味。当古斯事后请教如何缩减他讲座的篇幅时，科尔曼竟答曰："字字珠玑，啥也别删。"①科尔曼随即在他朋友圈子里大力举荐这个新成果。当天，古斯便接到一系列邀请他去讲学的电话。实验室也当即决定将他的博士后资助延长 3 年。[186-187]

就在戴自海结束中国之行返回美国时，古斯离开斯坦福大学，开始了他一个人长达几个星期的巡回演讲之旅。在一次讲座中，夸克模型的发现者默里·盖尔曼（Murray Gell-Mann）只听了一半便领悟了，禁不住站起来惊呼："你解决了宇宙学中最重要的问题！"还有人传话，温伯格在听到这个发现时火冒三丈。他气愤的是自己怎么没能想到这个主意。

当然，古斯的收获远远不止于赞赏。在斯坦福大学的第一次讲座仅仅两天后，他便收到了东部常青藤名校宾夕法尼亚大学招聘他为助理教授的通知。随后，正式聘请几乎雪片般飞来，其中包括首屈一指的哈佛大学、普林斯顿大学等。他在斟酌比较条件优劣时，突然意识到自己的母校麻省理工学院没有动静。几经犹豫之后，他终于壮起胆子给那里的教授打了电话，结结巴巴地问道："我

---

① Nothing; every word was pure gold.

知道你们今年没有名额，我也就没有申请过。不过如果你们愿意……”第二天，麻省理工学院就正式回了话，而且开出了最好的条件：越过助理教授直接聘他为副教授。古斯终于告别博士后生涯，修得正果。[36]190-192

旋风般的大半年很快过去了，他还没机会坐下来好好写一篇论文发表。当然他已经不再担心被他人抢先，暴胀理论和他的名字早已口口相传。但他这时却有了更深一层的忧虑。当他终于动笔时，论文的标题是《暴胀宇宙：视界和平坦问题的一个可能解决方案》（*Inflationary Universe: A Possible Solution to the Horizon and Flatness Problems*）。

当初被他划掉的那个“可能”又重新出现了。他不完全是为了谨慎，而是不得不面对现实：他这个让整个学术领域兴奋无比的新理论其实存在着致命的缺陷，也许压根不靠谱。

当一罐水开始结冰时，水中不同的区域会各自开始结晶，形成一个又一个分开的冰泡泡。这些泡泡慢慢增大，互相碰到一起时合并，直到所有的泡泡都融合为一体。这时所有的水都结成了冰，便完成了相变①。

宇宙的大统一对称性自发破缺时的相变与水结冰过程类似。古斯设想宇宙在通过隧道效应开始其延迟的相变时，也会有很多大大小小的稳定态（真空）泡泡在亚稳态的希格斯场中出现，它们像水中的泡泡一样各自增大后相遇、合并。当所有的泡泡都合并成一个整体的稳定态时，相变——暴胀——便结束了。

在这个过程中，那些泡泡在碰撞、合并时所释放的能量转化为有质量的粒子和反粒子，正好便是温伯格在《最初三分钟》中所描述的大爆炸过程所需要

① 水在100℃转化为气态时水中会产生大量的气泡而沸腾。这个相变过程比结冰时的泡泡更为直观。除了相变温度的方向不同外，机制是一致的。

的初始条件。只是现在他知道这时的宇宙密度参数 Ω 严格等于 1，而且视界中的所有空间点都已经处于热平衡。

这一切在古斯最初的演算中合丝合扣，无懈可击。但他忽视了自己发现的宇宙暴胀本身却在同时破坏着这个过程的顺利完成。

相变中的泡泡是随机分布的。当泡泡相互合并产生粒子时，这些粒子会集中在泡泡碰撞的地点，在整个空间中很不均匀。古斯设想的是，泡泡们的碰撞会发生得非常快，产生的粒子再度快速地互相碰撞、散射，立即就会弥漫于整个宇宙空间，不再有不均匀的痕迹。

问题是，在泡泡们碰撞的同时，宇宙本身在暴胀。泡泡之间的距离因而也在急速地拉长而失去接触。这样，泡泡碰撞产生的粒子没时间和机会再重新恢复均匀（也就是热平衡），而应该在空间分布上留有明显的差异。这与今天对微波背景辐射观察的结果不符。

这是一个颇具讽刺意味的尴尬。古斯在成功地用暴胀解释了我们视界中的宇宙为什么处于热平衡的老问题之后，却同时因为暴胀带来了宇宙其实并不应该处于热平衡的新问题。

这还不是最糟糕的。暴胀的宇宙大小呈指数式增长。与那位大臣棋盘上的麦子一样，是一个难以想象的速度。自然，这个膨胀的速度很快会超过光速。这本身并不是问题，因为宇宙空间的膨胀不传递物理信息，即使超了光速也没有违背相对论。但空间中泡泡的增大却是物质、能量的运动，不可能超光速。因此相变中泡泡增长的速度会远远落后于空间的膨胀速度，以至于泡泡之间的距离越来越大，很快就不可能再相遇碰撞、合并。这样的宇宙会永久性地布满了众多的泡泡，无法完成相变，无法停止暴胀，永远地被“卡”在一个假真空里。[6]130,[36]193-200

这既不是古斯的初衷，也不是今天的现实。

古斯直到 1980 年的 8 月才写完这篇论文，次年 1 月正式发表。他在阐述暴胀宇宙如何解决大爆炸理论两大难题的同时，也一再指出这个新理论自身附带着一些“不可接受的后果”。他不得不为自己发表这个结果找理由：一个能同时解决磁单极、视界、平坦三大难题的新思路——即使结果颇为荒谬——值得引起更多读者的注意。最后，他希望能有人据此发现某种新途径，“取其精华，去其糟粕”①，解救他的暴胀理论。[46]

私下里，他长出一口气。好在麻省理工学院的工作合同已经签订，他至少有足够的时间再慢慢想办法，暂时不需要担心生计和前途。

① avoids these undesirable features but maintains the desirable ones.

第 20 章

泡泡中的宇宙

古斯在斯坦福第一次讲解他的暴胀理论之前专门恶补了一下温伯格的《最初三分钟》，以免在这个他并不熟悉的初始宇宙领域露怯。[36]186 除了临时抱佛脚的知识，他对宇宙研究的历史着实不那么了解。

因而他不知道，早在他出生 30 年前，德西特就已经发现过一个指数增长的宇宙。[36]175 那就是当初紧跟着“爱因斯坦宇宙”之后的“德西特宇宙”，比弗里德曼、勒梅特等人的膨胀宇宙还早很多。

即使德西特自己也不知道那是一个暴胀的宇宙。他一直以为他的模型与爱因斯坦的一样，都是不随时间变的，只是他的里面有莫名的红移现象。后来还是勒梅特在沙普利指导下做博士学位论文时才证明了德西特的模型其实是一个加速膨胀的宇宙，解释了其红移的来源。

哈勃通过观测证实宇宙的确在膨胀之后，爱因斯坦和德西特都立即放弃了自己的模型，转而支持弗里德曼、勒梅特的膨胀宇宙。他们当初的模型也就被束之高阁，再无人问津。直到 20 世纪 70 年代末，苏联的一位年轻人阿利克谢·斯塔罗宾斯基（Alexei Starobinsky）来到英国的剑桥大学访问，与斯蒂芬·霍金（Steven Hawking）合作研究宇宙的起源问题。

霍金在 20 世纪 60 年代作为研究生进入剑桥大学时，曾一门心思要师从霍伊尔研究当时正红火的稳定态宇宙。但霍伊尔不招学生，剑桥大学给他分配了另一位教授，令他极为沮丧。但更大的打击随之而来：他被诊断患有肌萎缩性脊髓侧索硬化症，即俗称的渐冻症，被告知只有两年可活。[71]86-87

及至1979年，霍金不仅还活着，更被聘请担任也许是全世界最著名的学术职务：剑桥大学的卢卡斯数学教授——所谓“牛顿的席位”。这时的霍金已经崭露头角，成为广义相对论的新星。他的一个著名成就是与罗杰·彭罗斯（Roger Penrose）[①]一起在数学上证明广义相对论在宇宙起源时的那个数学奇点不可避免，由此终结了霍伊尔稳定态宇宙以及狄克等人钟情的振荡宇宙等试图避免奇点的努力。[93]27

但对物理学家来说，奇点是不可能真实存在的。这只是表明了广义相对论本身的局限。霍金认为出路在于引入量子力学概念。斯塔罗宾斯基便是在引入量子修正时发现了一个宇宙可以指数式加速膨胀的方程。他把它称作宇宙最初期可能经历过的一个“德西特阶段”（de Sitter phase）。除了理论上有趣之外，他没有发现这有什么实际意义。直到回国后，他才用俄语发表了这个成果，在苏联之外无人知晓。

1962年，苏联的3位著名物理学家泽尔多维奇、维塔利·金茨堡（Vitaly Ginzburg）和彼得·卡皮察（Pyotr Kapitsa）联名向苏联科学院提交了一份调查报告，指出李森科在苏联推行的生物研究是伪科学，并抗议他利用政治权力打压、迫害甚至肉体消灭科学界持不同意见者的暴行。1965年，物理学家安德烈·萨哈罗夫（Andrei Sakharov）也在科学院大会上发表讲话斥责李森科。他们的行动在

① 罗杰·彭罗斯在2020年获得诺贝尔物理学奖。

相当程度上导致了李森科在苏联科学界长达 40 多年统治的垮台。[47]

相对于几乎被完全摧毁的生物学界，苏联的物理学界一枝独秀，保存了相当的人才和活力。当年曾导致伽莫夫叛逃、朗道坐牢的“辩证唯物主义”思想挂帅并没能延续很久。“二战”后核武器和军备竞赛的需要为物理学家提供了有效的庇护，保证他们相对优越的科研条件。由于交流的匮乏，苏联和西方的物理学家往往各干各的，保持了两个分立而平行的进展轨迹。

泽尔多维奇曾经是苏联核武器项目的技术领袖。他后来将热核爆炸的新知识与伽莫夫的宇宙大爆炸理论结合，在苏联开辟了现代宇宙学的研究。霍金便是在 1973 年访问莫斯科时，看到泽尔多维奇和他的学生斯塔罗宾斯基正在做的工作受启发，从而发展出他那著名的“霍金辐射”（Hawking radiation）理论的。[6]104-105

20 世纪 70 年代，曾经在泽尔多维奇的领导下研制核武器，并因为他们的贡献被誉为苏联的“氢弹之父”的金茨堡和萨哈罗夫由于各自的“问题”都离开了军工业，转向纯理论研究。[48] 他们俩都在苏联科学院历史悠久的列别捷夫物理研究所供职。因为萨哈罗夫已经成为国际知名的“异议人士”而问题更大，所以金茨堡“不得不”担任理论研究室的主任。所里还有他们的一个好友、泽尔多维奇的学生戴维·基尔兹尼茨（David Kirzhnits）①。[49]255-260（图 20-1）

在温伯格等人完成弱作用力、电磁力相互作用的统一后，基尔兹尼茨最早看出这个新理论与金茨堡和朗道早年提出的相变理论有很多相似之处，虽然后者应用于低温的固体超导和液体超流现象，似乎与基本粒子毫不相干。他因此开始研究起规范场论中的相变。

① 后来萨哈罗夫被流放到边远的高尔基市时，便指定由基尔兹尼茨担任他的联络员，经常去见面讨论“重大物理问题”。

图 20–1 列别捷夫物理研究所内展示的该所诺贝尔奖获得者的肖像

右一、右二分别为金茨堡和萨哈罗夫。

1972 年，24 岁的安德烈 · 林德（Andrei Linde）从莫斯科大学毕业，成为列别捷夫物理研究所的新科研究生。他得天独厚，父母都是物理学教授。14 岁时，他们带他开长途车去黑海度假，给了他两本书在后座上读：一本《狭义相对论》、一本《天体物理》。度假归来后，他便一门心思地要成为一个物理学家。

林德在大学期间已经跟着基尔兹尼茨做过一点有关基本粒子碰撞的计算工作，这时找到导师准备继续。不料基尔兹尼茨一看到他便大叫道：忘记其他一切，温伯格的理论刚刚被证明可以“重整化”[①]，我们得赶紧抢上这趟车。

很快，他们俩一起发表了第一篇大统一理论中对称破缺和相变的论文，比西方的温伯格等早了近两年。那时林德还只是一个羽翼未丰的研究生。一次基尔兹尼茨在系里讲座上专门提及他这个学生的功劳。一位年轻女教师忍不住插问：“林德是谁？”讲座之后，林德与她相识，在两年后结为夫妻，从此成为一辈子的生活伴侣和科研合作者。不过，林德打动芳心的不是他物理上的天赋，而是他偷偷为她背诵的一系列长诗——当时在苏联的违禁作品，那些诗人都早

① 在场论中，只有数学上可重整化（renormalizable）的理论才可能有物理意义。

已在肃反时被镇压。

及至 1974 年左右，林德和基尔兹尼茨已经发现，如果早期的宇宙出现过冷式的延迟相变，会引发宇宙指数式的“暴胀”。但他们同时也意识到这样会带来宇宙能量、物质分布不均匀的荒谬结局。他们浅尝辄止，认定那只是一个科研中经常遇到的死胡同。

那时，他们对宇宙的视界问题不甚了解。狄克还没有提出平坦性问题。普雷斯基尔、古斯和戴自海更还远远没有动起计算磁单极数量的念头。与斯塔罗宾斯基一样，林德他们没察觉这么个指数式增长的宇宙模型能有什么意义。

在苏联的体制下，林德不需要像古斯、戴自海等西方年轻人那样在博士后生涯中蹉跎。他获得博士学位后毫无悬念地留在了列别捷夫物理研究所担任研究员。1978 年，才获得博士学位 3 年的林德与导师一起因为宇宙初期相变理论获得苏联科学院的罗蒙诺索夫奖。那时候，比林德大一岁、博士毕业早了 3 年的古斯还在对戴自海鼓吹的大统一理论嗤之以鼻。

古斯发现暴胀的新闻传来时，有人打电话询问林德是否读到了论文。林德说没有。但他回答说并不需要论文，随即便一五一十地描述了他认为古斯论文中应有的思路，基本不差。那都是他过去已经做过的演算。

至于他自己被舍弃的工作，林德后来轻描淡写地说道：既然没有发现其中的价值，谁会去发表那样的“垃圾”呢？ [50-51]

1981 年 10 月，霍金再度访问苏联，在莫斯科做学术讲座。被指派给他现场翻译的便是林德。

霍金的渐冻症已经相当明显，不得不使用轮椅。他虽然还能自主说话，但口齿很不清，只有长期贴身照顾他的学生才能听懂。演讲的过程是霍金先嘟喃几声，他的学生用英语复述成几个单词，然后再由林德翻译成俄语。整个过程非常缓慢。林德往往越俎代庖，根据自己所知把那几个词膨胀为有声有色的一整段俄语。

霍金介绍的是宇宙起源问题的最新进展，包括古斯的暴胀理论及其带来的问题。他和古斯等人都各自花了很长时间寻找解决方案，还没有头绪。讲着讲着，霍金突然提起他刚刚了解到这里的林德也有一个新的理论。林德颇为得意地翻译了这句话后，霍金却又话锋一转：却也是同样的不靠谱。

接下来，林德不得不把霍金批驳自己工作的话一句一句翻译给满屋子的同事、朋友听，还没法当场辩解。霍金讲完后，林德才将他连带轮椅推进一间教室，关上门单独争辩了一个半小时，直到发现霍金失踪而惊慌失措的人们闯进来。他们俩当晚又在旅馆里研讨良久，霍金终于被说服，原来是他没有完全明白林德的思路。[6]130-131,[36]207

虽然古斯所发表的内容大都是林德已经废弃的“垃圾”，林德对古斯用这个暴胀一举解决磁单极、宇宙平坦和视界三大困境的创见还是钦佩不已，确信这个糟粕中一定藏有精华。他想，如果上帝在创造宇宙时有这么一条捷径可走，定然不会舍近求远。他为此几个月寝食不安，以至于得了严重的胃溃疡。

与古斯相似，林德也习惯在妻子和他们的两个小儿子都睡了以后自己一个人深夜坐在桌前演算、思考。1981 年夏天的一个夜晚，他终于有了突破，忍不住摇醒熟睡的妻子告诉她：“我知道宇宙是怎么来的了。”[36]207,[50-51]

林德的新想法说起来其实很简单：古斯的困境在于相变时宇宙中出现大量的泡泡。因为宇宙本身的暴胀，这些泡泡互相之间越离越远，没法合并到一起完成相变。泡泡的碰撞同时也带来不应有的物质不均匀分布。所以，如果反过来，设想我们今天所能看到的宇宙——我们的视界之全部——当初都只存在于单一的泡泡里面，就不会有这个问题。霍金便是因此很不理解：怎么泡泡能长得比宇宙还大?

其实，古斯自己也曾经有过这样的念头，但他没法自圆其说。他的暴胀理论基于宇宙处于巨石被卡在半山坡上的那种亚稳态，只在过冷状态出现。如果整个宇宙在一个泡泡中，便无法暴胀。因为在古斯眼里，暴胀的是泡泡之外的宇宙。

林德却将这个暴胀概念完全里外翻了个儿。他发现暴胀并不是只有在过冷、亚稳态的情况下出现，也可以来自于完全不同的途径。他的宇宙不是卡在陡峭山峰的半山坡上，然后通过隧道效应“遁入”稳定态；他的宇宙开始还在山顶，但是一个相当平缓的山顶。如果宇宙依然是一块巨石，这块石头会“慢慢地”向边缘滚动——所谓的“慢滚暴胀”（slow-roll inflation）——直到最后掉下悬崖抵达山底的稳定态。

有意思的是，林德的这个新图像其实来源于科尔曼和他的一个学生①早在1973年就发表了的一个模型。那个学生一直是在与古斯合作寻找暴胀理论的出路。他和古斯却都没能想到可以这样换一个暴胀的模式。[36]202-204

林德在那个夏天很快就写好了论文，但苏联的审查制度致使3个月后霍金来访时还没能寄出发表，以至于惹出那番口舌之争。等到一切就绪时，他论文的题目毫不含糊，保留着古斯的口气但也膨胀了许多:《一个新暴胀宇宙方案：视界、平坦、均匀性、各向同性和宇宙初期磁单极问题的一个可能解决》（*A New Inflationary Universe Scenario*: *A Possible Solution to the Horizon, Flatness, Homogeneity, Isotropy and Primodial Monopole Problems*）。[36]207-208

① 埃里克·温伯格（Eric Weinberg），他与文中的温伯格同一个姓，但没有亲属关系。

古斯的理论这时问世也才一年，却已经被林德的这篇“新暴胀理论”驱逐，成为“旧暴胀理论”而进入历史档案。除了“暴胀”这个概念本身被作为精华保存，古斯原稿的所有具体内容都已被作为糟粕遗弃。

古斯收到林德的论文后不久也收到科尔曼的另一个学生保罗·斯泰恩哈特（Paul Steinhardt）寄来的一篇论文。斯泰恩哈特刚刚成为宾夕法尼亚大学的助理教授①，他与他的研究生合作的这篇论文提出了与林德完全相同的理论。[36]208

霍金曾经在他那本著名的《时间简史》（*A Brief History of Time*）回忆录中叙述：他在离开莫斯科后随即飞往美国，在宾夕法尼亚大学所在的费城做了学术报告，顺带介绍了林德的新成果。斯泰恩哈特当时在座，但后来表示不记得霍金提到过林德。[6]131-132《时间简史》出版后，这几句并不那么引人注意的话在圈子里引起轩然大波。斯泰恩哈特找出霍金演讲的录像证明霍金当时没有提到过林德的理论。霍金不得不专门致信美国物理学会的《今日物理》（*Physics Today*）杂志，澄清他认为斯泰恩哈特的成果是独立做出的，并没有指责他们借鉴甚至剽窃林德的意思，并在《时间简史》后来的版本中删除了那几句话。[52] 斯泰恩哈特坚持他和他的研究生很早就完成了这一工作，只是迟迟没有发表论文。他们直到看到林德的论文时才匆匆投稿，并附加了对林德论文的援引，尊重林德的优先权。[36]208

林德表示不解：既然别人已经占先了，还有什么必要再发表自己同样的工作呢？[50]

已经是麻省理工学院副教授的古斯还在持续地应邀到各处做学术报告。他

① 可能就是当初授予过古斯的那个位置。

的演讲这时有了一个新的副标题：“林德和斯泰恩哈特如何在我睡着的时候解决了宇宙学问题”。[36]212

林德的论文题目中强调了宇宙的“均匀性、各向同性”，因为那正是他所解决的、古斯“旧暴胀理论”带来的难题。单一泡泡中的宇宙自然会非常均匀，处于同一平衡态，没有旧理论中泡泡互相碰撞所带来的不均匀。

在莫斯科时被说服的霍金因此还是给这个新理论挑出一根大刺：如果宇宙只是在一个单一的泡泡中，那么暴胀后的整个宇宙会处于理想的热平衡，没有任何能量、质量分布差异。这样的宇宙进入膨胀之后，演变到今天也依然会是一张白纸、空空如也。没有哪个地方能够聚集出星球、星系，更不可能出现太阳、地球和地球上的人类。[6]131

也就是说，林德在解决古斯的困境时矫枉过正，让宇宙提前进入了“热寂”状态，失去了活力。

要产生今天的星系结构，即使是原初的宇宙也不能是理想的光滑平坦。宇宙不同的区域应该存在有微量的差异。霍金觉得，这应该又是一个量子力学可以对广义相对论施以援手的地方：在量子世界里，即使是理想的真空也会存在随机的涨落。

恰巧也是在 20 世纪 70 年代，宇宙中的物质在大尺度上分布的均匀性——或者更准确地说，稍微不均匀性——已经引起一些物理学家的注意。他们之中有苏联的泽尔多维奇，也有普林斯顿的皮布尔斯——狄克当年的学生。

第21章 在大尺度上探求宇宙微妙细节

年轻时的皮布尔斯曾有过一个梦想，要统一广义相对论和量子力学这两个作为现代物理的基石却又互不相容的理论体系。他的导师狄克毫不留情地嘲笑道："去找你的诺贝尔奖吧，然后再回来做点实际的物理。"[59]7

皮布尔斯出生于加拿大中西部山区的温尼伯市，从小习惯于星光灿烂的夜空，时常还能看到绚丽的极光。他对辨认行星、星座这些常见的知识提不起兴趣，却因为在姐姐的课本中看到奇妙的动滑轮、定滑轮组合而喜欢上了物理。

他从中学到大学都是首屈一指的学霸。当地的大学虽然不出名，但也经常有尖子学生去美国的普林斯顿大学深造。受他们影响，23岁的皮布尔斯大学毕业后也离开家乡，去普林斯顿大学上研究生。那以后除了偶尔的学术假期，他竟再也没有离开过这个老牌学府。

到普林斯顿大学不久，一位老乡带他去狄克那个星期五晚上的引力小组活动。他看到狄克和研究生、博士后还有青年教授混在一起无拘无束，喝啤酒、吃比萨，指点广宇、激扬物理模型，立刻就着了迷。从一个半懂不懂的新生到博士、博士后，再到成为青年教授，皮布尔斯随着狄克和他的小聚会一步步走上学术生涯。[53-54]

爱因斯坦在开始宇宙研究时，“理所当然”地假设宇宙中物质的分布是均匀、一致的。他有现实的原因：只有这样才能将复杂的宇宙简化成一个“球形奶牛”，求解他那广义相对论方程。

皮布尔斯在准备研究生资格考试的必修课上第一次接触到爱因斯坦这个宇宙模型。他的第一反应是这完全不是物理，至少不是他所熟悉、喜爱的“滑轮组”式、真真切切的物理。爱因斯坦的模型无非是物理课习题、考试中常见的“假设一头大象在没有摩擦阻力的斜坡上下滑……”那一类玩意儿。

后来，他又接触到霍伊尔等人的稳定态宇宙，更为惊诧：他们简直就是在随意编造嘛！宇宙学那时候还不是——至少还没有被普遍认可为——严格科学的一部分。[59]17-20

狄克虽然对年轻人的好高骛远不屑一顾，他自己却并不回避挑战大课题。当他意识到有可能发现并探测到宇宙之初的微波遗迹时，就毫不犹豫地指示自己的学生全力以赴。皮布尔斯那时已经是博士后，他负责理论推导，在对已有的文献毫不知情的情况下重新发现了伽莫夫、阿尔弗、赫尔曼在20年前已经发表却被人遗忘了的宇宙大爆炸过程，包括微波辐射背景。

虽然他们意外地被彭齐亚斯和威尔逊抢先而失去了角逐诺贝尔奖的机会，但这项工作的重大意义——外加狄克争取大笔国家科学基金会资助的能力——保证了皮布尔斯等年轻人顺利获得普林斯顿的教授席位。

不过对皮布尔斯来说，更重要的是他亲身经历了一次用简单模型的计算结果居然立刻就能被实验确证的奇迹。也许，宇宙真的可以很简单，比一头在斜坡上没有摩擦阻力的大象复杂不了太多。宇宙学也至少不全是主观随意的臆测，可以是——或者正在成为——实实在在的、定量的、可验证的科学。[59]23-24

皮布尔斯由此上了宇宙学的船。

哈勃的星云观测以实际的数据在 20 世纪 20 年代结束了沙普利与柯蒂斯那场世纪大辩论：星云是独立的星系、银河系之外的岛屿宇宙。随后，哈勃与胡马森又证实了宇宙在膨胀，所有远方的星系都在远离我们而去。

但也有一个例外。相邻的仙女星系却还在与我们“相向而行”。哈勃把银河系和仙女系以及它们各自周围附属的小星系一起称作“当地星系群”（local group）。这两个星系之间距离相对比较近，互相的引力作用强于空间的膨胀，因此在“众叛亲离”的宇宙大环境中还能做到“不离不弃”。

自然，这不是银河系所特有的现象。20 世纪中期，天文学家意识到相当多的星系之间可能存在着引力的牵扯而组群抱团，形成“星系团”（clusters of galaxies）。

1969 年夏天，皮布尔斯在洛斯阿拉莫斯国家实验室待了两个月。因为设计制造核武器的需要，那里有当时最先进的大型计算机。皮布尔斯如获至宝。他设计了一个简单的模型，让一定数量的星系既互相有引力耦合又都处于正在膨胀的空间中。他自己编写程序，一个人花了很多时间在卡片上打孔输入，得以完成模拟计算。结果可以看到这些星系开始会因为宇宙的膨胀分离，一定时间之后因为引力的牵制又相互靠近，形成一个类似星系团的结构。[59]41-43

这也是一个“球形奶牛”式的简单化模型。

那年，他在普林斯顿大学为研究生开了一门新课，讲授宇宙中星系分布的结构。开始他只有一个简单的大纲，课上随心所欲地发挥。不料他赫然发现比他年长 20 多岁的大牌教授惠勒出现在教室里。惠勒觉得皮布尔斯所讲的是当时课本中还没有的前沿知识，应该结集出版。因此，每堂课惠勒都静静地坐在最后一排，认真详细地记下皮布尔斯的讲授。课后，惠勒又将所记的稿纸交“还”给皮布尔斯。在这巨大的压力下，资历尚浅的皮布尔斯不敢懈怠，在1971年出版了他的第一部专著：《物理宇宙学》（*Physical Cosmology*）。[53-54]

爱因斯坦的广义相对论，如同惠勒所言，是“物质告诉空间如何弯曲，空间告诉物质如何运动”。在这个框架下，物理学“退化”为只是描述时空形状的几何学。的确，爱因斯坦晚年孜孜不倦所努力的统一场论，就是要将电磁力也变成时空几何的一部分。

皮布尔斯的课程则在提醒大家在广义相对论宇宙学研究中一直被忽视的另一部分：宇宙中的星系并不只是弯曲空间中孤立的点。它们之间也还有相互作用，因此存在星系团甚至更大的物理结构。

所以，他这个课程让惠勒格外重视。在那个年代，这个领域还属于空白。《物理宇宙学》出版时，总共只有282页。

还是在1966年3月，皮布尔斯访问加拿大多伦多大学时，当地的一个教授指着墙上挂着的一幅大星系团分布图说：“你看，即使在这个尺度上，物质分布也并不均匀。”皮布尔斯好奇地问道：“那这个分布是随机的吗？”对方回答说不知道，也没人知道。也许皮布尔斯可以自己去验证一下。[53-54]

其实，宇宙中物质分布应该是均匀的假设并不是爱因斯坦的首创。早在17世纪，牛顿就已经提出，还把它叫作“宇宙学原理”（cosmological principle）。这是摒弃了地心说之后的物理学的必然：宇宙之中，没有哪个空间点会比另一个点更特殊、更优越。所有的空间点都互相对称。因此，宇宙应该是均匀、各向同性的。[55]

这显然与我们日常生活中的经验不符。太阳系的质量基本上完全集中在太阳所在的那个点上，其他地方除了少数行星、卫星便只是真空。推而广之，银河中星体密集，之外便稀疏无几。牛顿、爱因斯坦等皆大而化之地宣布，这些都只是小尺度上的随机涨落，也就是“噪声”，微不足道。只要用足够大的尺度看宇宙，平均下来，所有地方的质量都会是均匀分布的，无论在哪个距离、哪个方向都没有区别。

然而，随着功能越来越强大的望远镜出现，人类的视野——尺度——也越来越大。但所看到的星星、星系、类星体等依然分布得参差不齐，没有趋向均匀的迹象。多伦多大学那位教授办公室中的挂图中的星系团处于 10 亿光年以外。我们看它们时的尺度不可谓不大。这样的尺度上依然存在的不均匀让天文学家困惑。牛顿的宇宙学原理其实并没有实际的根据，没有理由相信其必然成立。

在回程飞机上，皮布尔斯埋头在笔记本上写写画画，推导出了用统计手段分析大星系团分布的数学方法。飞机降落时，一路都没敢打扰他的邻座老太太很佩服地夸赞他：“小伙子，你的作业总算全做完了啊！”[53]

回到普林斯顿大学，皮布尔斯与他的第一个研究生、来自中国香港的虞哲奘（Jerry Jer-Tsang Yu）摆开架势，收集当时所有的星系团坐标数据，输入他们在普林斯顿大学的并不那么先进的早期计算机，进行统计分析。

果然，他们发现星系团的分布不均匀也不随机，具备明显的关联（correlation）。

在其后的十来年里，他和他一批又一批的研究生持续、优化统计手段，把视野越推越大，直达几百亿光年之外的类星体。在那个尺度上，他们依然能觉察类似的关联。1980 年，皮布尔斯出版了他的第二本专著《宇宙的大尺度结构》（*The Large-Scale Structure of the Universe*），系统地总结了这一发现。

原来，宇宙这头“奶牛”并不是一个处处对称的标准圆球。当然，它也不是长有犄角、长腿、尾巴的丑陋动物，而只不过是在圆球表面一些地方有着细微的起伏或色调的差异。需要明察秋毫的眼神才能发现。

就像我们居住的地球，从太空中俯瞰，照片中的地球周边是一个圆形。但如果仔细勘察，就会发现地球的赤道会比两极更突出一些，地球的表面不似海平面那样平坦光滑，而是有着山脉、沟壑、丘陵等，地球并不是一个标准的圆球。

最让皮布尔斯纠结的却是他当年协助发现的宇宙微波背景。那是宇宙大爆炸之后的第一缕光，也是人类视线所能及的最大尺度。那个辐射的温度、强度在各个方向都惊人的一致，测不出区别，也就是没有“大尺度结构”。皮布尔斯因此很纳闷。如果最初的宇宙平滑如一，那么后来的结构是如何出现的呢？他推测这宇宙微波背景辐射中肯定也存在着不均匀，只是幅度太小还无法发现。

1981 年，两个科研团队突然宣布在微波背景中探测到了非常细微（0.01%）的差异。皮布尔斯立刻发表了一个与这个结果相符的理论模型。不到一年，那些人却收回了他们的结论，因为他们的数据其实表明微波背景在这个精度上没有差异。于是，皮布尔斯又发表论文，指出微波背景中的差异——如果存在的话——应该会是在更低的精度上。

也是在 1982 年，林德提出的新暴胀理论遭遇了同样的难题。如果宇宙只是在单一的泡泡里暴胀，就会处于理想的热平衡或热寂状态，不可能再产生现在的大尺度结构。

英国的纳菲尔德基金会那时给剑桥大学提供了一笔资金，赞助他们连续 3 年每年举办一次学术会议。1982 年本来应该是第二年。霍金感到宇宙起源的课题正处于重大突破的节骨眼上。他自作主张，将剩下两年的资金合并，全用于这一年的夏天，举办为期近 20 天的“纳菲尔德极早期宇宙工作会议”（Nuffield Workshop on the Very Early Universe）。（图 21-1）

图 21-1　1982 年纳菲尔德会议论文集

这个会议的安排比较特别，每天只安排上午下午各一个讲座，其余全都是自由时间。受邀到来的约 30 位与会者随意组合，讨论、游玩或干脆就聚在一起共同演算，甚至半夜三更还在互相敲门。很多人说这是他们参加过的唯一真正的“工作”会议。

霍金在会上做了题为《暴胀的终结》（*The End of Inflation*）的演讲。这个标题一语双关，既表达了他自己对暴胀理论前途的忧虑，也同时指出可能的出路在于暴胀终止、宇宙进入“正常”的大爆炸膨胀过程的那一时刻。

在经典理论中，当宇宙像一块巨石从山坡上滚下时，整个宇宙会在同一个时刻到达坡底的稳定态，完成暴胀。但如果考虑到量子力学的随机性，宇宙滚到坡底的时刻就会因空间点而异，有的稍微早到，有的稍微晚一些。这样各个空间点完成暴胀、进入膨胀的时间、温度略有差异。反映在质量的分布上，便是有些地方质量稍微密集，有些则稍微稀薄。在随后的膨胀中，因为引力的作用，密集的地方会逐渐吸引更多的质量，变得越来越密集，以至于积沙成塔，形成恒星、星系、星系团等结构。由此诞生了我们赖以生存的世界。

霍金的这个提议在会前就已经引起了人们广泛的注意。古斯、斯泰恩哈特和斯塔罗宾斯基等都在紧张地计算这个量子力学修正的幅度。无奈他们 4 支队伍竟得出了 3 个不同的结果。在这个会议上，他们全都聚在了一起比较、切磋。终于在会议结束的那一天找出了各自的问题，得出一致的结论。他们因此预测，暴胀结束时出现的不均匀性应该也存在于今天的宇宙微波背景辐射之中，大约在 $1/10^5$

的精度上。[36]215-235,[93]61-66

这个结论与皮布尔斯从今天的宇宙中存在的大尺度结构出发所推测的不谋而合、殊途同归。

在会议总结中，他们宣布这是一次暴胀理论“死而复生”① 的大会。

在宇宙起源上，广义相对论和量子力学这两个大冤家终于实现了第一次携手合作：暴胀将宇宙原有的所有山峦、沟壑拉平，给我们一个平坦、光滑、各向同性的理想几何背景；量子力学的随机涨落又在上面描画出新的、细微的涟漪，为星系、太阳系以及地球上可以理解这一切的智慧人类提供了出现、生存的前提。

林德感叹道：“没有暴胀，宇宙会是丑陋的；没有量子，宇宙会是空洞的。”②[56]

对物理学家来说，纳菲尔德会议上的这一预测还有着巨大的现实意义。针对宇宙“极早期”——那大爆炸之后 10^{-35} 秒——的纯粹数学式的理论终于不再只是逻辑的空想，而是有了一个在今天可以确切地证实——或者证伪——的判据。暴胀宇宙学也进入了实际、精确科学的范畴。

只是，$1/10^5$ 是相当苛刻的精度。如果我们的地球表面有着同样的光滑度，那么最高的山峰便不能超过海拔 100 米。微波背景辐射中是否存在这么微小的差异，需要非常精确的测量手段。纳菲尔德的与会者心有戚戚。他们几乎一致认定自己在有生之年不可能看到那一天。

① dead and then transfigured.

② Without inflation, our universe would be ugly. Without quantum, our universe would be empty.

第 22 章
涡旋星云中的秘密

1923 年，沙普利在收到哈勃那封星云红移的来信，长叹一声“就这么一封信毁了我的宇宙”时，站在他身边的是研究生塞西莉亚·佩恩（Cecilia Payne）。佩恩是英国人，在剑桥大学毕业后，因为身为女性在英国没有深造的机会，漂洋过海到哈佛大学投奔沙普利。

沙普利接手皮克林的哈佛天文台时对那些“后宫”中效率极高又廉价的“计算机”兴奋不已。但他同时也于心不忍，希望能帮助默默无闻的女性创造更多的机会。因此，他创立研究生院时，开始招收的都是女生，开了一个时代的先河。佩恩便是最早的两位女研究生之一。

佩恩首先意识到“后宫”前辈弗莱明、坎农等总结的“哦，做个好女孩，亲亲我”光谱分类背后的原理是恒星表面温度的差异，并由此发现恒星的组成与地球的大为不同，主要成分是氢和氦。她这个不寻常的结论曾遭到包括罗素在内的天文界泰斗的否定，但最终被接受。佩恩不仅是哈佛天文台的第一个女博士，后来更成为哈佛大学的第一位女教授、第一位女系主任。作为偶像，她激励了很多年轻女性成为天文学家，包括费曼的妹妹琼·费曼（Joan Feynman）。[10]196-201,204,206-214,258; [57]

20 多年后，哈佛天文台依然是非常少有的接受女研究生的学院。所以，在

1948年，当一位女生回信说因为刚刚结婚、不得不谢绝他们的录取时，负责招生、后来成为沙普利继任人的唐纳德·门泽尔（Donald Menzel）大为诧异，在她的来信上生气地批复："你们这些该死的女人。每次我好不容易发现一个出色的，却都跑去嫁人了。"[58]

那位女生名叫维拉·鲁宾（Vera Rubin）①。

还是一个10岁的小女孩时，鲁宾最喜欢坐在房间的窗台上看外面的星空。她自己发现了"斗转星移"现象，好奇地觉得是整个宇宙在旋转。整晚整晚地，她坐在窗口跟踪记录星星的位置，还描绘出偶尔出现的流星的轨迹。后来，她懂得那不是宇宙的转动，而是地球在自转。

中学毕业时，无论是学校的指导老师还是大学来的招生顾问都一致劝说她不要执着于天文、科学，因为女孩子在那行业中不会有前途。一个顾问还好心地建议她选取自己也非常喜欢的绘画，将来可以为天文事件、场景绘制艺术想象图，一举两得。鲁宾倔强地拒绝了，并自己选中了一所女子大学，因为她记得读过的书中有一位作者是著名女天文学家，曾在那学院教书。只是斯人已逝时过境迁，那年新生中只有她一个人学天文。[58],[59]25（图22-1）

在申请哈佛大学研究生之前，大学毕业的鲁宾已经在普林斯顿大学碰了个硬钉子：那里绝对不接受女研究生。她知道哈佛大学的名额来之不易，却还是不假思索地回绝了。因为她的新婚丈夫是康奈尔大学的博士生②，按传统她只能放弃自己的机会。

好在康奈尔大学也接收她成为硕士研究生。她得以听贝特、费曼等教授的课，跟随一位女天文学家做科研。一天，她丈夫给她看了伽莫夫在《自然》发表的

① "鲁宾"是她结婚后改用的夫姓。
② 两人相识时，鲁宾问的第一个问题是"你真的是费曼的学生？"[60]

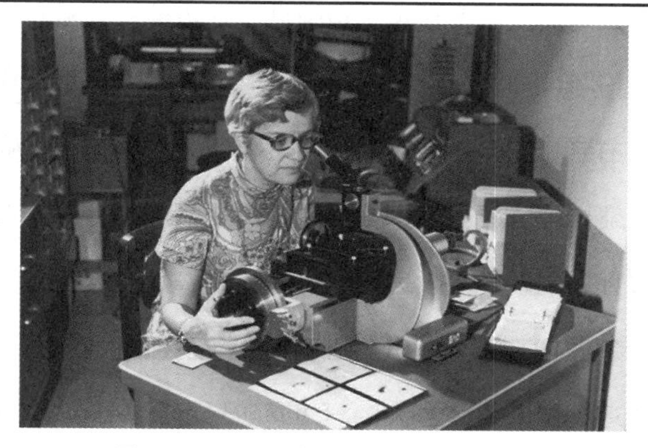

图 22–1 1948 年，大学期间的鲁宾

【图片来自 Archives & Special Collections, Vassar College Library】

一篇文章，设问宇宙作为一个整体是否在旋转。像他的很多论文一样，这篇文章的命题属于大胆假设，在启发性之外并没有什么论据。

伽莫夫的论文勾起了鲁宾童年的憧憬。我们的地球在自转，因此有了她曾着迷的斗转星移；地球在绕太阳公转，整个太阳系在同样地旋转着；太阳系自身也随着银河星系在旋转中。随时随地，宇宙内部充满了各种各样的旋转。那么，整个宇宙为什么不能也像陀螺一样旋转呢?

她随即选取了这个课题，并自己琢磨出一个研究途径：她收集了当时已知的 100 多个星系的距离、速度数据，先把它们随宇宙膨胀而远离的速度部分减掉，然后将余下的、也就是膨胀以外星系之间的相对速度根据坐标描画出来，果然发现这些星系呈现出整体性的转动。

那是 1950 年，鲁宾年仅 22 岁。系主任建议她在美国天文学会的年会上公布这个结果。因为鲁宾怀着第一个孩子正临产，不方便也不合适，系主任提出可以代劳，但条件是要以他自己的名义发表。鲁宾一口回绝。

会议召开时，鲁宾的孩子已经出生了一个月。她父母专程在冰天雪地开车来接他们去开会。鲁宾处之泰然地一边哺乳、一边准备，顺利地在会上做了为时 10 分钟的演讲。但让她措手不及的是那一屋子专家强烈的反应。他们一致认为她这种做法没有意义。星系距离的测量有相当大的误差，精确度不足以让她做这样细致的推敲：她所谓的结果不过是数据中的噪声。一片混乱中，好心的主持人不得不宣布暂时休会，让鲁宾逃离了现场。

她的报告倒是引起了在场的《华盛顿邮报》记者的注意，发了一篇题为《年轻妈妈由星星的运动推论创世之中心》（*Young Mother Figures Center of Creation by Star Motions*）的报道。在猎奇般地强调她"年轻妈妈"身份的同时，记者还写错了她的姓名。[59]26-27,[61]

虽然她的成果遭到专家们的一致反对，鲁宾还是顺利地获得了硕士学位。她丈夫博士毕业后在首都华盛顿找了一份工作。鲁宾这时发现作为女性还真是很难在这一行找到机会，只好在家相夫教子，做起了那个年代典型的家庭妇女。她依然订阅着天文学刊，每期杂志到来时她都会边翻阅边暗自流泪。

直到有一天，她在家里意外地接到一个电话，听筒里传来的竟是伽莫夫的大嗓门。

鲁宾的丈夫上班后发现他与伽莫夫最出名的学生阿尔弗在同一个实验室，于是乘闲聊之机提到了他妻子的硕士论文。伽莫夫正好也应邀去那里演讲，便赶紧找鲁宾索取她的数据。当然，伽莫夫做演讲时，鲁宾无法出席旁听，因为实验室谢绝家属。

在 20 世纪 50 年代遐想宇宙在旋转的还不只是伽莫夫。那时已经年老的爱因斯坦还经常去普林斯顿高等研究院"上班"。他说他不为别的，只是喜欢有机会与比他年轻很多的数学家、"不完备定理"（incompleteness theorems）发现者库尔特·哥德尔（Kurt Godel）一起散步回家。

爱因斯坦70岁大寿时，哥德尔给他献上了一份别致的礼物：他在广义相对论中找到一个旋转着的宇宙的解。[62]

早年的爱因斯坦笃信广义相对论中的宇宙模型应该是唯一的，曾经对德西特、弗里德曼、勒梅特等人接二连三地找出不同的解火冒三丈。这时的爱因斯坦早已超脱泰然，笑纳了哥德尔这个出乎意料的寿礼。

然而，无论是伽莫夫还是哥德尔，他们只是好奇甚至促狭，并不是很认真。但伽莫夫对初出茅庐就被他无意中引入“歧途”的鲁宾十分欣赏，鼓励她继续攻读博士学位，但他所在的乔治·华盛顿大学不招收女研究生。他打听到整个华府地区那时只有乔治城大学接收女研究生，于是做了安排，让鲁宾在乔治城大学挂名注册、上课。然后他们俩像单线联系的地下工作者一般频繁地在某个图书馆中碰头、讨论。

伽莫夫是那种大而化之、不拘细节的天才。鲁宾后来回忆他对她的指导，基本上就是刚开始时他问的一个问题：“宇宙中星系的分布会不会有一个长度标度？”①

差不多同时，有一位天文学家在澳大利亚一直研究鲁宾的硕士论文，并在不同的星系数据中发现了同样的旋转倾向，证实鲁宾当初的结果不是随机的噪声。他指出鲁宾只是做出了不正确的结论：她发现的不是宇宙整体的旋转，而是那些星系所组成的星系团在旋转。

宇宙中星系的分布不是均匀或随机的，而是会组成不同大小的星系团。那正是伽莫夫凭空想象的“标度”。鲁宾再度发挥她分析数据的能力，针对哈佛天文台

---

① Is there a scaling length in the distribution of galaxies?

多年积累的恒星数据进行统计分析，揭示宇宙中星系的分布存在大尺度涨落。她只用了两年时间便获得了博士学位。[59]29-33,50-51

这一次，她的结论没有招致反对，得到的反应却更令人失望：天文学界没有人注意到她的工作。倒是《华盛顿邮报》又发了一篇八卦式的报道:《25岁的两个孩子的妈妈获得天文学博士学位》(*Mother of 2 at 25 to Receive her Doctorate in Astronomy*)。

宇宙的大尺度结构还要等几年之后由皮布尔斯再度提起。

还在她从自己房间窗户看星星的少年时代，鲁宾曾经邮购了一副透镜、找了一个旧卷筒在工程师父亲帮助下制作了一个简陋的天文望远镜。她想给星星照相，却失望地发现用这一望远镜没法跟踪星星位置的移动，不可能长时间曝光。

1965年的鲁宾已经是4个孩子的母亲，博士毕业后留在乔治城大学从事了10年的教学和科研。她不再满足平淡的校园生活，想成为一个真正用望远镜观测星空的天文学家，圆她小时候的梦。于是她离开大学，在一家研究机构中争取到职位，成为那里的第一位女性科研人员。最令她兴奋的是她新的办公室室友，一个名叫肯特·福特（Kent Ford）的仪器工程师。

福特那时正好制成了一个新式的光谱测量仪。那是一个小巧的管子，通过光电效应将收集的稀疏光子放大为电子束，然后再拍摄电子的成像，可以直接将数据引入计算机处理。这根管子可以连接在天文望远镜上进行光谱测量。因为效率大大提高，它所需要的曝光时间减少到原来的1/10。

鲁宾当即决定与福特合作，利用她的天文知识协助福特扩大他这根管子的用途。他们先对当时最时髦的类星体做了测量，为皮布尔斯的大尺度结构研究提供了可用的数据。但鲁宾更为感兴趣的还是旋转。这时她要探究的，不是宇宙整体的旋转，也不是大尺度上星系团的旋转，而是邻近的、单个星系的旋转。

自从罗斯伯爵在 19 世纪描绘出他的利维坦望远镜中星云那骇人的涡旋形状时，天文学家一致确信那样的星云肯定是在旋转中。

在 1920 年那场世纪大辩论中，主张星云存在于银河系之内的沙普利曾放出一个“撒手锏”：他在威尔逊山天文台的同事玛纳恩在不同时间的星云照片比较中发现了转动的迹象。如果我们在地球上能够观察到星云的转动，它们离开我们就不可能太远，否则其转动速度会超过光速。柯蒂斯无法反驳，只能祈求更多的数据。[10]190,[11]58-59,[12]157-165

哈勃通过造父变星的距离测量证实星云远在银河之外后，对玛纳恩的这个反例也一直耿耿于怀。两人为此在威尔逊山上明争暗斗了好多年。尽管哈勃的专横跋扈与玛纳恩的“温良恭俭让”令同事们多同情后者，科学还是偏向了哈勃：玛纳恩的结果不可重复，只是他自己的错觉。[12]220-224

星云——星系——的确是在转动中。它们的遥远让我们不可能在有生之年直接看到它们位置的变化。但我们还是可以通过光谱观察它们的相对运动速度①。

早在沙普利与柯蒂斯辩论时，星云光谱测量的先驱斯里弗已经发现从不同角度拍摄的星云谱线存在不同的倾角，可以证明星云在转动。他当时拥有的设备只能勉强捕捉到整个星云的光谱，无法精确到星云的内部。

20 世纪 60 年代后期到鲁宾准备再仔细观察星系旋转时，天文学家已经大致

① 拍摄太阳光谱时，可以发现太阳一侧的光有轻度红移，另一侧轻度蓝移。这说明太阳的一侧在离我们远去而另一侧在冲我们而来。这样可以测量太阳的自转。太阳的自转也可以另外通过其表面黑点的移动观测。

清楚星系的结构：它们看起来像是一个铁饼式的圆盘。中心处星光最密集，存在大量的恒星。从中心往外，星星们大致分布在一个平面上，密度越来越稀疏。到星系的外缘，星星逐渐消失。有些星系的边缘各个方向不一致，会带着一些罗斯伯爵已经描绘出的“尾巴”。

当大多数天文学家把视线集中在星系明亮的中心时，鲁宾对星系的外缘、尾巴更感兴趣。那里几乎已经不再是星系的地盘，只有极少数孤独离群的恒星在徜徉。它们如何能跟上星系的步伐？它们周围是否也依然存在星系内部特有的气体、尘埃？她在乔治城大学教书期间曾经带着研究生探讨过这个问题，但因为那里星星稀疏、光强极弱，很难获得可靠的数据。

鲁宾觉得这正是福特那根高灵敏度、高效率管子的用武之地。

图 22-2　1965 年，鲁宾（左）与福特（右）在洛威尔天文台观测

【图片来自Carnegie Institution for Science Department of Terrestrial Magnetism Archives】

1963 年，鲁宾还在乔治城大学教书时，曾有机会参观帕洛玛天文台。她发现帕洛玛、威尔逊山都没有一个女天文学家。询问时她被告知，山上只有一个厕所，没法合用。鲁宾便找来一张纸板，剪成一个穿裙子的女孩形状贴在厕所门上，宣布：问题解决了。[63]

几年后，鲁宾成为帕洛玛天文台第一位操作望远镜的女性。

不过更多的时候，鲁宾和福特是在亚利桑那州的洛威尔天文台工作（图 22-2）。在那里拍摄一辈子星云光谱的斯里弗已经退休，天文台也有了威力更大的望远镜。

他们将望远镜对准距离我们最近的仙女星系，一个点一个点地拍摄光谱、测算速度。借助于福特的管子，他们拍到了还从没有人拍出过的、星系最外缘已经看不出星光的黑暗区域的光谱，发现即使在那里，也具备着与星系内部差不多的旋转速度。[59]33-39

如果一个铁饼在旋转，它上面每个点都有相同的转动角速度。所以，转动的线速度与所在的半径成正比。铁饼外缘会跑得更快，才能在相同时间内跑完远得多的周长。

太阳系也是一个旋转的系统，但其速度分布与固体的铁饼相反。开普勒在研究行星运动规律时对他最后发现的那个第三定律最为得意：行星绕太阳公转的周期的平方与行星和太阳距离的立方成正比。这个关系很拗口。如果不拘细节的话，它说的是距离太阳越远的行星绕太阳转一圈需要花的时间越长，或者说速度越慢。

牛顿的经典力学指出，这是由引力与距离平方成反比的规律所决定的，适用于任何同样的引力系统。当人们观察到土星周围存在有“环”时，物理学家立刻就推测土星环不可能是一个整体，因为内圈与外圈的不同速度会把环撕碎。年轻时的麦克斯韦还曾经以这个题目写出论文，赢得一个科学竞赛奖。[64]

星系与太阳系又有所不同，质量并不像太阳那样集中在中心的一个点上，而是分布在大量的恒星中。但在星系的最外缘不再有恒星的地方，星系所有质量都在其半径之内，那里的旋转速度——如果依然有东西还在旋转的话——也同样会依照开普勒定律随距离减小。

鲁宾和福特的实际测量结果却与这个预期大相径庭：星系旋转的速度即使在外缘之外依然保持着恒定的数值。用牛顿的理论可以简单地推导，这意味着仙女星系的质量分布即使在星系“之外”也在与距离成正比地增长。而在那个区域，我们基本上看不到任何星星的存在。

当他们回到首都华盛顿时，鲁宾的一个老朋友听到风声赶来见面。他带来了一组他们用射电望远镜测得的结果，不仅在仙女星系的外缘与鲁宾的数据吻合，而且延伸了更远，在距离星系中心两倍远的地方仍然测到了同样的旋转速度。他们面面相觑，无法理解这是怎么一回事。[59]39-40（图 22-3）

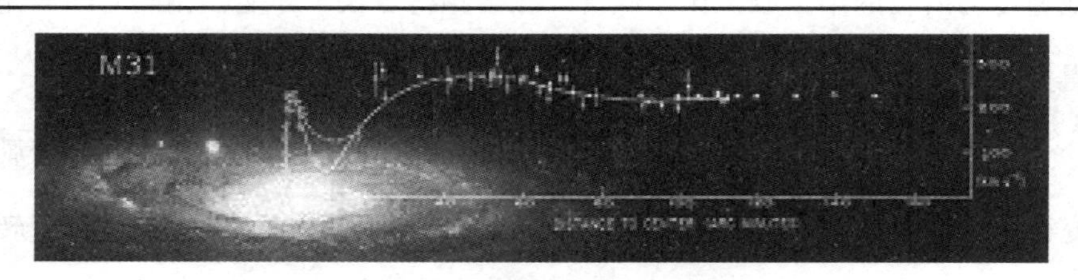

图 22–3　仙女星系与她的旋转速度

横坐标是与星系中心的距离（半径），纵坐标是当地的速度。圆形数据点来自鲁宾和福特的光学频谱测量；三角形数据点来自另外的射电信号测量。

或者我们熟悉的牛顿引力理论、动力学存在重大缺陷①，或者在这个星系的“黑暗”部分，存在着我们还没能觉察到的物质，它们的质量在维持着星系外缘的旋转速度。

1968 年 12 月，鲁宾在美国天文学会会议上公布了他们初步的数据。这一次，会场上没有人站出来反驳，却也没有人响应，因为他们展示的速度曲线实在令人难以置信。

70 多岁的著名天文学家鲁道夫·闵可夫斯基（Rudolph Minkowski）② 走上来，问鲁宾什么时候发表这个结果。鲁宾兴奋地答道：“我们现在实在太忙。”他们刚刚

① 在这个问题上广义相对论的修正并不重要。

② 他是爱因斯坦的老师、哥廷根大学数学家赫尔曼·闵可夫斯基（Hermann Minkowski）的侄子。

才测量了仙女星系的一个区域，还有很多其他的区域需要测量，还有那么多其他的星系……

闵可夫斯基却一点没有被鲁宾的热情感染。他固执地盯着她的眼睛强调："我认为你必须立即发表论文。"[65]

第23章 揭开宇宙的黑暗一面

1973年的一天，普林斯顿大学的天文学教授耶利米·奥斯特里克（Jeremiah Ostriker）走进物理学教授皮布尔斯的办公室，一脸困惑地表示他想不通银河是怎么回事。

奥斯特里克一直专注的是星球的旋转。处于高温高压气态的恒星在动力学上与一个液态的水滴相似：如果没有转动，星体会是一个标准的球形；如果在旋转的话，就会变扁。我们所在的地球因为自转也是一个扁球体：赤道处的半径稍大，两极则稍小。地球大致是固体，24小时一圈的自转也非常平缓，因而变形非常小。

奥斯特里克钻研的是白矮星、中子星这些密度很大、自转又很快的星体，对各种处于旋转状态的外形很熟悉。那天他偶然瞥见一幅银河系的图像，突然觉得很不对劲。由众多恒星组成的星系的动力学本质上也与单个的星体、水滴类似。他知道，如果一个水滴或星球已经变得非常之扁，以至于基本上是一个二维的圆盘时，其转动会非常不稳定，或者被挤成一根细棍（bar shape）状，或者干脆分崩离析。

地球处于银河之内，没有人能够从外面看到她的全貌。但在20世纪70年代，天文学家已经可以通过测量银河系内——尤其是边缘——星球的分布和速度构造出它的整体形状。与我们看到的银河之外的众多星系类似，银河像一个铁饼，中间微凸，四周则如平面的盘子，并在旋转着。(图 23-1) [①]

图 23–1 欧洲南方天文台 2009 年制作的银河“全景图”

【图片来自 ESO/S. Brunier】

奥斯特里克一眼就看出这个形状的星系最多转一两圈就会分解。然而，根据已经掌握的数据，银河自从诞生后已经至少转了十几圈。在银河之外，天上有数不清的圆盘式星系。有些星系的中心的确有细棍的形状，但都很小，与整个星系相比微不足道。其他星系则干脆没有一点细棍的迹象，是相当标准的椭圆。它们都存在得好好的并旋转着。

皮布尔斯听后很感兴趣。他在洛斯阿拉莫斯编写的用来模拟大型星系团的小程序在这几年中已经在他和几位研究生手中有了很大长进，模拟的数据点从区区 300 个增加到 2000 个。原来那每一个点代表着一个星系，因此整体地构成星系团。现在他很方便地把每个点改为代表一个恒星，这样就有了一个星系模型。

① 这个总体形状与 18 世纪赫歇尔（图 3-3）、20 世纪初爱丁顿（图 7-1）所描绘的相差并不大。

他把群星的初始位置设为一个平面的圆盘状，再给每颗星以合适的速度让整个星系旋转起来。然后，他们俩便盯着计算机的打卡输出查看结果。

图 23-2 尼泊尔喜马拉雅山区的一次日晕景象

【图片来自 wikimedia：Anton Yankovyi/CC BY-SA】

果然，程序没运行多久他们就看到代表星球的点四处乱跑，无法保持圆盘形状。两个年轻教授费尽心思，像程序员一样调试各种可能的变化条件，竭力让星系能稳定地旋转。最后，他们终于找到了一个诀窍：在平面的星系外再加上一个有质量的圆球壳，为中间的星系提供附加的引力。有了这么一层壳，他们的模型星系就进入了稳定的旋转状态。

他们把这个凭空添加的球壳叫作"晕轮"（halo）。因为它很像在地球上常见的"日晕""月晕"现象：太阳或月亮的外围似乎被笼罩上一圈光亮的圆轮。[59]47-49,[66]187-193（图 23-2）

当然，日晕、月晕只是地球上看到的自然现象，是地球大气层中的冰晶对光线折射的结果。并不是太阳或月亮周围突然出现了新的光源。皮布尔斯和奥斯特里克在模型中引入的晕轮却必须是"实在"的，因为正是晕轮中的质量与星系质量之间的引力作用在维持星系的稳定。而且，晕轮中的质量也非同小可：它们至少需要与已知的星系的总质量相当，甚至更大。

问题是，所有天文观测中，没有任何直接证据表明星系周围存在着球形的质量分布。除非，鲁宾和福特等人发现的仙女星系旋转速度之谜可以用来作为一个证据：晕轮中存在的“额外”质量正好可以解释星系外围的旋转速度。

他们俩发表了这一模拟结果之后，再接再厉带上一位博士后对那时估算宇宙质量的方法、结果做了一番系统的普查，在 1974 年又发表了一篇题为《星系的大小和质量以及宇宙的质量》（*The Size and Mass of Galaxies, and the Mass of the Universe*）的论文。

文章开篇第一句颇有点石破天惊：“目前在数量和质量上都有越来越充分的理由相信星系的质量被低估为实际的 1/10 或更多。由于宇宙的平均密度来自观测到的星系密度乘以星系的平均质量，整个宇宙的平均质量密度也因此被同样地低估了。”

也就是说，宇宙中我们不知道的质量不只有晕轮中的额外质量，而且还要多得多，多达已知质量的 10 倍以上。

论文发表后，天文界舆论大哗。这个奇葩的观点不仅被认为是天方夜谭，甚至被作为伪科学批驳。从古希腊到今天，一代又一代仰望星空的天文学家把视野越扩越广、越伸越远，终于在 20 世纪末看到了宇宙的开端和全貌。奥斯特里克和皮布尔斯却在此时当头棒喝：且慢，你们所看到的不过是宇宙的皮毛——不到 1/10 的皮毛。宇宙中还存在着更多更多的物质，你们却一无所知。

这如何可能？

1976 年 4 月，奥斯特里克应邀在美国科学院年会上介绍宇宙学的最新进展。他讲解了宇宙的质量之谜，包括仙女星系的旋转。之后，一个老人在走廊里把他叫住，要跟他聊一聊。

对方自我介绍之后，奥斯特里克才知道那位是天文界前辈霍勒斯 · 巴布科克（Horace Babcock）。他其实也还没那么老，当时 63 岁。年轻时，巴布科克作为加州大学伯克利分校（以下简称伯克利）的研究生曾经在威尔逊山用胡克望远镜观测过仙女星系的旋转速度。他那时已经发现星系内接近边缘地方的速度比中心大，说明星系外围的质量比我们看到的要多得多。巴布科克当时认为这可能是星系中尘埃对光的散射相当强，所以我们看到星系外围的光强比实际的弱很多，因而低估了那里恒星的密度。

巴布科克给奥斯特里克看了他怀里抱着的又大又厚的博士学位论文，里面记载了仙女星系旋转的最早数据。那是他在 1937 年的努力，已经完全被历史遗忘。奥斯特里克正是那年出生的。他对此一无所知，只能一连声地为在演讲和论文中没能引述前辈的成果道歉。[66]181-183

图 23-3　天文学奇人兹威基

即使早在 20 世纪 30 年代，巴布科克也不是最先觉察到宇宙中可能存在质量异常的。他在威尔逊山天文台上的同事弗里茨 · 兹威基（Fritz Zwicky）（图 23-3）的态度更为尖锐、明朗。

兹威基出生于保加利亚，但父母都是瑞士人。1922 年，他在爱因斯坦的母校、瑞士的苏黎世联邦理工学院获得物理学博士学位之后，远渡重洋来到美国的加州理工学院，在那里度过了他的整个学术生涯。与理论界的伽莫夫类似，他在天文学界中是出名的头脑极度聪明、富有怪点子却又性格乖戾、脾气暴躁的角色。因为他与同行关系紧张，他总爱说大多数天文学家都是“球形的混蛋”（spherical bastards）。他这个球形不是出于模型简化的需要，而是因为——他解释道——无论从哪个角度

看，他们都是同样的混蛋。[27]144-147,[67]22-25

威尔逊山上的哈勃自然是那群混蛋之一。因为哈勃的专制，兹威基没有使用胡克望远镜的资格。在哈勃和胡马森将人类的视野推向宇宙深处的同时，兹威基只能用另外口径小一半的望远镜观测距离比较近的星系。但他也从中看出了蹊跷。

那时已经有一些人相信宇宙中星系的分布不是均匀的或随机的，而是存在大尺度上的结构。兹威基是其中最热忱的一个。他花了很多时间观测一个叫作“昏迷星团”（Coma Cluster）的大团伙，仔细研究其中星系的速度分布。

他的方法与 30 年后的鲁宾相似：先将各星系的速度随宇宙膨胀的部分剔除，再看剩余的成分。当然，他不是要寻找宇宙的旋转。在他看来，那些剩余的速度是星系在星系团中的随机“热运动”。从这些速度中他计算出星系的平均动能。同时，根据星系的质量和距离，他也可以估算它们之间引力作用的平均势能。这两者应该大致相等，否则系统不会稳定。①

他得到的数据却与这个预期完全不符：星系团中星系的平均动能远远大于平均势能。这样的话，这些星系的相对速度太大，互相之间的引力不足以约束它们。星系应该彼此飞散，无法维持星系团的结构。

兹威基大胆地提出，昏迷星团以及其他星系团之所以能够保持稳定，是因为它们之中还存在有我们没观察到的物质。那些物质的质量提供了额外的引力势能，避免了星系的分离。因为我们看不到那部分物质所发的光，他把它们叫作“暗物质”（dark matter）。[67]25-33

在那个年代，大尺度的星系团是否是真实的存在尚无定论。兹威基的数据

① 在热力学中，这是一个普适的“维里定理”（Virial theorem）。

分析的可靠性也与后来的鲁宾一样未被信任。加上他本人不合群等诸多因素，他提出的暗物质概念与巴布科克发现的仙女星系旋转速度异常一样，在其后的几十年中逐渐被天文界主流遗忘。

直到20世纪70年代，鲁宾和福特、奥斯特里克和皮布尔斯由不同途径重新发现这个宇宙中的惊天之谜。

1974年，就在奥斯特里克和皮布尔斯第二篇论文发表的几个月前，苏联爱沙尼亚①天文台的3位天文学家发表了一份内容非常相似的论文。

这两篇互相不知情的论文都综述了天文学界测量、估算星系质量的各种方法，指出其中可能低估质量的因素，以及那些表明宇宙质量被严重低估的“越来越充分”的证据。他们还不约而同地提出一个新的论据。

在20世纪70年代初，天文学界已经倾向于同意宇宙在几何上是平坦的②。但苏联的那3位作者和美国的奥斯特里克和皮布尔斯都发现，如果具体地计算当时所知的宇宙质量密度与广义相对论的临界密度之比（Ω），会得出大约为0.2的数值。这与平坦宇宙所要求的Ω等于1相差还比较远。[66]187-193

而如果假设宇宙的质量被严重低估，其未知的质量比已知的还要多10倍的话，那么Ω便会更接近于1。

他们都没有使用兹威基的暗物质一词来描述这部分未知的质量。其实，宇宙中可能存在我们不知道的物体在天文学历史上司空见惯。传统上，它们被称作“迷失物质”（missing matter）。

① 1991年苏联解体后成为独立国家。

② 虽然那时狄克尚未系统地提出这个平坦性是大爆炸理论的一个重大缺陷，从而催生了古斯的暴胀理论。

在 19 世纪，当人们观察到天王星的运行轨道与预期有差异时，他们并没有立刻质疑牛顿的理论，而是推测那是出于另一颗尚未被发现的行星的引力干扰。后来那颗行星——海王星——果然在理论预测的位置被发现，凸显了经典力学的辉煌。后来，水星的近日点进动也被发现异常，人们同样把它归咎为一颗未发现的行星，并预先命名为“祝融星”（Vulcan）。不过，这一次却真的是牛顿的经典力学有差错，需要爱因斯坦的广义相对论才得以完满地解释。太阳系中并不存在也不需要那个迷失的祝融。

所以，在 1974 年，这几位天文学家所指出的只是宇宙中还有更多的迷失物质。他们的论点之所以惊人，是因为迷失的数量实在太大。

奥斯特里克和皮布尔斯的论文在论及仙女星系的旋转速度问题时只提及射电信号测量的数据。他们不仅不知道巴布科克的早期数据，也没有引用鲁宾和福特更近期的结果。

即便如此，当鲁宾读到论文的第一句时便忍不住击节叫好。她听从了闵可夫斯基的忠告，在 1970 年就与福特一起发表了她们测量的仙女星云初步数据。不料，这个结果却未能引起预期的反响，甚至没能引起奥斯特里克和皮布尔斯的注意。但她对这两位年轻人在论文中直言不讳地道出宇宙中存在着大量未知质量的勇气大为赞赏。

鲁宾这时候也已经把视线再度转向大尺度的星系团。她和福特拍摄了大量星系的光谱照片，发现了一个奇异的现象：一些星系团在集体向某一个特定的方位漂移——似乎那里有更集中的“迷失质量”在吸引着它们。这个被称为“鲁宾–福特效应”（Rubin–Ford effect）的现象倒是在天文界引起轰动，争论莫衷一是。

在跟踪这些星系团的同时，鲁宾和福特也积累了大量星系内部的光谱。20

世纪 70 年代进入尾声时，他们相继发表了 20 多个星系的旋转数据。它们都呈现出与仙女星系一致的曲线：在远离星系中心的外缘，星系的旋转速度没有下降。[59]50-54

随着鲁宾和福特越来越多数据的发表，暗物质这个被遗弃的名称开始重新浮出水面。及至 70 年代末，天文学界已经普遍接受了这一新的现实：宇宙中有未知的物质存在，它们远远多于我们所能看到的部分。

伽利略在 17 世纪初从自制的望远镜中看到人类肉眼从未见识到的、不可思议之多的繁星，为人类打开了新的视野：宇宙比当时所想象的更为宏大、更为深远。发光的星体比当时所知的更为丰富、更为璀璨。

而在 20 世纪，天文学家的宇宙观在毫无思想准备之下经历了一场相似的震撼。在这个明亮的宇宙之中，还存在着一个未知的、看不见摸不着的、由暗物质组成的神秘世界。在一代又一代人孜孜不倦地完善越来越强大的望远镜，寻觅、收集宇宙深处、更深处那越来越微弱的星光时，他们没有意识到宇宙的奥秘也许并不尽在那光影之中，而更可能在其黑暗的另一面。

第 24 章
胆小鬼和猛男

1981 年 8 月 19 日，美国民歌搭档保罗·西蒙（Paul Simon）和阿特·加芬克尔（Art Garfunkel）在纽约市的中央公园举办了一场免费的公益演唱会，现场有 50 多万观众共襄盛举。那晚的压轴表演自然是他们十多年前创作的《寂静之声》（*The Sound of Silence*）："哈罗，黑暗，我的老朋友。我又来与你交谈啦……"

在那个年代，天文学家已经很不情愿地接受了暗物质，因为有越来越多的证据表明其存在。只是这个素未谋面的老朋友依然隐藏在黑暗之中，无从交谈。

兹威基之所以把他发现的"迷失物质"叫作暗物质，是因为它不发光，所以我们无法看见。在他的时代，借助望远镜用眼睛、相片看天体是天文观测的主要手段。20 世纪 70 年代的天文学家已经有了射电、微波、红外等不同电磁波段的探测途径，但他们仍然无法找到暗物质的踪影：暗物质不仅不发出可见光，而且没有发出任何电磁辐射。

当然，宇宙中有很多自己不发光的星体，比如地球在太阳系中的邻居月亮、行星、卫星等。我们能够看到它们，只是因为它们反射了太阳光。

宇宙中也有完全不反射电磁波的星体，那就是黑洞。因为黑洞自身的引力非常大，即使以光速传播的电磁波也无法逃逸，完全被黑洞吸收而没有反射。

除了邻近高速气体所发出的光[①]，黑洞的所在是一片漆黑。因为黑洞不仅完全吸收了它周围的光，也吸收了来自它身后的星光。我们看不到它的背后。

与鲁宾和福特所测量的那些星系一样，我们的银河系周围也充斥着暗物质。但我们既没有看到近处暗物质的反光，也没有被暗物质遮天蔽日而看不到远方的群星。我们压根无法察觉到暗物质的存在。

所以暗物质这个名字并不贴切。它不是因为吸收了外来的光而显得黑暗。恰恰相反，暗物质对光或电磁波完全透明，既不发射、反射、吸收，也不会居中遮挡。如果我们正对着暗物质，会清清楚楚地看到其背后的星光，仿佛暗物质穿着科幻小说中的隐身衣。事实上，世世代代的天文学家正是这样凝望着远方的星系，而对星系与地球之间的暗物质视而不见。

当爱丁顿第一次听到量子力学中诡异的不确定性原理时，曾无可奈何地评论道："某种未知的东西正在做着我们不知道的事。"[②]他那时候还不知道暗物质，但这句话用在暗物质上更为贴切。

苏联的泽尔多维奇几乎立刻就意识到在基本粒子世界里有现成的不参与电磁作用，因而完全"透明"的粒子，那就是中微子。

还是在20世纪初，物理学家通过放射性衰变认识原子核内部的成分和结构时，他们对β衰变尤其头疼。β衰变时原子核内跑出来一个本不该有的电子，而且那个过程中似乎能量、动量、角动量都不守恒，违反了物理规律。沃尔夫冈·泡利（Wolfgang Pauli）在1930年别出心裁地提出这个过程中可能还有一个未被觉

① 2019年4月，天文学家采用大量望远镜协同观测、大数据分析的手段成功地合成了一张黑洞邻近气体的"照片"，是迄今为止最接近"看到黑洞"的图像。这一新闻当时曾被广泛报道。

② Something unknown is doing we don't know what.

察的“幽灵”粒子偷偷地带走了剩余的能量、动量和角动量。因为那粒子不带电，他当时把它命名为“中子”。

那时，物理学家也在原子核碰撞试验中发现有不明的中性粒子出现。1930 年刚到德国留学的中国研究生王淦昌向导师、著名核物理学家莉泽·迈特纳(Lise Meitner ）提议用云室探测该粒子，未被采纳。不久，英国的詹姆斯 · 查德威克（ James Chadwick ）在 1932 年用类似的手段发现了中子。

中子的发现是核物理研究的一个里程碑，查德威克因此获得了 1935 年的诺贝尔物理学奖。在那之后，人们知道原子核由带正电的质子和不带电的中子组成。β 衰变是一个中子转化成质子的过程，同时释放出一个电子，外加泡利假想的粒子。但那个幽灵不是中子，因为它的质量比中子小得多。它遂被“降级”为中微子[①]。只是它的存在与否依然是个谜。

因为中微子不参与电磁作用，所以它在离开原子核后会无拘无束，不再与世间任何物质发生纠葛，可以轻易地穿过整个地球而不为人所知，也因此几乎无法探测。

王淦昌在 1933 年年底获得博士学位，1934 年 4 月回国任教。1941 年时他已经是浙江大学的教授，正随着该校师生在日渐深入的日本侵略军前不停地搬迁、逃难。在那种环境下，他依然写就一篇题为《一个探测中微子的建议》(*A Suggestion on the Detection of the Neutrino* ）的论文，发表于次年美国的《物理评论》。他的提议唤醒了美国物理学家探测中微子的兴趣，立刻就有人按照他的设计做了实验，但没有成功。战乱中的王淦昌在 20 世纪 40 年代连续在英国《自然》杂志上发表多篇学术论文，并在 1947 年再度在《物理评论》上发文，提出探测

---

① 意大利语中的“微小的中子”。

中微子的几个新方法。[68-69]

王淦昌的想法主要是通过测量不同元素的原子核在β衰变时的反弹，由此推断逸出的中微子的轨迹。那是间接发现中微子存在的办法。1956年，曾经在“二战”中参与原子弹研制的美国核物理专家克莱德·科温（Clyde Cowan）和弗雷德里克·莱因斯（Frederick Reines）用更直接的方式终于证实了中微子的存在：他们让从核反应堆中出来的中微子与质子碰撞，产生出中子和正电子并捕捉到其后的特征γ射线辐射。这个过程利用了中微子会参与弱相互作用的特性，是β衰变的逆向。

泡利在提出他的假说时没敢正式发表，只是用书信的形式告知同行。他私下对好朋友巴德承认：“今天我做了一件理论物理学家一辈子都绝对不该做的事——我预言了一个永远不可能被实验证实的东西！”巴德却颇为乐观，与泡利打赌中微子会被实验探测到。后来泡利认赌服输，给巴德送去了一箱香槟酒。莱因斯提起这事就暴跳如雷。因为那些酒被欢庆的理论家们喝光了，他和科温一滴都没能沾上。[70] 40年后，莱因斯获得1995年诺贝尔物理学奖。那时科温已经去世，无法分享殊荣。

在我们的身边——甚至身体之中——也许正有着中微子在幽灵般地通过，我们却浑然不知。正因为如此，泽尔多维奇把它作为暗物质的首选。

天文学家虽然对暗物质基本一无所知，却至少能肯定一点：暗物质有质量，参与引力作用。正是它们提供的引力维系了旋转星系的稳定和速度分布，它们的质量也为宇宙的平坦做出不可或缺的贡献。

中微子被确定存在之后，它是否有质量却一直是个谜。因为中微子太难捕捉，无法确定其轨迹。它很可能与光子一样，是一个没有质量的粒子。而即使有质量，也会名副其实：其质量微乎其微，没有仪器能够测量得出来。泽尔多维奇只希望中微子能有一点点质量，无论多小。只要宇宙中存在有大量的中微子，其总和也就能解释暗物质的存在。于是，中微子的质量问题一度成为粒子物理学的大热点，尤其是在以苏联为统领的东方阵营。

1980 年 5 月，苏联和美国都有人宣布了中微子有质量的证据。那时粒子物理学家已经知道，中微子其实有 3 种不同的类型。一个中微子可以在不同类型间转换，叫作“中微子振荡”（neutrino oscillation）。由于发生这种振荡的前提条件是中微子有质量，这个振荡现象便成为中微子有质量的信号。美国的实验还是出自莱因斯，他发现了中微子振荡的迹象。①

虽然仍然不知道中微子质量有多大，但这个消息仍让泽尔多维奇等人欢欣鼓舞，仿佛就此解决了暗物质大难题。[71]316-321

皮布尔斯却大不以为然。

如果中微子没有质量，它会像光子一样以光速运动。即使中微子有质量，因为其质量之微小，它的速度也会非常接近光速。这样的粒子可以在宇宙空间中纵横驰骋，却无法被星系物质的引力束缚，构成星系旋转所需要的晕轮。要解释星系周围晕轮状分布的暗物质，中微子肯定不合适。那应该是与光速相比基本静止的物体或粒子。

因为热力学中速度快意味着动能大、温度高，中微子式的暗物质被称作“热暗物质”（hot dark matter）。与其相对，质量大、速度慢的未知物体便叫作“冷暗物质”（cold dark matter）。于是，物理学家不得不为他们这位黑暗中老朋友的

---

① 中微子振荡的问题直到后来的世纪之交才最后被证实。日本人梶田隆章（Takaaki Kajita）和加拿大人亚瑟·麦克唐纳（Arthur McDonald）因为他们各自的实验获得 2015 年诺贝尔物理学奖。

冷暖关怀备至。

皮布尔斯坚持冷暗物质。除了晕轮这个尚未被证实的概念之外，他还有另外的理由，那就是他一直倾心研究的宇宙大尺度结构。

当沙普利在1952年退休时，他曾志得意满地估算当时美国天文学的博士学位足足有一半是由他在哈佛大学的30多年中培养而出。遗憾的是，哈佛天文台的辉煌也在那时随着时代的变迁而结束。天文观测的圣地移向美国西部，由威尔逊山、帕洛玛山等大型高山天文台抢尽风头。1973年，哈佛天文台与邻近的史密森尼天文台合并，成立了今天的哈佛 - 史密森尼天体物理中心。虽然名字很响亮，却再难吸引到首屈一指的教授。

20世纪70年代后期，这个中心的几个年轻博士后、研究生自己动手，利用当时的新技术组装出先进的测量仪器，可以用不是很大的望远镜同时拍摄大范围的星光光谱。他们由此开始了一个大规模的光谱红移普查（CfA Redshift Survey），试图覆盖整个宇宙。

在用计算机程序分析收集来的大量数据之后，他们发现宇宙的组成不仅超越自己的想象，也比皮布尔斯早先的分析更为复杂。在已知的星系团之外，他们发现还有更大的“超星系团”（supercluster）。无论在多大的尺度上，星体都没有呈现出均匀或随机的分布，而是聚集成尺度越来越大、形状各异的“纤维状结构”（filament）。在这些结构之间则是空无一物的“空洞”（void）区域。

1989年，这个团队还发现了一个巨大的纤维状结构，看起来像一个超级板块：长5亿～7亿光年、宽2亿光年、厚1600万光年。他们干脆把它命名为“长城”（Great Wall）。[71]290-300,347-358（图24-1）

在哈佛大学之外，也有另外的团队在进行类似的工作，在超大尺度上描绘、

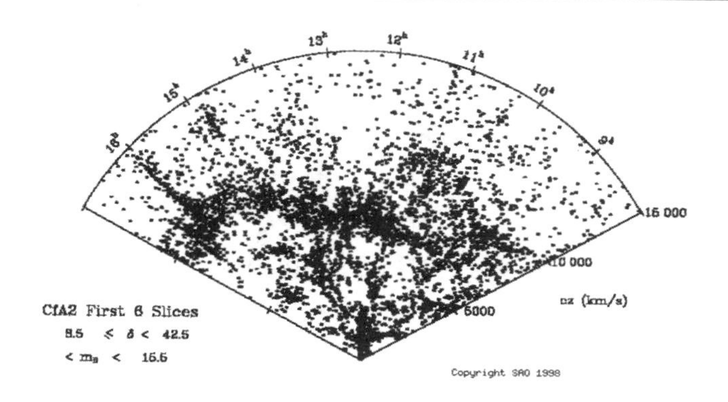

图 24–1　哈佛 – 史密森尼天体物理中心发表的“宇宙一角”大尺度分布图之一

可以看出物质分布的“纤维状结构”和其间的“空洞”区域。中间横贯的那一长条便是“长城”。

【图片来自 Smithsonian Astrophysical Observatory】

记录宇宙的真面目。随着数据的积累，他们不仅能够看到宇宙的全貌，更可以追溯这些大尺度结构的演变：因为光传播所需要的时间，距离我们越远的结构形成得越早，越接近宇宙之初。由远而近地观察星体分布的变化，我们便可以在重放宇宙大尺度结构的形成、演变过程。

皮布尔斯明白，暗物质在宇宙大爆炸之初是热还是冷，在这一演变上会出现天壤之别。在 1982 年纳菲尔德会议之后，天文学家已经有了共识：暴胀结束时的宇宙会因为量子力学的随机涨落而带有不均匀性。如果那时候的宇宙中充满了热暗物质，它们会以接近光速的速度到处流窜，很快将这些细微的不均匀性抹平。宇宙随后的结构只能是先形成尺度非常大的板块，然后逐步分裂成为今天的星系。反之，如果暴胀之后的宇宙更多的是冷暗物质，它们没有能力四处奔跑，则只能各自随着当地的不均匀而聚集。它们的引力又吸引常规物质来集结而形成最早期的小星系，然后逐渐积累、长大而成为今天的星系、星系团、超星系团、纤维状结构等。

也就是说，热暗物质的宇宙中的结构是自大而小地分裂而成，而冷暗物质的宇宙中的结构是自小而大地堆积而成。这两个截然相反的演变历程可以通过哈佛等团队的数据直接检验。由此，冷暗物质的理论很快取代中微子占据了上风。[59]189-190

然而，如果已知的不参与电磁相互作用的中微子不是暗物质的首选，那暗物质又是什么呢？

根据在20世纪70年代已经成熟的基本粒子标准模型，质量大的粒子是由夸克组成：有3个夸克组成的“重子”，也有一个夸克和一个反夸克组成的“介子”。它们合称为“强子”。因为夸克带有电荷，强子都会参与电磁作用，即使是总电荷为零的中子。它们都不会是暗物质。

于是，在高能物理学界插手宇宙学，发明大爆炸、暴胀等新理论之后，宇宙学反过来为高能物理出了个新难题：你们能有不参与电磁作用的重粒子吗？

大统一理论的先驱谢尔顿·格拉肖（Sheldon Glashow）毫不含糊：我们做粒子理论的，可以随意编造出各种粒子来。即使要填满整个宇宙也不在话下。[71]338-339

格拉肖的豪迈有着悠久的传统。早在1928年，狄拉克在统一量子力学和狭义相对论时曾发现他的新方程有着不符合物理规律的解。他没有怀疑自己的理论，反而预言物理世界中存在着有悖情理的“反粒子”，后来居然被证实。

格拉肖、温伯格等统一弱电相互作用时，也理所当然地引入了当时不存在的“中间玻色子”。它们在20世纪80年代初被实验发现。因此，理论家可以近乎随意地发明新的粒子，然后坐等实验团队在越来越强大的高能对撞机中找到它们的踪影。在规范场论中举足轻重的希格斯粒子更是著名的一例：它在1964年便被理论家预言，直到 2012 年才被实验证实。而曾经让古斯和戴自海绞尽脑汁的磁单极至今仍然是一个只在理论中存在的粒子。

恰恰在 70 年代后期，理论物理学家为了解释一个特定的对称破缺机制发明了一个名叫“轴子”（axion）的新粒子。于是，这个迄今尚无踪影的轴子便立刻成为暗物质的候选之一。[71]185,192

不过更多的人热衷于一个“超对称”（supersymmetry）理论。我们认识的基本粒子根据本身的对称性分为两大类：玻色子和费米子。超对称理论认为这两种粒子之间也存在对称性：每个玻色子有一个对应的费米子；每个费米子也有一个对应的玻色子。只是这个对称性在宇宙初期很早就破缺了，所以我们今天只看到剩下的一半。也许，那另一半还在以某种未知形式在宇宙中幽灵般地存在着：暗物质。

比如，中微子所对应的是“超中性子”（neutralino）。它的物理性质与中微子类似，但质量大得多。如果中微子是可能的热暗物质，那么超中性子正好可以是冷暗物质。

至于我们为什么还从没见过这些粒子，理论家有一个现成的回应：因为它们的质量太大，现有的加速器没有足够的能量通过碰撞产生它们。还需要修建更大、更威武的加速器、对撞机。

理论家的天花乱坠让天文学家莫衷一是，他们恨不能干脆把所有这些莫名其妙的粒子全叫作“暗子”（darkon）。芝加哥大学的迈克尔·特纳（Michael Turner）编造出一个新名字：“大质量弱相互作用粒子”（weakly interacting massive particles），精确地描述了作为冷暗物质的粒子的特性：既有较大的质量又只参与弱相互作用。不过，他醉翁之意不在酒，这个又长又拗口的名字有一个简单上口的英文缩写："WIMP"，也就是"胆小鬼"。[71]341

既然你说宇宙中可能存在胆小鬼，好事的天文学家争辩道，那也可以有"猛男"（MACHO）。这也是一个缩写，来自一个为与"胆小鬼"针锋相对而生造出的新名字："大质量致密晕轮天体"（massive compact halo object）。与胆小鬼不同，这个名字强调的不是"粒子"，而是"晕轮"。它猜测宇宙中可能有某种未知的天体分布在星系周围，形成奥斯特里克和皮布尔斯发现的晕轮。它们才会是真正的暗物质。

暗物质究竟是"胆小鬼"还是"猛男"，抑或是另外某些应景而生的新玩意，这成为 20 世纪末天文学家和物理学家所面临的新挑战。而且，他们不仅需要探索暗物质是什么，还需要从头开始审视整个宇宙理论。

因为此前的宇宙模型，都没有包括暗物质的贡献、影响。

第 25 章
新生宇宙的第一张照片

1964 年，当狄克准备探索宇宙中的微波背景辐射时，他一边让皮布尔斯做理论上的推导，一边安排两位研究生彼得·罗尔（Peter Roll）和戴维·威尔金森（David Wilkinson）进行实际的测量。当狄克接到那个改变命运的电话时，他们已经在实验室的楼顶上建好了微波天线，基本准备就绪。

彭齐亚斯和威尔逊在贝尔实验室的那个天线原来是为了微波通信设计的，只接收一个选定频率上的信号。虽然只是单一的频率点，他们收到的信号也已经足够让狄克和皮布尔斯肯定那就是他们想找的宇宙背景辐射。因为这个信号具备各个方向都没有区别——各向同性——的特征，并且通过信号强度估算的辐射温度与他们的理论模型相符。

这个估算的原理来自 19 世纪的基尔霍夫。他发现物体发光的颜色与其温度紧密相关。温度比较低的看起来呈红色，高温物体则有更醒目的蓝色、紫色。这就是打铁、烧窑工匠通过“看火色”来判断温度的科学根据。当然，物体所发的光并不是单一色调，而是含有各种颜色，只是相对强度不同。看到发红或发蓝是因为它在红光或蓝光的频率上光强最大。基尔霍夫发现，把物体发光的强度依照频率画出来会是一条连续的曲线，这便是该物体在那个温度上的光谱。所呈现的颜色对应于曲线峰值所在的频率。

基尔霍夫在 1862 年还提出，如果设想物体能完全吸收外来的光、没有一点反射，而物体又是以与周围环境处于完全热平衡的方式发光，那么其光谱完全由它的温度决定，与物体的形状、材质等因素无关。因为这个理想化的模型完全吸收外来的光，所以他把它叫作“黑体”[①]。

黑体也是理论物理中“球形奶牛”式的简化，在现实中并不存在。实验物理学家只能用某些特殊情形——比如口子很小的火炉——来近似。而理论家则可以由此进行便利的计算。因为麦克斯韦发现光是电磁波，所以他们可以用他的电磁理论结合热力学来严格推导这个理想情形的光谱曲线。不料，这个看起来简单的问题在世纪之交却遭遇了巨大的麻烦：理论上的黑体辐射在频率较高时会趋向无穷大，这显然不切实际。这就是颠覆经典物理的所谓“紫外灾难”（ultraviolet catastrophe）。为了绕开这个困难，德国的马克斯·普朗克（Max Planck）不得不发明“能量子”新概念，从而几乎是无意之中催生了 20 世纪初的量子力学革命。

无论是伽莫夫、阿尔弗、赫尔曼还是后来的狄克、皮布尔斯，他们都意识到如果宇宙来自一个很小的“宇宙蛋”，那个“蛋”就应该是理想的黑体——因为那已经是宇宙的全部，不存在外来的影响。如果我们能够看到整个宇宙的光，它应该具备标准的黑体辐射光谱。

宇宙在大爆炸发生的 38 万年之后才有了第一缕光。在其后的十多亿年里，这些光的温度逐渐冷却，成为今天微波频段的背景辐射。好在黑体辐射的理论是普适的，并不局限于可见光。随着温度的降低，黑体辐射的谱线也整体向微波频率移动。只是它不再是“光”谱，而是更广义的频谱。

---

① 黑体与后来的黑洞是两个不同的概念。

如果假设这个背景辐射来自一个标准的黑体，那么即使彭齐亚斯和威尔逊只测到了一个频率上的强度，也能大致估算辐射的温度。当然这个前提还只是一个假设。他们这个意外的发现是不是真的属于宇宙大爆炸所留下的遗迹，还需要一个明确的检验标准：看它是否符合理想黑体的频谱。

几个月后，罗尔和威尔金森用他们自己的天线在另一个频率上测量到了微波辐射，独立地验证了彭齐亚斯和威尔逊的结果。后者自然也放弃了他们要普查银河系的初衷，专心探究这个背景辐射。在改装了天线之后，他们又测到第三个频率上的信号。

一切都很顺利。这 3 个不同频率点的结果大致符合理想黑体辐射的预期。只是这 3 个点都集中在微波频率比较低的区域，并不能反映曲线的全貌。再继续下去困难就大了。因为高频率的微波太容易被水分子吸收①，无法穿透地球的大气层。

1973 年，在麻省理工学院潜心发明探测引力波的干涉仪的年轻教授雷纳·韦斯（Rainer Weiss）②忙里偷闲，用改造的巨大军用气球将微波天线升到大气稀薄的高空，测到了背景辐射曲线高峰附近的第一个数据点。

后来，更多的物理学家加入了这场挑战。他们运用气球、火箭等各种工具突破大气层。伯克利的年轻博士后乔治·斯穆特（George Smoot）甚至动用了美国空军最宝贝的 U-2 高空侦察机。但他们都发现这样的测量在仪器、操作方面困难重重，结果的可靠性一直不尽如人意。[36]70-73

约翰·马瑟（John Mather）当时也在伯克利，是另一个研究组的研究生。

① 这正是微波炉的工作原理。

② 关于韦斯发明引力波干涉仪的故事，参看《捕捉引力波背后的故事》[28]，第 4 章。

他在参加了高空气球的测量后很是心灰意冷，觉得这个方向没有前途。博士毕业后，他来到纽约市，在哥伦比亚大学的一个航天研究所做博士后。[①] 正当马瑟忙于寻找新的课题时，他的导师看到美国航天局的一个广告，征求利用人造卫星进行科学实验的新建议，就鼓励他去试一试。如果能把微波探测器安装到卫星上去测量，那么就可以完全不受地球大气层的干扰。

马瑟和斯穆特各自送交了提案。虽然他们都是初出茅庐、名不见经传的小青年，但是他们的提议在几千份申请中脱颖而出，引起了航天局的注意。航天局组织了一个由韦斯担任主席的委员会，进行可行性论证。

1982 年，美国航天局批准了这个项目。他们将马瑟、斯穆特和另一个人的提案合并，建造一个携带 3 种不同测量仪器的卫星，同时对宇宙微波背景辐射进行 3 种不同方式的测量。这个计划被命名为“宇宙背景探索者”（Cosmic Background Explorer，COBE），即“科比”。[36]78-80,[66]164-165

那一年，霍金、古斯等人正在剑桥的纳斯菲尔德会议上从理论上论证了宇宙背景辐射中应该存在有微小的不均匀。他们还悲观地预计在有生之年不可能看到现实的证据。

“科比”颇有点生不逢时。最初的计划是用大型运载火箭将卫星直接送上所需要的高轨道。但在 20 世纪 80 年代，美国航天业奉行以航天飞机为主的方针。于是他们安排让“科比”坐航天飞机，待在航天飞机的低轨道释放后再用自己附加的推进器升入高轨道。等到“科比”被改装完毕、一切就绪时，1986 年 1 月 28 日“挑战者”（Challenger）号航天飞机在升空时发生爆炸事故，美国航天界蒙

---

① 那个研究所在街口的一座大楼上，底层是一间招牌醒目的小饭馆，后来因为在电视剧《宋飞传》（*Seinfeld*）中作为主要场景而闻名于世。

受重大损失。在航天飞机全面停飞后，他们不得不再次改建“科比”，终于在 1989 年 11 月 18 日用重量级的三角洲火箭（Delta）将它送入轨道。作为宇宙大爆炸理论的创始人，阿尔弗和赫尔曼应邀观摩了这次发射。[31]203-204,[36]81

1990 年 1 月，美国天文学会在首都华盛顿郊区举行第 175 届年会。13 日的日程包括那刚刚升空不到两个月的“科比”的进展汇报。下午 2 点，马瑟最后一个走上讲台，开始他那限时只有 10 分钟的报告。他介绍了“科比”卫星入轨后的仪器调试，告诉大家一切正常，大概要一两年后才会有全面的数据……就在他准备结束之时，他似乎灵机一动，说道：“其实现在也可以让你们先看看我们已经有的一点初始数据。”说着，他从文件夹里取出一张透明胶片，不经意地放置到投影仪上。

大会场里坐着大约 1000 名天文学家，他们对马瑟例行公事的汇报并没有怎么留神。直到马瑟的图片出现在巨大屏幕上时，会场四处才开始传出叽叽喳喳的交头接耳声。随后，有人稀稀拉拉地鼓掌。不一会儿，全场集体起立，欢声雷动。

除了马瑟和他的合作者外，没有人看到过这张图片，没有人哪怕事先得到过只言片语的提示。他们都在毫无思想准备的情况下突然面对着一个历史性的突破。[31]204,[36]81-83,[66]165（图 25-1）

马瑟展示的是一个非常简单的图：一条光滑的曲线上布满了密密麻麻的小方块。会场上的科学家不需要任何解释就立刻领悟了个中含义：那条曲线就是理想黑体的辐射频谱。它来自 130 年前基尔霍夫的创见，综合着 100 多年经典热力学和电磁学的理论，更蕴含了 90 年前普朗克的量子新思维。

而那些小方块则是“科比”测量出的宇宙微波背景辐射数据。它们一个个中规中矩地坐落在那条曲线上，看不出丝毫的偏差。

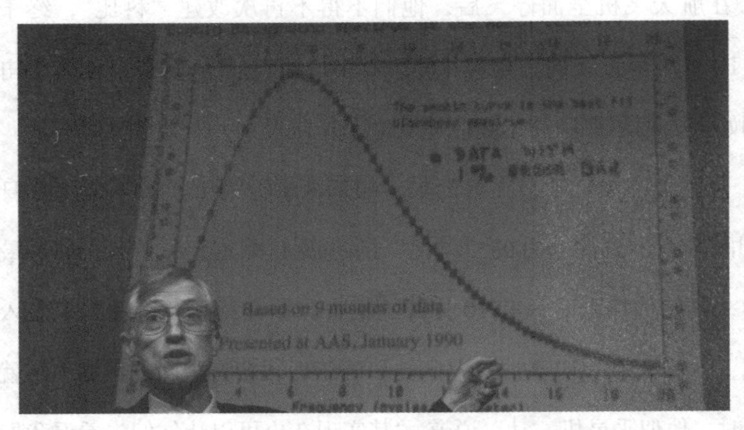

图 25–1　1992 年马瑟在记者招待会上讲解“科比”测得的宇宙微波背景辐射频谱

他展示的是 1990 年 1 月在美国天文学会大会上所用的一张透明胶片。

【图片来自 NASA/B illIngalls】

可能是历史第一次，物理学家真真切切地看到了一头过去只在理论中存在的“球形奶牛”。

在“科比”的眼里，微波背景辐射是人类所知的最标准的黑体辐射。它只能来自宇宙初生时的那第一缕光。

与皮布尔斯一样，威尔金森毕业后也顺理成章地成为普林斯顿大学的教授。他没有离开微波背景辐射领域，也是“科比”项目的重要参与者之一。同一天他没有去参加天文学会的年会，而是在相距不远的地方给普林斯顿的几个物理学家同事看了同一幅图，也同样赢得了一片掌声。但在座的奥斯特里克等人依然不满足，他们想知道“科比”上由斯穆特主持的另一个探测器的数据：微波辐射中是否存在有不均匀？

彭齐亚斯和威尔逊发现的这个来路不明的辐射因为其各向同性的特征而被认定是来自宇宙的初期。但如果这一辐射是十全十美的各向同性，那么我们这个宇宙便不可能有星星和星系。微波背景辐射在总体的各向同性之中，应该隐含着 $1/10^5$ 尺度上的不均匀——各向异性。只是我们在地球上的测量不可能达到这个精度。“科比”怎么样？

威尔金森说，是的，他们也已经有了初步的数据：的确存在微小的各向异性。不仅如此，其程度和分布也与宇宙存在大量的冷暗物质的理论相符。[66]165-166

古斯更关心的是进一步的分析结果。由他最先提出并经过林德脱胎换骨的宇宙暴胀理论，在纳菲尔德会议上在他与斯塔罗宾斯基、霍金、斯泰恩哈特的近距离切磋后，已经对宇宙微波背景辐射中的各向异性分布有了非常定量的计算。“科比”的实际测量结果是否合乎他们的预测，对暴胀理论能否成立是一个非同小可的检验。

1992 年 3 月，古斯在一个会议上撞见威尔金森时急忙打探内情。威尔金森笑而不语，只含糊地暗示他会有好消息。一星期后，斯穆特专门给古斯打了电话，给他透露了一些细节。

4 月 22 日，古斯出席美国物理学会的一个年会，荣获了学会给他颁发的一项大奖。第二天，会议日程的重大看点是“科比”团队的报告。古斯来到会场时依然惴惴不安。他正好与斯泰恩哈特坐在一起。斯泰恩哈特手里已经有了一张来自“科比”团队的数据图。他递给古斯，耳语道：“这说明了一切。”①[36]239-243

旋即，斯穆特等 6 位“科比”团队成员依次走上讲台，介绍了他们的新成果。斯泰恩哈特给古斯看的那张图自然也在其中展示。图 25-2 中，暴胀理论的预测与实际测量的数据点重叠在一起。虽然与马瑟的频谱曲线相比，这张图无论是理论曲线还是测量的数据都有着更大的误差范围，但两者的高度吻合却是同样

① This says it all.

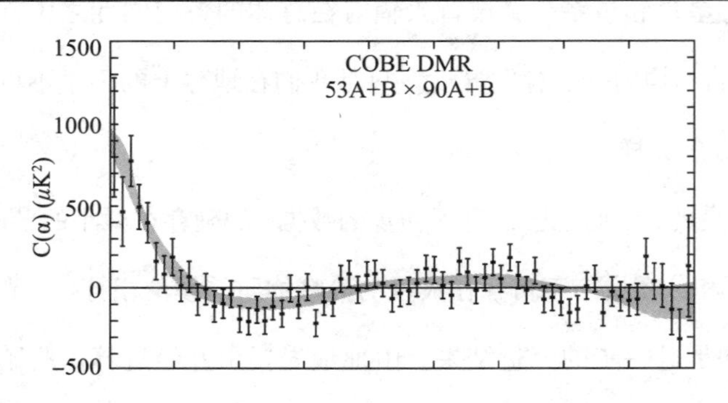

图 25-2　1992 年斯穆特发表的宇宙微波背景辐射中不均匀性的关联数据

图中灰色的带子是基于暴胀理论预测的范围，黑点是实际测量的数据及其误差范围。

的毫无疑问。斯穆特更是信心满满地宣布：不用 6 个月，所有的人都会因此相信暴胀理论。

古斯如释重负。从纳菲尔德会议到这一时刻，才过了 10 年。

1993 年 1 月，马瑟再次在美国天文学会上做报告，兑现了他两年前的承诺。当初他那张引起轰动的频谱图上的小方块是“科比”只用了 9 分钟测得的初步数据，约有 1% 的误差。误差范围正是图上那些小方块的大小。两年后，数据中的误差已经降到 0.03%，小得无法再在图上标识出来。没有改变的是测量数据与理论上的那条光滑曲线的合丝合扣，分毫不差。宇宙背景辐射的温度也被精确地锁定在 2.726 开。[36]83

“科比”以难以想象的精度验证了宇宙背景辐射的理想黑体辐射特性。“科比”也证实了该辐射在总体上的各向同性，因而否定了伽莫夫、哥德尔曾经幻想过的宇宙整体的旋转①。宇宙——至少是我们可以看到的这部分宇宙——没有在转动。

① 因为如果宇宙在旋转，就会有一个旋转轴，所以会存在与其他方向不同的两个极点。

同时，“科比”也发现了背景辐射的各向同性之中所隐藏着的 $1/10^5$ 不均匀性，定量地验证了暴胀理论，为宇宙及其大尺度结构的起源和冷暗物质的作用提供了翔实的论据。

2006 年，诺贝尔奖委员会在把物理学奖颁发给马瑟和斯穆特时指出，“科比”的成就“可以说是宇宙学成为精确科学的起点”。

对学术界之外的大众来说，“科比”给人印象最深的还是斯穆特发布的另一幅图。那是一张简单明了的彩色图片，乍看上去是熟悉的世界地图形状。但那个大椭圆不是地球而是整个宇宙。图上不同的颜色标志着所在方向的微波背景辐射温度在 $1/10^5$ 精度上存在的微小差异。那正是暴胀理论所预测的、来自量子力学的随机涨落。（图 25-3）

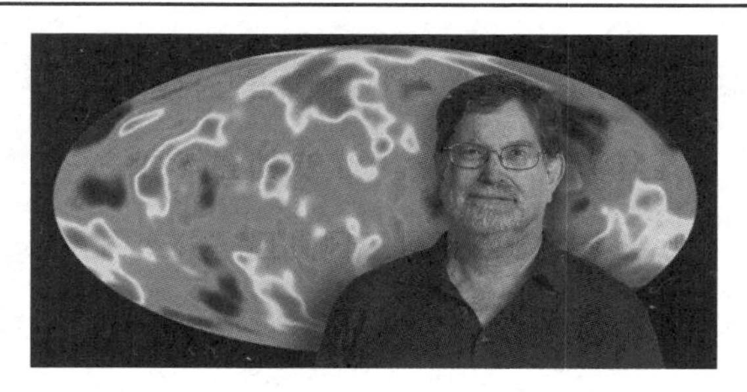

图25-3（彩）

图 25–3　斯穆特和他展示的宇宙微波背景辐射全景温度图

宇宙微波背景辐射来自大爆炸后约 38 万年之时。在那之前，宇宙是一个完全不透明的混沌世界。今天所看到的微波辐射来自宇宙伊始的第一缕光。因此，这张图片是人类所能看到的宇宙初生时的第一张照片、第一幅肖像。

在那之后，宇宙空间这些微妙的不均匀会引起冷暗物质在其中的一些区域相对密集地集中，然后又通过它们的引力招来越来越多的暗物质和常规物质，慢慢地聚集长大为宇宙中的大尺度结构，其中会含有星系团、星系、银河、太阳系。同时，星球内的热核反应和星球之间的碰撞会产生出丰富多彩的化学元素。

斯穆特在讲解这张图片时颇为激动，曾脱口而出："如果你信教，这就如同看着上帝。"① 与把希格斯粒子称为"上帝粒子"② 的里昂·莱德曼（Leon Lederman）相似，作为物理学家的斯穆特很快就后悔采用了这个带有强烈误导性的描述。[71]427-429

① If you're religious, it's like looking at God.

② the God particle；莱德曼的本意是"上帝诅咒的粒子"（the goddamn particle）。

第 26 章

爱因斯坦又错了吗?

1967 年，桑德奇到得克萨斯大学做学术报告。在他走上讲台还未及开口之际，一位年轻女研究生突然站起来宣布:“你们将要听到的，全是一派胡言。”[71]175

那个时刻的桑德奇 41 岁，正值学术壮年。作为哈勃、胡马森、巴德那一代的学术嫡系后代、帕洛玛天文台 5.1 米口径海尔望远镜的当然掌门人，他已经成为天文观测领域的不二权威。在这一突然袭击面前，他惊诧莫名。

1953 年哈勃去世时，刚刚获得博士学位的桑德奇才 27 岁。

与喜欢英式制服、马裤的哈勃不同，桑德奇最中意的是“二战”期间流行的美国空军飞行员皮夹克。这种皮夹克带有电热功能，适合他在寒夜中整晚守在观测岗位上。他自夸天生一副铁肾，能连续坚持十几个小时不下来上厕所。他的学生与他通话时，经常会无聊地用两个玻璃杯来回倒水逗他。每次都惹得他在上面破口大骂。[71]31-32,166-167

哈勃证实宇宙在膨胀后，天文学界逐渐形成一个共识：宇宙大爆炸——无论为什么、怎么爆炸了——之后，宇宙因为那原始的动能处于惯性的膨胀，不再有新的动力。唯一能影响膨胀速度的是星系之间的引力，它们会像牛顿早先就认识到的那样，造成宇宙的坍缩，或至少减缓其膨胀。

作为哈勃的继承人，桑德奇在 20 世纪 60 年代发表了一篇影响很大的论文，提出天文学最大的任务就是要准确测量两个数值：确定宇宙膨胀速度的哈勃常数和减缓膨胀速度的宇宙质量密度。他为此奉献了一生，致力维护、发展哈勃的传奇。[71]59

然而，哈勃常数的测量从一开始就困难重重。因为远方星系的速度虽然可以通过光谱红移相当准确地确定，但它们的距离却很难测准。对距离比较近的星系，哈勃利用的是勒维特发现的造父变星周光关系。但当他和胡马森观测越来越远时，即使是威尔逊山的 2.5 米口径胡克望远镜也无力分辨造父变星。于是哈勃只能随意地做出了一连串的近似：先是用星系中最亮的星星的亮度估算距离；在最亮的星星也无法分辨时，便用整个星系的亮度估算。

帕洛玛的海尔望远镜的口径比胡克望远镜的大了一倍。但桑德奇依然无法分辨遥远星系中的造父变星，只能沿袭哈勃的方法，用星系的平均亮度估算距离。这是无奈之举，却也不是全无根据。哈勃等人认为，星系虽然大小有区别，但总体相差不大，而且整体上应该相当稳定，具有非常接近的内在亮度，所以可以通过地球上所观察到的视觉亮度来估算其距离。

桑德奇在得克萨斯大学要做的报告就是这方面的新进展。那位不待他开口便给了他当头一棒的女研究生是比阿特丽丝·廷斯利（Beatrice Tinsley）。

廷斯利出生于英国，在新西兰长大。硕士毕业后，她在 1962 年随丈夫①来到美国，在达拉斯市做了教授家属。她对美国南方传统的种族、性别歧视很不适应，很快成为当地小有名气的惹事者。为了摆脱这个环境，她自己跑到 300 千米之外的得克萨斯大学攻读博士学位，每周两趟地往返奔波。

她研究的是星系内部的动力学。星系是一个庞杂的集合，时刻都在剧烈动荡：

① 与鲁宾一样，“廷斯利”是她结婚后用的夫姓。

星星之间会发生碰撞、合并；新的恒星在诞生；旧的恒星在燃料耗尽后死亡并随之爆炸性地产生地球上可见的新星、超新星等。这些在当时的天文学界还只是抽象的概念。廷斯利大胆地进行定量化研究，用当时还非常原始的计算机来模拟这些错综复杂的过程。

她得出的结论是，星系的总体光亮会因为这些内部活动强烈地变化，也与星系本身的年龄等因素密切相关，因此不存在一个恒定、普适的内在光亮。哈勃、桑德奇用星系光亮来估算距离完全没有根据，由此而得出的哈勃常数更是不可信。[66]141-145,[71]175-177

桑德奇也是兹威基眼中的球形混蛋。在桑德奇的学术生涯中，只要有人对他的观点、研究有不同意见，他就毅然决然地与其断绝关系、不再往来。天文学界因此流传着一句话：“如果桑德奇还没有不理你，你就算不上是个人物。”

惊愕之余，桑德奇自然也没有把廷斯利看在眼里。随着廷斯利的毕业论文发表，星系演化随之成为天文学的一个新兴领域后，桑德奇依然置若罔闻，视而不见。

但桑德奇无法逃避的是哈勃常数测量本身的争议。在诺贝尔奖委员会因为科比卫星的成就宣布天文学进入精确科学行列之前的几十年里，天文学界为了他们领域的这个最基本的数值伤透了脑筋。

哈勃自己在 20 世纪 30 年代最早测得的数值相当大，导致由此得出的宇宙年龄只有 20 亿年左右，小于已知的太阳系年龄。其后，桑德奇和其他天文学家发现了哈勃的一系列错误，逐渐将哈勃常数的数值降低到原来的近 1/10。相应地，由此推测的宇宙年龄也增加了近 10 倍，不再有宇宙比其中的星系更年轻这种尴尬了。[72]（图 26-1）

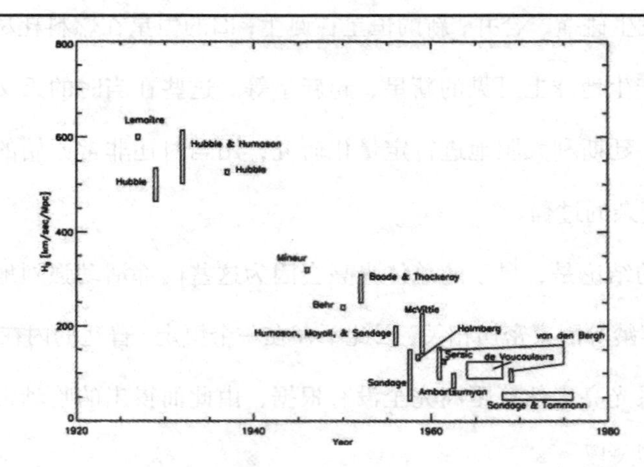

图 26-1　20 世纪 30—70 年代间哈勃常数的数值（天文单位）变化。每个数据点（包括误差范围）都是当时的测量结果，以论文作者名字标记

左上角是勒梅特、哈勃、胡马森的初始结果。右下角是桑德奇和其他人几十年后的新结论。

但直到 20 世纪 70 年代后期，哈勃常数的数值依然存在重大争议，不同阵营所坚持的数值相差达到两倍以上。有意思的是，在这方面与桑德奇争执不下的主要人物之一正是廷斯利的导师热拉尔·德沃库勒尔（Gérard de Vaucouleur）。[71]264-284

虽然廷斯利的博士学位论文开创了一个星系动力学的崭新领域，但她在 1966 年毕业后便进入失业状态。作为一个女性，她在天文学界——尤其是达拉斯附近——的机会寥寥无几。因为她与丈夫一直无法生育，所以他们先后领养了两个孩子。廷斯利对自己逐渐陷入相夫教子的主妇生活深恶痛绝，以她的叛逆个性在当地参加了一系列激进的社会活动。同时，她也没荒废事业，继续关注着学术界的进展。

她的工作引起了几个刚刚毕业、正崭露头角的年轻人的注意和欣赏。他们为她争取到一些短期科研机会。1972 年，廷斯利牵头与另外 3 个年轻人联名发表了一篇论文，继续挑战桑德奇的宇宙观。他们指出，宇宙中所有质量的总和远远不足以减缓宇宙的膨胀。因此，宇宙的膨胀并不会因为引力越来越慢，而是将继续、永远地膨胀下去。这一次，桑德奇在一年后也接受了这个结论。[71]179-189

在他们的论文发表两年后，奥斯特里克和皮布尔斯对宇宙的总质量也得出了同样的结论。但他们却更进一步地指出宇宙中的质量其实被严重低估，还存在着巨大的、隐藏的未知质量。

廷斯利丈夫所在的研究所在 1969 年与得克萨斯大学合并，成为后者的达拉斯分校。那里正要组建一个新的天文系。廷斯利毛遂自荐，没有被理睬。不过她这时已经名声在外，得到了远方芝加哥和耶鲁大学的青睐。1974 年，她终于决定与丈夫离婚，只身出走远赴耶鲁大学，继续她的事业。那一年，她荣获了美国天文学会以哈佛“后宫”的坎农命名的大奖。(图 26-2)

1978 年，廷斯利成为耶鲁大学有史以来第一位女性天文学教授，同时却被诊断出患有皮肤癌。她在 3 年后去世，年仅 40 岁。她的最后一篇学术论文发表于逝世后的第十天。[73]

图 26–2 廷斯利在耶鲁大学的工作照

作为纪念，美国天文学会从 1986 年起颁发两年一度的“廷斯利奖”，表彰在天文、天文物理领域中做出突出贡献的人[①]。

20 世纪 70 年代末，天文学家不得不又一次面对宇宙的年龄问题，因为新“发现”的暗物质彻底地颠覆了他们原有的宇宙观。

在那之前，判断宇宙的年龄很简单，就是哈勃常数的倒数。因为宇宙的膨胀是大爆炸之后速度恒定的惯性运动，宇宙的年龄便是爱丁顿想象那样把整个历史“倒带”回溯到初始的时间。宇宙中的质量之间的引力可能减缓膨胀速度。但像廷斯利等人所发现的那样，因为质量密度太小，所以效果微不足道。

然而，宇宙中还藏有 10 倍于寻常物质的暗物质，它们贡献的引力作用却不再能轻易地被忽视。如果宇宙膨胀的速度因为引力的作用在逐渐变慢，那么早年的宇宙膨胀速度会比今天快得多。按照今天测量的宇宙膨胀速度来直接计算宇宙的年龄不可靠，会大大地高估。如果考虑到膨胀的减速，宇宙的年龄估算起来又只有 80 亿年，再一次陷入比所知的星系更年轻的尴尬。[27]133-135,194-195;[59]142-148

为了摆脱这个困境，一些天文学家想起了爱因斯坦的宇宙常数：Λ。

虽然爱因斯坦自己并没有说过引进宇宙常数是他一辈子最大的失误。但他的确曾经十分懊悔，因为这个不必要的项破坏了他宇宙模型原有的简单性和美感。当他得知宇宙在膨胀、不是静态时，便不假思索地抛弃了这个累赘。

然而，他的同代人中有一些却很不以为然。

---

① 这个奖在 1992 年授予狄克。

爱丁顿当时就认为宇宙常数可能含有更深远的意义，可能是宇宙膨胀的本因。爱因斯坦引进这一项是因为星体之间的引力会造成整个宇宙的坍缩，因此需要一个反向的对抗。爱丁顿觉得这个与引力相反的机制可以有现实的物理意义，甚至可能加速宇宙的膨胀。

年轻的勒梅特与爱因斯坦碰头的机会不多，但他们每次见面都会争论宇宙常数。两人的角色已经完全颠倒，勒梅特坚持宇宙常数项是广义相对论不可或缺的部分，让爱因斯坦不胜其烦。

爱丁顿和勒梅特都认为，既然广义相对论允许宇宙常数项的存在，就不应该无理由地人为宣布其不存在。就像后来狄克等人觉得宇宙质量密度 Ω 的数值等于 1 是一个不可思议的巧合一样，爱丁顿和勒梅特觉得 Λ 如果恰好等于 0 也会是相当的荒唐。[11]106,168-169; [12]268; [24]243; [27]76-77

在那之后的近半个世纪，宇宙常数进入了一个很有意思的并且科学领域中少有的深度冷藏状态：它完全没有被遗忘，但也不再作为科学因素存在。宇宙学界发表的论文几乎都会在开篇时照本宣科地来上一句：“假设不存在宇宙常数项……”或者“在假设 $\Lambda=0$ 的情况下……”

而时不时地，当宇宙中出现无法解释的观测现象时，总也会有人提起那可能是 $\Lambda \neq 0$ 的表现。只是那些现象很快又都有了更好的解释，依然没能证明宇宙常数的必要。[59]143-144

古斯提出的暴胀理论中，最早期的宇宙曾经历过急剧的加速膨胀。那也可以被认为是宇宙常数在起作用的过程，虽然暴胀只是一个 10^{-36} 秒“一瞬间”的过程，对后来的宇宙膨胀毫无影响。在剑桥大学的纳菲尔德会议的最后总结中，Λ 被列为悬而未决的问题之一。当时在会上的特纳嘲讽道：“宇宙常数是无赖宇

宙学家的最后避难所——从爱因斯坦开始。”①[59]144-145

也正是特纳自己在纳菲尔德会后便一头栽进了这个避难所。他与克劳斯等人共同发表了几篇论文，论证宇宙常数的必要性，认为那是解决宇宙年龄问题的最佳途径。如果宇宙常数的存在抵消了星体的引力作用，宇宙的膨胀不会减慢。按照今天的哈勃常数估算的宇宙年龄也就不会离谱。

皮布尔斯很快也加入了这个行列。

作为新一代的“无赖宇宙学家”，他们遭到了主流科学界的一致反对。在其后的近 10 年里，皮布尔斯到处宣讲这个观点，但每次都得到同样的批判。

直到 1992 年，“科比”卫星对宇宙微波背景辐射的精确测量才给他们的主张带来新的活力。“科比”无可置疑地确定了宇宙是平坦的，也就是宇宙的整体质量密度恰好是平坦宇宙需要的临界密度：$\Omega=1$。而在 20 世纪 90 年代初，天文学家开始确认宇宙的质量，即使加上看不见的暗物质，还远远达不到这个要求。

1993 年，皮布尔斯出版了新著《物理宇宙原理》（*Principles of Physical Cosmology*），作为他 1971 年那本《物理宇宙学》的更新版。当年那只有 282 页的小册子这时已经“暴胀”为 736 页的大部头，见证着这个他主导开辟的新领域在 20 多年中的突飞猛进。

1996 年夏天，特纳在普林斯顿的一次学术会议上提出了一个新的论点：宇宙的质量密度并不完全由“质量”组成，而是有相当一部分来自某种能量。根据相对论，质量与能量是等价的。

其实，早在爱因斯坦发表他那篇划时代的宇宙模型论文的一年后，奥地利

① The cosmological constant is the last refuge of scoundrel cosmologists, beginning with Einstein.

物理学家埃尔温・薛定谔（Erwin Schrödinger）就曾指出，如果在场方程中引入一个“负压强”项，就可以不再需要引入那个宇宙常数项。爱因斯坦看到后莫名其妙：薛定谔不过是把他放在方程式中左边的 Λ 项挪到了右边并改了符号。那是初等代数的常识。

薛定谔当然不是不明白。爱因斯坦方程的左边是时空弯曲的程度，右边是“告诉时空如何弯曲”的质量、能量分布。如果把那个无中生有的 Λ 改放在右边，就出现了新的物理意义：宇宙中存在有抵抗引力的能量——虽然薛定谔当时把它叫作负压强。[8],[11]171

特纳指出，这个能量正好可以补上物体质量的不足，让 Ω 数值达到 1。无独有偶，斯泰恩哈特与奥斯特里克也在那次会议上提出了同样的观点。

爱因斯坦在引进宇宙常数时并没有太多的考虑，在由此得到一个静止的宇宙之后没有去核查其稳定性便宣告了大功告成。他内心里始终排斥这个他不得不“无赖”添加的附加项。因此在得知宇宙并不是静止的之后，更是不假思索地舍弃了这个常数，没有再多花一分钟去思索其背后的含义。

将近一个世纪之后，20 世纪 90 年代的天文学家却开始重新领悟到宇宙常数可能具备的重要性。

也许，爱因斯坦最大的失误并不在于引入宇宙常数项，而是他后来轻易地丢弃了这个广义相对论中不可或缺的组成部分。

只是这几个天文学家都是纸上谈兵的理论家。对于宇宙常数是否真实存在，对于宇宙膨胀的速度是否恒定，还需要实际的观测数据。也正是在普林斯顿的那次会议上，伯克利的一位年轻物理学家萨尔・波尔马特（Saul Perlmutter）公布了最新的超新星测量结果，显示宇宙的膨胀的确是在引力的减速作用下放慢。[27]194-195

这个结果不啻给那些兴致勃勃的理论家们当头一盆冷水。

第 27 章 宇宙距离阶梯之超新星

当劳伦斯 20 世纪 30 年代初在伯克利发明回旋加速器时，他大概没想到这个装置会大幅度改变当地的科学风气。在那之后的几十年里，伯克利在核物理领域一直出类拔萃，涌现了好几位诺贝尔物理学奖、化学奖获得者。劳伦斯 1958 年去世时，他在那里创建的两个国家实验室都随即以他的名字命名①。

那些诺贝尔奖中包括 1968 年物理学奖获得者路易斯·阿尔瓦雷茨（Luis Alvarez）。在加速器上取得出色成就之后，他逐渐移情别恋。70 年代中期，他偶然得知物理学家、牙膏公司创始人后代斯特林·高露洁（Stirling Colgate）在设计自动化的天文望远镜寻找超新星，立刻指示自己的学生关注。

阿尔瓦雷茨没有高露洁那得天独厚的遗产，但伯克利也不是穷地方。在 80 年代初，高能物理与宇宙学的合流已然水到渠成。美国国家科学基金会专门在主持加速器的国家实验室资助两个研究宇宙学的新机构，一个建在芝加哥的费米实验室，另一个就在伯克利，名为"粒子天体物理中心"（Center for Particle Astrophysics）。阿尔瓦雷茨顺水推舟，没有纠缠"粒子"这个限制词，直接便奔"天体物理"而去，在这个富有的中心里设立了超新星项目。[59]57-58,63-69

---

① 著名的华裔物理学家吴健雄（Chien-Shiung Wu）也是劳伦斯的学生。

在人类历史上，天空中突然出现平常没有的“新星”的记录能追溯到公元前的一些壁画、雕刻中。中国的古籍里有着相当多“客星”“妖星”的踪影，能被现代观测佐证的有公元 185 年（东汉）、393 年（东晋）、1006 年和 1054 年（北宋）等早期记载。[74]（图 27-1）

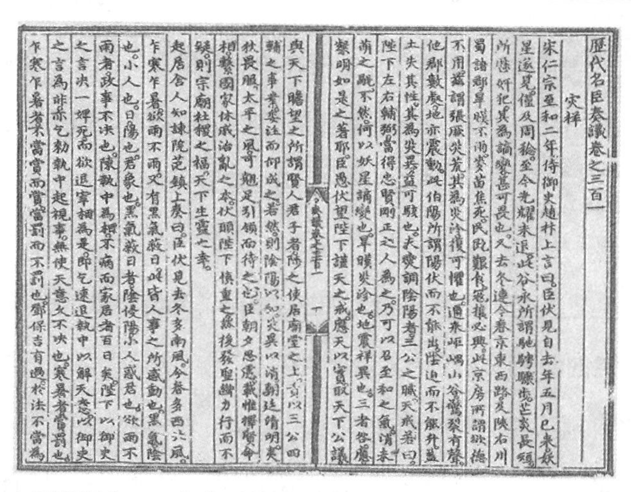

歷代名臣奏議卷之三百一

災祥

宋仁宗至和二年侍御史趙抃上言曰臣伏見自去年五月已來妖
星遂見僅及周歲至今光耀未退此谷永所謂馳騁驟步芒炎長短
所歷奸犯其爲譴變甚可畏也又去冬遠今春京東西路及陝右川
蜀諸郡旱暵不雨麥苗焦死民既艱食寇攘必興此京房所謂欲德
不用茲謂張厥災荒其爲災沴復可懼也適來岢嵐山谷驚裂有聲
他郡數奏地亦震動此伯陽所謂陽伏而不能出陰迫而不能升蓋
土失其性其爲災異益可駭也夫燮調陰陽者三公之職天戒若曰
陛下左右輔弼當得忠賢剛正之人爲之乃可以召至和之氣消未
萌之禍不然何以妖星譴變也旱暵災沴也地震祥異也三者咎證
繁明如是之著耶臣愚伏望陛下謹天之戒應天以實取天下公議

奏議卷之三百一　十

與天下瞻望之所謂賢人君子者陟之使居廟堂之上責以三公四
輔之事業委注而仰成之若然則陰陽以和災異以消朝廷肅明矣
狄畏服太平之風可翹足引領而待之也臣朝夕思慮惟禪贊命
相繫國家休戚治亂之本伏願陛下慎重之無後發聖斷力行而不
疑則宗廟社稷之福天下生靈之幸
起居舍人知諫院范鎮上奏曰臣伏見去冬多南風今春多西北風
乍寒乍暑欲雨不雨又有黑氣蔽日此皆人事之所感動也黑氣陰
也小人也日陽也君象也黑氣蔽日者陰侵陽小人惑君也欲雨不
雨者政事不決也陳執中爲相不病而家居者百日矣陛下以御史
之言決一婢死而欲退寧輔爲是邪乞速退執中以解天怒以御史
之言爲非邪乞勅執中起視事無使天意久不決也寒暑者賞罰也
乍寒乍暑者當賞而不賞當罰而不罰也鄭保吉有過於法不當爲

图 27–1 中国明朝（1414 年）时的《历代名臣奏议》中关于 1054 年超新星记录

在西方影响大的则是 1572 年 11 月初的一颗新星。当时的天文学家第谷做了细致的观测，引以为据指出亚里士多德永恒不变的天球学说之谬误。那时中国已经是明朝，宰相张居正曾借这颗客星的出现督促新登基的万历皇帝自省修身。

30 多年后的 1604 年 10 月初，又一颗明亮的新星出现。第谷已经去世，这次跟踪观测的是他的学生开普勒，还有伽利略等。（图 27-2）

当沙普利与柯蒂斯在 1920 年的大辩论中探讨星云是否为银河一部分时，偶然出现的新星也是他们各自的论据之一。柯蒂斯认为星云中新星出现频繁，说明它们是远处独立的星系。沙普利则回应道，某些新星看起来非常明亮，距离我们应该不会太远。在这一点上，他们各执一词，谁也没法说服对方。

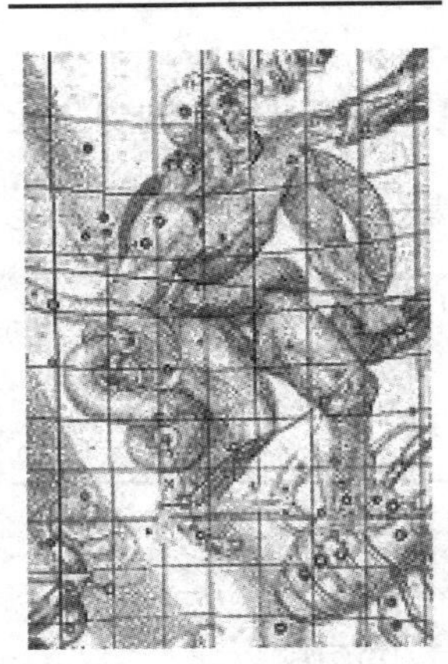

图 27-2　开普勒在 1606 年描绘的超新星

该超新星出现在蛇夫座的“蛇夫”右脚踝处（以字母 N 标记）。

他们的这一争论直到 1931 年才初见分晓。兹威基与巴德在威尔逊山上通过系统观测确定新星并不整齐划一。有些新星确实会比其他的亮太多，最亮时甚至能盖过它所在的整个星系。因此，沙普利的推论没有根据：新星的异常明亮并不是因为它们距离近。为了凸显这一区别，兹威基和巴德创造了一个新名词：超新星。

他们为超新星做了光谱测量，结果很奇怪：光谱中几乎看不到宇宙中无所不在的氢元素的踪迹。

兹威基当时刚刚提出了暗物质概念。这时他又一次大胆设想，指出超新星爆发是普通恒星在核燃料耗尽之后内核急剧坍缩，成为中子星而释放出巨大能量所致。两人在 1934 年年初发表了两篇论文，并在美国物理学会的年会上宣讲。那时中子才刚刚被发现一年多，中子星的概念如同暗物质一样匪夷所思。所有人都只把它当作兹威基的又一疯言疯语。

兹威基没有气馁，自己设计了一座小型望远镜专门寻找超新星。那成为帕洛玛山上的第一座天文望远镜。

同在威尔逊山上的闵可夫斯基在 1940 年又发现一颗超新星。与兹威基和巴德观测的相反，这颗星的光谱几乎完全由氢元素主宰。显然，超新星也存在不同的类别。闵可夫斯基按照罗马数字把原来不含氢元素的超新星叫作Ⅰ型，而把这种新发现的充满氢元素的类型定为Ⅱ型。[27]36-39,140;[59]62-63

早在 20 世纪初，天文学家赫茨普龙和罗素根据哈佛天文台积累的光谱数据和与之相伴的“哦，做个好女孩，亲亲我”分类总结出恒星有三大类型：普通的“主序星”、比较亮的“巨星”和比较暗淡的“矮星”。它们之中根据光谱的色泽还可以再细分。[10]152-153

太阳就是一颗主序恒星，基本上完全由氢（75%）、氦（24%）两种最轻的元素构成。因为太阳的巨大，自身引力会将所有的质量往中心吸引。好在这强劲的引力同时也在内部形成高温高压，导致氢原子发生核聚变而成为氦。这个核反应产生大量光子、中微子向外辐射，不仅给地球带来光和热，也同时为太阳本身提供了抗御引力的能量。太阳内部的核反应速度与其引力大小息息相关，正好达成一个动态的平衡，保持太阳的稳定。这个精巧的平衡态已经持续了 46 亿年，还会延续至少 50 亿年。

在那之后，太阳内部的氢将基本耗尽。因为不再有足够的能量抵御引力，所以太阳的内核会发生第一次坍缩。届时短暂释放的能量会将外围的炙热气体推开而膨胀，吞噬距离最近的水星、金星。这时，太阳将变成一颗“红巨星”。即使地球尚未同时被毁灭，也已经不可能有任何生命能继续存活——如果那时地球上还有生命，而他们没能“带着地球去流浪”的话。①

再往后，坍缩后的太阳内核压力更大，能继续以氦为燃料进行热核聚变，产生碳、氧。当氦燃料也被消耗殆尽，只剩下难以聚变的碳和氧时，太阳会再一次坍缩，成为一颗“白矮星”。[27]22-28

白矮星也是哈佛的皮克林和他的“后宫”管家弗莱明在 1910 年确认的。罗

① 如果地球上还有人存活，他们所看到的太阳会非常巨大，覆盖半个天空。

素对这种发白光却又昏暗的星体大惑不解。皮克林颇为骄傲地回应：正是这样的奇异会带来我们知识的进步①。[75]

他无法想象白矮星在人类对宇宙的认知中会起到的作用。

1930年7月31日，不满20岁的小伙子苏布拉马尼场·钱德拉塞卡（Subrahmanyan Chandrasekhar）在孟买登上“劳埃德·特里斯蒂诺”（Lloyd Triestino）号意大利邮轮。他两年前已经在英国皇家学会会刊上发表了一篇物理论文。在获得印度政府一项奖学金后，他决定前往剑桥大学深造。

剑桥大学的爱丁顿和拉尔夫·佛勒（Ralph Fowler）那时都对白矮星的构造深感兴趣。佛勒的学生狄拉克刚刚博士毕业。他推广费米的电子气理论，建立了针对量子力学中费米粒子的“费米-狄拉克统计”。佛勒认识到那应该正是白矮星的状态：因为白矮星在坍缩后密度非常高，剩下的碳和氧已经不再是完整的原子，而是被“压碎”成带正电的原子核与带负电的自由电子气。因为量子力学中的“泡利不相容原理”（Pauli exclusion principle），电子不能同时处于相同的能量态上，只能按照费米-狄拉克统计逐级占据越来越高的能量态。这相当于电子之间有源自量子力学的额外排斥力，可以与引力抗衡。二者的平衡决定了白矮星的大小。这个模型完美地解释了白矮星的存在和稳定性。

在钱德拉塞卡登船的两年前，著名的德国物理学家阿诺德·索末菲（Arnold Sommerfeld）到印度讲学。钱德拉塞卡冒昧找到索末菲的房间拜访，两人讨论了一整晚。大师给好学的少年讲解了最前沿的费米-狄拉克统计和白矮星理论，还给他留下了论文资料。

---

① It is just these exceptions that lead to an advance in our knowledge.

于是钱德拉塞卡在“特里斯蒂诺”号邮轮上便没日没夜地研究论文。他很快发现了佛勒的一个疏忽：他们只用了经典的量子理论。当众多的电子因为彼此不相容而被排斥到越来越高的能量态时，它们的速度会越来越大而接近光速，进入相对论范畴。钱德拉塞卡立刻在佛勒的模型中加上狭义相对论修正，得出了更完整的结果。他还有了一个意外的发现：白矮星的质量大小会有一个确定的上限。如果星体的总质量超过这个极限，就不可能稳定。

到剑桥大学后，勤奋的钱德拉塞卡在佛勒和爱丁顿的指导下只用了 3 年就获得了博士学位。期间他还应邀分别到量子力学的圣地哥廷根、哥本哈根访学，接受马克斯・玻恩（Max Born）、玻尔的教诲。但他对白矮星模型的推广却一直无法得到导师的理解和首肯。（图 27-3）

图 27–3 在剑桥大学时的钱德拉塞卡

1935 年 1 月，钱德拉塞卡终于得到英国皇家天文学会邀请，在年会上宣读他的成果。不料，爱丁顿随后立即站出来指责钱德拉塞卡画蛇添足，把佛勒原已解决的问题再度搅乱。如果质量太大的恒星最后不能变成白矮星，爱丁顿质问道，那还能成为什么？自然法则是不会让星球陷入荒诞的绝境的！

爱丁顿心目中的荒诞绝境便是当时已经有了理论概念的黑洞。他无法接受钱德拉塞卡为黑洞提供了一个可能的途径：如果过大的星球不能塌陷成白矮星，那势必会成为黑洞——他们还没有顾及大洋彼岸兹威基刚刚提出的中子星概念。

刚过24岁的钱德拉塞卡在爱丁顿的突然袭击面前手足无措。他后来辗转求助于泡利、玻尔、狄拉克等人，希望他们能公道地助上一臂之力。然而，这些人虽然在私下里都肯定了他的计算，却没有一个人愿意公开与爱丁顿找别扭。在苏联，朗道也独立地得出了与钱德拉塞卡相同的结论。但他却认为那只说明量子力学在白矮星的极端条件下不适用。

爱丁顿后来还继续在国际学术会议上抨击钱德拉塞卡。因为他在天文学界的崇高威望，钱德拉塞卡这一发现随即被埋没了20多年无人问津。钱德拉塞卡因之对剑桥大学、英国失望透顶①，远渡重洋来到美国，在芝加哥大学任教。奥斯特里克就是他在那里培养的博士之一。

直到20世纪50年代，钱德拉塞卡的白矮星结论才再度被学术界发现并接受。他发现的白矮星质量上限被命名为“钱德拉塞卡极限”（Chandrasekhar limit）。1983年，他因为这个半世纪前还是小青年时在“特里斯蒂诺”号邮轮上的推导而荣获诺贝尔物理学奖。[76-77]

即使在风格迥异的物理学家群体中，阿尔瓦雷茨也是一个独特的角色。他不仅在粒子物理上成绩显著，而且经常捞过界。当约翰·肯尼迪（John Kennedy）总统遇刺身亡、暗杀过程充满疑云时，阿尔瓦雷茨发挥他的光学专长，对现场照片进行精细分析，认可了官方单一子弹造成肯尼迪死亡的结论。他还曾组织团队利用宇宙射线对埃及金字塔进行穿透性检验，“证明”金字塔内没有隐藏的暗室。但最著名的还是他与作为地质学家的儿子一起提出恐龙的灭绝是

① 虽然钱德拉塞卡觉得爱丁顿对他的攻击含有种族歧视成分，他们还是保持了至少表面上的私交友谊。钱德拉塞卡后来曾在爱丁顿的葬礼上致辞，盛赞其品德。

因为一颗巨大的陨星轰击地球，毁灭了恐龙的生存环境。他们的这一观点得到很多地质考察的佐证。

阿尔瓦雷茨还不满足。他注意到历史上曾经出现过的几次生物大灭绝所间隔的时间比较确定：大约 2600 万年。巨大陨星与地球的碰撞是极其罕见的偶然事件，不应该存在周期规律。阿尔瓦雷茨便大胆设想太阳其实还有一颗伴星，二者因为引力的牵制互相绕行。每隔 2600 万年，两颗星的位置会趋近。那颗伴星的额外引力会将更多的彗星、陨石带进太阳系，为地球招来天外横祸。他按照希腊神话为这颗星取了个名字："涅墨西斯"（Nemesis），即"宿敌"。

当波尔马特 1981 年从哈佛大学毕业到伯克利上研究生时，就被阿尔瓦雷茨抓差，让他以寻找涅墨西斯为论文题目。1986 年，他顺利获得博士学位，涅墨西斯却依然没有踪影。[59]64-65

目前还没有证据表明太阳真的有这么一个宿敌。如果确实的话，太阳这样的孤星其实并不多见。在宇宙中，大约 3/4 的恒星都会有至少一颗伴星。人类最早观察到的白矮星便是夜空中最明亮的天狼星（Sirius）的伴星。

波尔马特毕业后留在伯克利做博士后，不是为了继续寻找涅墨西斯，而是回到他来这里的初衷：探索宇宙的秘密。在 20 世纪 80 年代，超新星的价值逐渐被越来越多的天文学家认识，尤其是兹威基和巴德最初观察到的 I 型超新星。或更准确地，已经再被细分的 Ia 型超新星。[59]64-65,68-69,82-84

阴错阳差，兹威基在 20 世纪 30 年代提出的恒星坍缩成中子星从而引爆超新星的理论大体并没错，只是并不适用于他与巴德发现的那些超新星。

因为钱德拉塞卡的发现，恒星内部的氢燃料消耗殆尽，内核坍缩时，接下来的过程与恒星的大小直接相关。如果恒星与太阳差不多，在钱德拉塞卡极限——约 1.44 个太阳质量——之下，恒星便会演变为红巨星并最终坍缩成白矮星。如果恒星质量超过这个极限，其内核的塌陷因为更大的压力会狂暴得多，因此会如同兹威基想象的那样成为中子星①。如果星体更大，内核就会像爱丁顿担心的那样直接塌陷成为黑洞。这个过程释放出强劲的冲击波，将外围大量的氢气以接近光速的高速抛出。那便是超新星爆发。只是这个过程的光谱完全以氢元素为主，属于闵可夫斯基后来才发现的Ⅱ型超新星。

那兹威基、巴德先观察到的、光谱中不含氢元素的超新星又是怎么来的呢？

质量比较小的恒星坍缩成白矮星之后，虽然自身已经“死亡”，内部不再有核反应提供能量，但它也并非静如止水。

绝大部分白矮星有着自己的伴星。当两颗星接近时，白矮星的引力会汲取其伴星外围的气体物质而自我增大。时不时地，这些氢气体会在白矮星的表面凝聚并发生“氢弹”爆炸，那就是我们在地球上能看到的新星。新星的出现比超新星更为频繁，但远不如超新星明亮。（图 27-4）

更为壮观的是，当一颗本来已经接近钱德拉塞卡极限的白矮星因为汲取伴星的物质而超越这个极限时，钱德拉塞卡发现的不稳定性便“发作”了，引发白矮星的整体核爆炸。这个剧烈的爆炸是毁灭性的，会将整个白矮星彻底炸成“碎片”。

这便是Ⅰa 型超新星。因为白矮星本身不含氢，所以其光谱中也就没有氢元素成分。[27]28-30,160-162;[67]21-22

即使白矮星爆炸得如此彻底，但其遗体也不是无影无踪。爆炸碎片所形成的残骸在几百年、几千年后还能辨认。罗斯伯爵曾用他的望远镜观察一个星云

① 在中子星内部，原子核也被“压碎”，质子与电子合并，整个星体完全由中子组成。

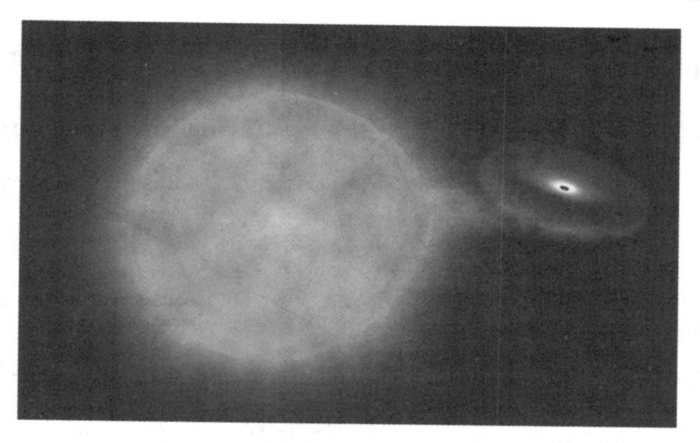

图 27–4　白矮星（图右的黑点）与伴星的艺术想象图：白矮星的引力在汲取伴星外层的物质

【图片来自 NASA】

的形状，将其命名为“蟹状星云”（Crab Nebula），后来被证实就是中国古籍中1054 年那次超新星爆发的遗迹。

正是这样的遗骸佐证了历史上超新星的记载[①]，也证实古代那些异常明亮的超新星都属于 Ⅰa 型：白矮星的爆炸。

对于现代的天文学家来说，Ⅰa 型超新星更具备着非同小可的现实科学意义。因为白矮星的爆炸只会发生在其质量达到钱德拉塞卡极限之际，所有这类超新星爆发时都有着同样的质量、同样的大小。它们都发生了完全相同的爆炸，释放出一模一样的能量，也就发出了彼此毫无差异的光强。

这就是说，无论它们发生在宇宙的哪一个角落，无论它们相距我们多远，Ⅰa 型超新星的内在亮度都是已知的——它正是天文学家梦寐以求的标准烛光。在地球上我们能够测量出它们的视觉亮度，两相对比就可以准确地计算出它们

① 同时也为古籍中的历史年代提供了科学的线索。

的距离。

1908年，哈佛“后宫”中的勒维特发现造父变星的光强与周期关系，大大地延伸了测量宇宙距离的阶梯。她是用造父变星的周期来推算其内在亮度，从而计算距离。勒维特的周光关系是其后将近一个世纪天文学测量的基本定律，是哈勃等人发现宇宙膨胀的基石。

但造父变星有所局限。遥远的星系光亮暗淡，无法辨认其中的变星。因此，哈勃、桑德奇等人只好依赖一些没有根据的近似来估算距离，后来被廷斯利等否证。寻找宇宙新的标准烛光，宇宙距离阶梯的下一档，在20世纪末成为天文学迫在眉睫的难题。

Ia型超新星正好就是现成的答案。它们也就成为波尔马特寻觅的目标。

第谷、开普勒分别观测到的那两颗超新星明亮异常，即使白天也很容易看见。因为它们不仅是Ia型超新星，而且就发生在银河之中，距离我们相当近。在那之后，人们曾戏谑，只有当人间出现巨星级的天文学家时，天上才会有那么明亮的新星出现。让赫歇尔、罗斯伯爵、哈勃等后来人气结的是，那样的辉煌却再也没能出现过：1604年的那颗“开普勒超新星”是迄今银河系中最后一颗肉眼可见的超新星。兹威基、巴德等后来都是通过天文望远镜才能搜寻到远处的超新星。

平均而言，超新星在每个星系中都是百年一遇的稀罕。但这难不倒天文学家，因为宇宙中星系的数量是如此的巨大。只要能充分运用现代科技，同时观察大面积的天空，在视野内有大量的星系，它们之中就“随时”可能出现超新星。

更大的困难来自超新星的特性。造父变星是周期性的，找到后可以经年累月地反复测量，完全确定其光强变化曲线。超新星却只是一次性的偶然事件。

如果人们没有在其爆发时及时地捕捉到它，便会永远地失去这个机会。更有甚者，如果要确定一颗超新星是否属于 Ia 型，还必须测量到完整的光强变化曲线，尤其是光强尚未到达最高点时的初始数据。这就要求天文学家必须在遥远的超新星的出现尚未明显时就进行辨认、跟踪观测。

阿尔瓦雷茨和波尔马特在伯克利的团队接受了这一挑战。

第28章
角逐遥远的超新星

1987年2月23日，卡内基科学研究院设立在智利高山上的天文台的工作人员在大麦哲伦星云中观测到了一颗超新星。大麦哲伦星云非常醒目，只是因为处于南半球的天穹，直到麦哲伦航海之后才被北半球的人知悉。它不属于银河系本身，而是银河系左邻的小岛屿星系之一，距离相当近。因此，这颗被命名为“1987A”——1987年第一颗——的超新星是开普勒之后383年来人类见到的最明亮的超新星。它在2月下旬已经肉眼可见，直到5月才达到最亮的峰值。

这个突如其来的宝贵机会让天文学界兴奋异常。与当年的开普勒、伽利略不同，他们不只是观察星光的变化，而是全方位地测量各种频率的辐射，探究超新星爆发的过程。地球上的中微子探测器也第一次接收到来自太阳系以外的信号。很快，他们知道那是Ⅱ型超新星，源自一颗已知的蓝超巨星的内核坍缩。经过几十年不懈的探寻，天文学家迟至2019年才获得那颗超新星爆发之处遗留的坍缩的产物——中子星——的证据。[27]39-48,[59]90

1985年6月，卡内基科学研究院终止了对威尔逊山天文台长达一个世纪的资助，将他们的资金集中用于智利更现代的天文台。久负盛名的胡克望远镜随即终止了科研使命。威尔逊山天文台也逐渐转变成一个面向大众的博物馆。

帕洛玛山天文台那 5.1 米口径的海尔望远镜还在继续运作，却早已不再独领风骚。伯克利与加州理工学院合作，在夏威夷海拔 4000 多米的茂纳凯亚 ① 山巅修建了两座 10 米口径的巨型望远镜。该项目的资金大部分来自一位石油大亨，该天文台就以他命名为“凯克天文台”（W. M. Keck Observatory）。

在其他地方，20 世纪 80 年代中期最时兴的还是更容易制造的 8 米口径望远镜。世界各地的天文台相继拥有了这种新装备，都轻易地超越了帕洛玛山天文台。同时，口径的大小也已经不再是天文望远镜的决定性因素，新的技术革命发生在望远镜的另一端。[71]187,386-391,427

19 世纪出现的照相术是天文观测的一次革命性进步。从那时起天文学家不再需要像罗斯伯爵那样只能用手绘出星云的怪异形状。照相机的长期曝光可以积累微弱的光亮，捕捉到人眼无法看到的遥远星系。然而，即使 100 年后的照相工艺有了长足的进步，其效率依然乏善可陈。虽然大型望远镜能将越来越多的光子输送到底片上，这些光子也只有 1% 能够参与成像反应。那些来自遥远星系的光——天文观测最宝贵的资源——的 99% 被白白浪费。

直到 20 世纪 60 年代，半导体元件的出现才再次为天文学界带来新的技术突破。一个叫作“电荷耦合器”（charge-coupled device，CCD）的新发明取代了传统的照相底片，实现电子成像。它可以捕捉到几乎 100% 的入射光，将每一个光子都直接转换为电信号成像。而且它还可以同时捕捉大范围的光，使观测效率有了近百倍的提高 ②。[27]99-102,[59]88-94

传统的照相底片需要在暗室里很小心地手工显影、定影，才能看到拍摄的

---

① Mauna Kea，夏威夷语中的“白山”。

② 电荷耦合器的发明人威拉德·博伊尔（Willard Boyle）和乔治·史密斯（George Smith）后来获得 2009 年诺贝尔物理学奖。现代的数字照相机、手机也都采用这个器件或其后代成像。

图像。将不同时间对同一个星系拍摄的照片比较，通过其中光点的变化可以发现可能的变星、新星、超新星等。这是当年哈佛“后宫”那些“人型计算机”每天枯燥繁重工作的主要部分。以后的几十年里，这个劳累的体力活没有太多变化，只是出现了一些辅助人工的简单机械装置。无论那些“人型计算机”以及她们的后代如何勤劳刻苦，大量的照相底片还是堆积在资料室里来不及分析。由于超新星的出现是短暂的突发事件，这个传统操作模式显然力所不及。

电荷耦合器的数字式照片从根本上改变了这一局面。拍摄的照片可以即刻用现代（真正的）计算机处理，自动与存档的照片对比。星光的任何变异可以在“第一时间”被发现。阿尔瓦雷茨的朋友高露洁就是设计了这样一个全自动化的望远镜，每晚定时扫描、拍摄整个天穹，实时报告超新星。他当时只是孤军奋战，还没有取得实质性进展就半途而废了。

波尔马特小时候没有玩过天文望远镜，对星空也没有好奇过。他从小在都是大学教授的父母影响下兴趣颇为广泛。当他在哈佛大学读书时，志向是修物理、哲学双学位。很快，他发现大学的物理课程越来越高深，难以为继而不得不做选择。要是专心研习哲学，他就不可能继续学物理；不过反之，如果他主修物理，却还可以自己琢磨哲学。于是他选择了物理专业。

在伯克利，他终于能近乎二者兼顾：用Ia型超新星作为标准烛光可以确定宇宙的大小；如果进一步地再测量出宇宙膨胀的减速，就能更好地预知宇宙的未来。这不仅仅是物理学的奥秘，更是人类永恒的哲学难题。

当他于1986年博士毕业时，那里的超新星项目正陷入困境。他们在1981年启动时曾豪迈地预测他们会以每年100颗的速度大规模发现超新星。但迟至1986年5月，他们才好歹找到第一颗。项目所花的钱远远超过预算，管理相当混乱。虽然波尔马特只是一个刚刚毕业的博士后，他在整顿中临危受命成为这个几经易名后变成“超新星宇宙学计划”（Supernova Cosmology Project）的新负责人。[27]179-183;[59]57-59,66-69,73-74

超新星的发现和测量其实是两个分开的过程。寻找新出现的超新星并不需要很强大的望远镜，但要求有比较大的视角，能同时拍摄大范围的区域，增加发现这种偶然事件的机会。在自动化搜索发现可能的超新星之后，天文学家再使用分辨率高的大型望远镜跟踪测量这颗星的光亮曲线。因为要确定超新星是否是需要的Ⅰa型，必须从超新星尚未达到最亮时就测量整条曲线，所以从找到疑似目标到跟踪观测的过程必须非常迅速，时不我待。

通常的天文观测是一个井井有条的过程。大型望远镜更是紧缺的共享资源。与科研经费类似，各个机构要在几个月甚至几年前就提交观测计划。然后，望远镜的使用时间由专家审核统筹安排，分配给指定的申请人。当获得批准的幸运儿在指定时间取得望远镜操作权时，他们对自己要观测什么、如何观测早已成竹在胸，可以按部就班地进行——只要天气合作。

超新星却不会按照事先的计划出现。追踪超新星的天文学家只能盲目地定期预订望远镜。每次观测时间来临，甚至人员已经在望远镜前就位时，他们还不知道这次应该往哪里看。他们需要担任筛选任务的队友及时提供目标指向，而后者往往还处于焦头烂额之中。

虽然计算机程序可以自动地比较不同时间的照片、辨识其中的新亮点，但它还不具备判断亮点本质的智能。也许那只是地球附近有卫星、陨石经过，也许是宇宙射线或大气层中的散射光斑，甚至还可能就是设备中的电子噪声以及程序错误，等等。这些需要有经验的天文学家人工鉴别。他们逐个审视计算机挑选出的疑似案例，快速地排除绝大部分假阳性，淘金般地找出可能是真的超新星的目标传送给队友去跟踪。在这道工序上，20 世纪 80 年代末的研究生、博士后所做的与一个世纪前哈佛“后宫”中的女性也没有太大不同。[27]15-16,33,198-201

当然，超新星并不会专门在他们预定好的观测时间中出现。更多的时候，他们有了目标却没有望远镜可以使用。这时，波尔马特施展出他的独门绝技，拿起电话逐个拨通适合观测的望远镜控制室，苦口婆心、不厌其烦，或央求或胁迫对方帮忙。几乎每一个做观测的天文学家都在某个时刻接到过波尔马特的这种电话。他们反应不一，或垂头丧气或暴跳如雷。因为他们知道，接到这个电话就意味着他们要立即放弃自己争取、计划很久的工作，转而为波尔马特义务打工。但他们更明白，出于科学发现的共同目标，他们无论多么不情愿也会在抱怨诅咒之余把望远镜转向波尔马特需要的方位。

更残酷的是，他们的牺牲绝大多数没有回报：他们不过是在为波尔马特证实那个目标并不是超新星。

1992 年 8 月 29 日的晚上，波尔马特又一次在电话上软硬兼施，恳求一个正在加那利群岛上用以赫歇尔命名的 4.2 米口径望远镜观测的英国人。对方自然又一次回以数落，但还是又一次让出了宝贵的时间。当晚，英国人兴奋地回话说，从测得的红移幅度看，那是一颗当时所知的最遥远的超新星。[59]74-76

1990 年，哈佛大学天文系有了新的系主任。罗伯特·科什纳（Robert Kirshner）原来就是哈佛大学的毕业生，1975 年在加州理工学院获得博士学位。在那里，他与晚年的兹威基有着相邻的办公室，因此成为与这个科技怪人有过近距离接触的少数新生代天文学家之一。[27]143-147 科什纳的博士课题是通过跟踪测量 II 型超新星外围气体的膨胀速度来估算其距离。1987A 超新星出现时他躬逢其盛，成为领军人物。

作为超新星专家，科什纳经常受邀为伯克利团队的资金申请书、论文等做同行评议。很多年来，他的意见都是负面的。他觉得这个项目过于超前，条件很不成熟：Ia型超新星是不是真的可以作为标准烛光，有没有可能发现足够遥远的超新星，能不能准确地测量它们的光强，等等，都还是悬而未决的问题。年轻的波尔马特似乎对这些重要的细节不那么在乎，指望一蹴而就。科什纳觉得波尔马特和他的团队都是物理学出身，不具备天文学的基础训练和经验，只会成事不足败事有余。

礼尚往来，伯克利的人把总是在寻隙挑刺、百般阻挠的科什纳当作他们的头号“挡路石”。他们隔着美国大陆，虽然经常碰面但互相很不以为然。[27]181-186;[59]79-81,84,99

1994年3月，科什纳带着研究生亚当·里斯（Adam Riess）在进行一次常规观测时接到了波尔马特的电话，于是只好放下手头的活帮对方的忙。测量完毕后，他们意识到那是一颗距离上创新纪录的超新星。科什纳突然醒悟，波尔马特的蛮干也许并不那么离谱。至少，遥远的超新星是能够被发现的。

科什纳的另一位研究生布莱恩·施密特（Brian Schmidt）刚刚毕业，正开始博士后生涯。他的博士学位论文是推广导师当年的课题，更完整地研究Ⅱ型超新星的光谱。这时候他既认识到Ia型超新星作为标准烛光更有前途，也希望能有一个属于自己的独立项目。于是，他与几个年轻人商议，与其坐视波尔马特他们瞎折腾，不如自己也上场，好好地干。他很快召集上几个人，成立了一个“高红移超新星搜索队”（high-z supernova search team）。科什纳也入了伙。[27]190-191;[59]77-78

科什纳早已声名显赫，更是首屈一指的超新星专家。这个小团队也大都由他的研究生、博士后组成。所以，科什纳觉得他应是理所当然的队长。施密特却没有以老为尊。他们俩展开“竞选”，分别在队员中争取支持。最后，在一次两人都退场回避的会议上，队员们选择了施密特：初出茅庐的学生超越了老谋深算的导师。[59]108-109

白矮星整体爆炸的 Ia 型超新星是宇宙中可见的最明亮的星光，光度最强时超过太阳 50 亿倍。一般星系中的恒星数目也就几十亿，这一爆发的光能与整个星系的光相当，甚至超越。因此，在地球上可以捕捉到极其遥远的超新星爆发，即使它所在的星系本身只不过是天文照片中一个不显眼的亮点。

第谷、开普勒他们所看到的超新星之所以辉煌，还是因为它们来自银河系内部，距离非常近。遥远的超新星虽然能够通过望远镜观察到，却也只是茫茫星海中的一个亮点，其光度大约只是背景星光的 1%。测量超新星的光强曲线，需要小心地从测量的光强中除去来自其星系以及附近星系的光。与发现超新星的过程相似，这个减除可以通过与过去还没有超新星时拍摄的照片比较进行。如果没有现成的背景照片，有时候就得等上一整年，当地球回到原来位置、超新星已经完全消失之后再测量那里的背景。波尔马特和施密特都各自独立地编写了计算机程序执行这一减除运作。

超新星的光路也并非畅通无阻。它需要先逃逸出所在星系，然后穿过茫茫宇宙空间，再进入银河系到达地球。在这个长达几亿光年的旅途中，它会遭遇不同程度的宇宙尘埃，因为后者的吸收、散射而有一定损失。

宇宙尘埃对星光的干扰是天文学界的老问题。早在 20 世纪 30 年代，天文学家就已经觉察到宇宙尘埃的存在并为之头疼不已。因为到达地球的光遭遇尘埃的损失是不可控制的，无法校准。不过，尘埃散射最强的是蓝光，会使通过的光线留有更多的红色[1]。因此，通过光色的成分可以估算尘埃的影响，从而修正星光应有的光强。

这是从哈勃到桑德奇所有天文学家的必修功课。但即便如此，这样的估算仍存在相当大的误差，这就是几十年来无法准确测量宇宙距离、哈勃常数的最大原因之一。天文学出身的科什纳深知这其中可能隐藏的陷阱，因此担心伯克利那些物理出身的年轻人会不知轻重。

的确，那时他们已经发现距离比较近的一些 Ia 型超新星的光强曲线互相并不完全一致，存在着微小但不可忽视的差异。Ia 型超新星能否作为标准烛光也因之有了疑问。科什纳觉得在能够完全确定这一点之前兴师动众地去寻找遥远的超新星是本末倒置。所以他建议里斯以这个课题做博士大学论文。

里斯 1992 年在麻省理工学院物理系毕业时申请了哈佛大学的研究生学位。他被天文系录取，但他想去的物理系却只得了个候补。科什纳给他寄去一枚坐地铁用的硬币，邀请他来看看。在哈佛大学他见到施密特，觉得很投缘便接受了天文系。

科什纳还招来一个瑞士人做博士后。布鲁诺·莱本古特（Bruno Leibundgut）在他的博士学位论文里提出了分析 Ia 型超新星光强曲线的新方法，将当时已有的数据归纳成一个标准模式。

里斯在钻研这些进展时意识到用电荷耦合器测量到的最新数据非常丰富，可以进行更为复杂精致的统计分析。与勒维特发现造父变星的亮度与周期相关类似，他发现观测到的 Ia 型超新星的最大光强与其衰减曲线也相关。在同系的

① 这正是地球上灿烂的朝霞、晚霞的来历。

比尔·普莱斯（Bill Press）① 教授帮助下，里斯发明了一个数据处理途径，可以排除宇宙尘埃和其他环境因素的影响，准确地还原 Ia 型超新星的内在光强。因为其突破性，他的博士学位论文后来赢得天文学一项年奖。②[27]186-188,[78]

里斯的论文证明了 Ia 型超新星果然是最好的标准烛光，可以放心地用它来测量宇宙距离。施密特这时也完成了寻找超新星所需要的计算机程序。哈佛的搜索队终于开始了他们对遥远超新星的搜寻。1995 年 4 月，他们找到了第一颗，同时在距离上破了纪录。但即便如此，他们也已经落后了伯克利团队至少 3 年。[59]95-97

超新星是罕见的天文事件。无论在何时何地发现了超新星，标准步骤是及时报告国际天文联合会，由他们统一通告全世界的天文学家。一天，联合会的人接到波尔马特的一个电话，告知他们两星期后会报告好几个超新星的出现，请他们提前做好准备。他们接听后大笑不止：不仅从来没有人能提前两星期预测超新星，更不可能会同时发现好几个！

两星期后，波尔马特果然报上了一批新的超新星。从那之后，他更是一批又一批地连绵不断。

经过几年的“瞎折腾”，波尔马特明白他那种临时满世界求人帮忙的做法无法满足寻找超新星的要求。他想方设法要将这随机的突发事件变成可预测、成批量“生产”的工业化模式。

---

① 作为天文学家，普莱斯最著名的可能还是他出版的一套《数值食谱》（*Numerical Recipes*），是物理系学生编写计算机程序进行数值计算的经典参考。

② 里斯与科什纳、普莱斯合写的论文中用了一个同事私下提供的尚未发表的数据验证他的方法，却未能如约等对方的论文发表之后再发表。他们各自的论文同时面世，彼此闹得很不愉快。[59]105-108

他们自己设计制作了一个“广角镜头”，将其装置在天文望远镜上可以大大地扩展视野。因为电荷耦合器的功能，他们由此能同时拍摄十几二十倍数目的星系。这样，每一张照片上都会有成千上万个星系。即使一个星系中每几百年才可能会有一个超新星出现，但在每个晚上拍摄的批量照片里，他们可以肯定其中必定会有那么几颗。

当然，他们不只是要找到超新星，还要在它们亮度达到最高点之前发现。这时候，距离的遥远倒是一个有利条件。越远的星系正在以越快、越接近光速的速度远离我们而去。根据相对论，高速运动中物体的时钟在我们看来会变得慢很多。白矮星爆炸的过程不是很长，可观察的时间大约 30 天。但如果这一爆炸发生在几亿光年之外，在地球上看却有 60 天。

相应地，从爆发到最亮的过程也被拉长，留给我们大约 21 天的时间。波尔马特意识到这与月亮的周期大致符合。天文观测的最佳日期是新月出现之前、夜空最黑暗的那个晚上。如果在那时拍一系列照片做基准，然后等到下一个新月的夜晚再重复拍摄，两相比较，他们一定能找到刚出现、尚未达到亮度峰值的超新星。[27]202; [59]100-101,110-111; [79]

当哈佛的搜索队发现他们的第一颗超新星时，伯克利团队的手里已经有了多达 11 颗可用的 Ia 型超新星数据。而更重要的是，他们达到了超新星“随要随有”（on-demand）的境界。

科什纳的科研小组会通常是由他每星期五带着博士后、研究生到饭馆聚餐，在那里高谈阔论各自的科研进展。他自嘲地感慨，为这顿饭买单是他能为科学事业做出的最大贡献。与其他盛名之下的专家一样，担任教授——尤其是系主任——之后，他忙于教学、行政、申请经费，等等，已经没有什么时间能够专注于科研。[27]178

在天文领域，最珍贵的资源还不是大型望远镜的观测时间，而是个人可支配的科研时间。已经研究生毕业，可以独立科研又没有其他负担——除了需要找正式工作——的博士后可以说正处于黄金时段。与当年的古斯一样，他们经常发现自己站在最前沿，是观测、分析、研究的主力。

1996 年，27 岁的里斯博士毕业，得到伯克利的一份奖学金去那里做了博士后。虽然“深入敌后”，他依然是 29 岁的施密特麾下的搜索队成员，并在队中起着越来越重要的作用。在他身边，已经 37 岁的波尔马特带着另一拨博士后、研究生也正在紧锣密鼓地分析超新星数据。这两个年轻气盛的队伍仍旧互相看不顺眼。除了偶尔的交流、合作，他们保持着激烈竞争的态势。（图 28-1）

因为他们有着同一个目标：要抢先破译遥远的超新星带来的信息，测量宇宙膨胀的减速并从而揭示宇宙的归宿。

图 28-1　20 世纪 90 年代，竞争对手施密特（左）与波尔马特（右）在对峙中

【图片来自 Nicholas Suntzeff (by permission), Texas A&M University】

第 29 章 宇宙的膨胀在加速

20 世纪 90 年代是天文学又一个激动人心的年代。1990 年 4 月 24 日,“发现”(Discovery)号航天飞机升空，在卫星轨道上装置了人类第一台遨游太空的天文望远镜，以现代最著名的天文学家命名为“哈勃太空望远镜”(Hubble Space Telescope)(图 29-1)。

即使是在难得的晴空万里的黑夜，即使是在海拔数千米的高山之巅，地球

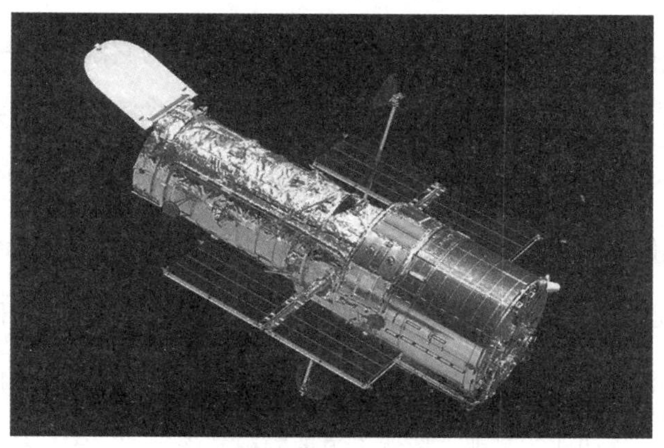

图 29–1　在太空轨道上傲视天穹的哈勃天文望远镜

【图片来自 NASA/Ruffnax (Crew of STS-125)】

上的望远镜都会受到大气层的影响。大气层不仅吸收了大量的星光[①]，而且即便是微弱的气流搅动也会造成相片的模糊失焦。在现代化的镜片制作、电子成像工艺精益求精之后，天文望远镜的精度已经达到极限，大气层成为最大、最后的障碍。

早在20年代火箭技术刚刚起步时，就有人提出现代的运载火箭有一天能将天文望远镜送上太空，彻底摆脱大气层。1946年，年仅32岁的美国人莱曼·斯皮策（Lyman Spitzer）发表论文，系统地阐述了太空望远镜的设计。一年后，他接替导师罗素担任普林斯顿天文台台长[②]。其后几十年，他一直在美国航天局领衔推动这个梦想的实现。

与哈勃本人早年的经历相似，哈勃望远镜的亮相曾颇多磨难。1986年“挑战者”号的灾难迫使航天飞机整体停飞两年多，哈勃望远镜不得不在仓库中被冷藏了4年。终于进入轨道后，它又被发现镜片制作不当，拍摄的照片散光、模糊，没达到设计要求。1993年，“奋进”（Endeavour）号航天飞机再度造访轨道上的哈勃望远镜。宇航员经过一番复杂的太空操作为它添加了一副矫正镜片。戴上眼镜之后的哈勃望远镜终于大放光彩，不仅在科学发现上屡建奇功，而且连年拍摄出大量丰富多彩的天文照片，令爱好科学的大众惊艳不已。[80-81]

今天，人们提到“哈勃”时，他们指的大多是天外的那台望远镜，而不是近100年前威尔逊山上的那位少校。作为个人的哈勃早已悄悄地离开了这个世界，在地球上没有留下痕迹。但从1990年起，他的丰碑已经超脱地面的羁绊，独自在太空中翱翔。犹如他的灵魂，依然永恒地凝视着深邃的宇宙，捕捉、收集来自远方、来自远古的微弱星光。

---

① 尤其是微波、红外、紫外等波段的电磁波。

② 他也是著名的普林斯顿受控热核聚变实验室的创始人。

1996 年，普林斯顿大学借 250 年校庆之机举办了一系列活动。夏天，他们邀请天文学家在那里济济一堂。特纳、皮布尔斯等新生代“无赖宇宙学家”接连发言，企图复活普林斯顿老前辈爱因斯坦当年那无中生有的宇宙常数。他们从理论上论证，宇宙中存在的物质、暗物质不足以解释宇宙的平坦，需要宇宙常数帮忙。

科什纳主持了特纳与其他理论家的一场辩论。之后，他转向波尔马特，问他的看法。波尔马特没有纠缠理论，表示他可以谈谈他们遥远超新星测量的结果。

作为天文学家的哈勃最著名的是他发表的星系速度与距离关系图，显示星系远离我们而去的速度与它们的距离的数据点构成一条直线，即成正比。虽然勒梅特曾更早地发现这个规律，这个图还是被称作“哈勃图”：正比关系即“哈勃定律”。那条直线的斜率便是“哈勃常数”——宇宙年龄的倒数。

哈勃那时的数据有限，误差也相当大。所以他那张图（图 10-1）上数据点发散，与他画的直线之拟合颇为勉强。好在那之后的几十年里，桑德奇等一整代天文学家以越来越多的数据、在越来越远的距离上证实了哈勃定律。从 20 世纪 20 年代哈勃、胡马森力所能及的几百万光年距离到 90 年代波尔马特追求的几亿光年外超新星，哈勃图上的直线不断地延伸，经受了历史的考验。

果然，波尔马特在会上拿出的他们最初 7 颗超新星也都处在那条（再度伸长后的）直线上。皮布尔斯很失望地表示：如果这些数据成立，他们刚刚还正在鼓吹的宇宙常数理论就只能寿终正寝了。

哈勃定律的正比关系可以用一个膨胀中的气球形象地描述：在一个均匀膨胀中的气球表面，任何两点拉开的速度与它们之间的距离成正比。不过，宇宙还有一个气球式的日常经验不具备的因素：时间。

因为光速有限，我们抬头看到的太阳其实只是8分钟以前的太阳，因为太阳发出的光需要8分钟后才能抵达地球。同样，几亿光年之外超新星的亮光、红移给我们带来的并不是它们今天正在离开我们的速度，而是几亿年前它们所在之处的膨胀速度。当然，如果宇宙膨胀的速度像阳光一样恒定不变，这个时间差即使巨大也没有影响。

如果宇宙在大爆炸之后只是惯性地膨胀，其速度会保持恒定。如果宇宙中有足够的物质、暗物质以其引力拉后腿，宇宙的膨胀便可能减慢，甚至在将来某个时刻逆转为坍缩。而如果像特纳、皮布尔斯等人所主张，宇宙中还有一个Λ在起着与引力相反的作用，那么宇宙的膨胀也可能会加速。

要知道是哪种情形，我们可以比较遥远超新星所报告的远古时的速度与今天的数值。在哈勃图上，这表现在远方的数据点是否继续符合那条代表恒速的直线。如果宇宙的膨胀速度不恒定，那里的数据点会一致性地偏离直线。它们往哪一边偏离便告诉我们宇宙膨胀是在减慢还是在加快。

波尔马特的7颗超新星基本上都在哈勃图的直线上。如果仔细计较，它们还稍微偏向宇宙膨胀减慢的一侧。他认为据此很难想象我们处在一个因为Λ而在加速膨胀的宇宙。但他同时也指出，这些数据的误差太大，不足以下确切的结论。宇宙膨胀无论会是在减慢还是加快，其变化都会微乎其微。他们还需要找到更遥远、更古老的超新星，才能分辨出明显的差异。当然，他们也需要更精确的测量手段。

科什纳没有发表意见。他对波尔马特的结果信心不大，但却拿不出自己的数据来。[27]194-196;[59]147-149;[71]431

因为需要运送到大气层之外，哈勃望远镜不能特别巨大。它的口径2.5米，

与哈勃当年使用的胡克望远镜同样大小。由于不受大气层的屏蔽、干扰，也没有地球表面灯光的污染，哈勃望远镜拍摄出的照片让地球上几倍大口径的望远镜瞠乎其后。要更精确地测量遥远的超新星，哈勃望远镜似乎是不二之选。

20 世纪 90 年代的天文望远镜已经不再要求天文学家像哈勃、桑德奇那样整夜将自己关在小笼子里，强忍寒冷、尿急、孤单，手工操作保持目标的锁定。电子计算机控制的自动跟踪系统更完美地接替了这一重任。天文学家可以坐在舒适的办公室甚至自己家里通过互联网远程遥控望远镜。[27]240-241

远在天外的哈勃望远镜当然只能通过远程操作进行观测。

不过哈勃望远镜不是静止地坐落在高山上，而是“悬浮”在太空，并以每 90 分钟绕地球一圈的高速在运行着。不仅它锁定目标的操作异常复杂，还必须时刻注意瞬息万变的方位，避免被邻近的地球、月亮挡住视线，更要躲过太阳光的直射。为了防止意外，使用哈勃望远镜的天文学家需要在至少一个月前将观测计划提交给控制中心，由他们仔细审查、确认万无一失才能通过，并编写成计算机程序。地球上的控制中心每星期上传一次指令，给哈勃望远镜布置下一个星期的运作，非不得已绝不会临时变更。

在这种模式下，随机出现的超新星不可能在哈勃望远镜的计划之中。

波尔马特却很有信心。他们已经完善了寻找超新星的“流水线”方式，不仅“随要随有”，还能“指哪打哪”。他们可以事先设定好哈勃望远镜便于观测的天域，然后在一个月前后分别进行两次观测，其中肯定会有超新星出现。

他的申请又一次撞到科什纳的枪口上。作为决定哈勃望远镜时间分配的权威之一，科什纳出言阻挠。他指出哈勃望远镜的使命是进行地面望远镜无法胜任的天文观测，没必要为超新星浪费、冒险。还好主持分配的负责人十分欣赏波尔马特的创新精神。他几经斡旋，达成了一个折中方案：同时给伯克利和哈佛的团队提供时间，一碗水端平。科什纳也就不再反对动用哈勃望远镜观测超新星了。

只是两个团队之间的积怨又加深了一层。在学术会议上，几乎很难再看到科什纳与波尔马特同时出现。波尔马特总算是找到了他的涅墨西斯。[27]203-206,[59]111-114

波尔马特公布最初结果的那年，里斯还是哈佛的研究生，正在分析他们当时仅有的第一颗超新星数据。一天，导师科什纳领着来访的特纳和古斯走进他的办公室，鼓励他汇报一下最新进展。面对突然出现的3位学术界名人，里斯惴惴不安。他的结果显然不靠谱：在哈勃图上，他的超新星不在那条直线上，也不在它应该在的一侧，而是落到了另一边。

特纳乐了，这个与波尔马特相反的结果倒正是他希望看到的。研究生难为情地解释，这只是他们的第一次尝试，可能实验、计算上有错，也可能误差太大，总之不靠谱。[59]155-156

伯克利那最初7颗超新星的论文在一年后的1997年7月正式发表。同时，使用哈勃望远镜的观测获得了预期的成功，给他们提供了从两颗新的超新星上获取的更高精度并可靠得多的数据。不妙的是，这两颗星与前面7颗星的表现不一致，在哈勃图上跑到了直线的另外一侧。

经过仔细核查，他们发现当初和新的超新星中各有一颗其实不是Ia型，应该去除。但剩下的那颗新的还是顽固地在与原来的6颗唱着反调。他们面临一个窘境：新的这颗星只是孤证，却是哈勃望远镜测量的结果，比原来的几颗的误差小得多。但是否应该为它推翻刚刚已经发表的另外6颗星的结论？

他们在10月初发表了这个尴尬的结果。因为用哈勃望远镜测量超新星本身就是一个重大突破，他们不能落到对手的后面。果然，哈佛的搜索队也几乎同

时发表了论文。两篇论文都强调了哈勃望远镜的技术优势，反而对超新星的具体结果淡然处之，未下结论。[59]149-152

里斯毕业后来到伯克利的粒子天文学中心做博士后，继续他的数据处理。他已经把计算过程反复修改、更新了无数遍。虽然越来越自信，他的超新星却还是固执地处在哈勃图上不应该的那一侧。

以天文学家为主的哈佛搜索队十分松散，人员遍布世界各地的天文台。施密特结婚后伴随妻子搬去了澳大利亚，经常往智利的天文台奔波。他们团队的联系全靠日益成熟的电子邮件，辅之以时区混杂的越洋电话。[27]196-197,[59]114-116 里斯和施密特保持着密切的电邮、电话联系，每次完成一项计算都要交给对方进行独立核查。作为警示，他们在那一系列电邮中分别以“弗莱希曼”“庞斯”署名。几年前，美国化学家马丁·弗莱希曼（Martin Fleischmann）和斯坦利·庞斯（Stanley Pons）大张旗鼓地宣布他们用简单的设备实现了室温下的核聚变（cold fusion），造成巨大轰动。但他们这个“历史性突破”很快被证明不可重复，成为科学界一桩丑闻。

施密特每次看到里斯的邮件都忧心忡忡。他知道里斯聪明绝顶，但还年轻、不够细致，才会一次次得出意外的结论。但他的疑虑随着一遍又一遍的验证逐渐消散。不仅是那第一颗，他们随后测量的几颗超新星的确都在哈勃图的“错误”一侧。同时，他们也得到消息，波尔马特那边的结论也正在发生变化。

同为年轻人，里斯在伯克利经常与波尔马特那班人一起打球游乐，互相取笑对方在超新星项目上的不足。他知道在超新星的数量上他们不可能赶上对手超前的进度，但相信自己的计算方法略高一筹，可以在质量上取胜。但更迫切的是时间。他能够感受到双方都进入了最后的冲刺，终点已经在望。

在竞争压力之外，里斯还面临着另一个时限：他定在1998年1月10日结婚。1997年年底，他把自己关在因为圣诞节假期而空无一人的办公室里，日夜起草论文。1月4日，里斯把草稿寄给施密特审阅。8日，施密特回信直截了当："你好，Λ！"

施密特和里斯终于都有了强劲的自信：他们这个结论有99.7%的可能是正确的。宇宙的膨胀速度既不恒定，也没有因为引力减慢，反而是在加速：因为他们测量的超新星都坐落在哈勃图中加速膨胀的那一侧。这只能用特纳、皮布尔斯等人复活的宇宙常数解释。

他们随即把起草好的论文转寄给全体成员征求意见。里斯忙里偷闲，回家乡举行了婚礼。他没有忘记自己天文学家的身份，把蜜月安排在夏威夷，可以"顺便"去那里的天文台帮忙。旅途中他们再度路过伯克利，他强拉着新娘又跑到办公室打开计算机查看邮件。信箱里已经塞满了大家对论文底稿的反应，支持的和反对的几乎参半。

最直截了当的信件来自他们的导师科什纳。他在邮件中写道：你们内心里知道这是错的。但你们的脑子在告诉你们要发表……

科什纳对波尔马特不得不更正才发表的结果毫不惊讶，他从来没有信任过伯克利那群物理出身而混迹天文的年轻人。他也清楚自己的门徒里斯和施密特为了避免重蹈弗莱希曼和庞斯的覆辙已经竭尽全力。但他的内心还是不能够接受他们的结论。仅仅几年前，他为这个项目提交的资金申请书的副标题还是"利用Ia型超新星……测量宇宙膨胀的减速"。[27]197

十多年前，科什纳在研究1987A超新星的来源时曾经犯过一个错，不得不事后更正已发表的结果。他很不愿意重复那个经历，尤其是在宇宙常数这么一个举足轻重的历史性概念上。波尔马特刚刚因为1颗超新星否定了前面6颗的结果，而他们手上才只有 4 颗超新星，如果仓促发表了很快又要更正该如何是好？

在新婚妻子责怪的眼神下，里斯自顾自地坐下来写了一封长长的回信，再次论述他的信心。他回应科什纳说，既不要用心也不要用脑，应该用眼睛看这个结果。毕竟，他们都是天文学家。

信件发出后，他就和妻子度蜜月去了。当妻子抱怨地问道他们以后的日子是不是都会时常这样被他“重要的工作”搅乱时，里斯回答：不会，不会。只是这一次……真的是不一样。[27]214-221,[59]153-160

施密特向里斯发出“你好，Λ”电邮的那一天，波尔马特正在美国天文学会的年会上做报告。他向在场的记者介绍，他们已经有了 40 多颗遥远超新星的数据。他骄傲地宣布：“今后，如果要知道宇宙的归宿，你会去咨询实验天文学家而不是哲学家。”

还不到 40 岁的波尔马特应该很庆幸他大学时在物理与哲学之间所做过的选择。他更没忘了强调：重要的其实不是宇宙的归宿本身，而在于人类能够通过科学的手段认识宇宙的归宿。[27]208,[59]140-142

在那几个月里，波尔马特在各地做了多场学术报告。他展示的数据越来越多。与里斯看到的相同，他们后继的超新星也都跑到了哈勃图上的另一侧。但因为事关重大，他始终没能直截了当地揭开宇宙膨胀在加速这个惊天秘密。在那次年会上，伯克利和哈佛两个团队都只是提出宇宙的结局不会是坍缩，而是永远地膨胀下去。（图 29-2）

2 月 22 日，波尔马特又在一次会议上做报告。曾经是他的队友但后来“叛变”到哈佛团队的亚历克斯·菲利彭科（Alex Filippenko）坐在下面，紧张地聆听他的每一句话。这一次，波尔马特还是只提到他们的数据中可能有宇宙常数

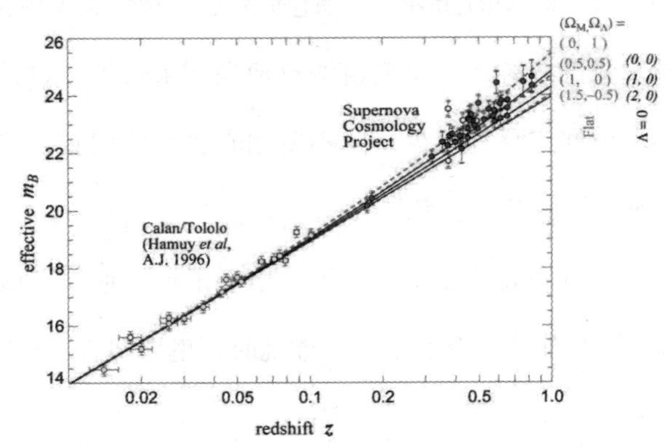

图 29–2　基于超新星测量的新“哈勃图”，远距离上的数据点明显偏离直线。图中的几条线是根据不同参数取值的理论预测

本图采用特别变量绘制，纵轴相当于距离，横轴为红移。

存在的证据，依然没有明确其含义。菲利彭科如释重负。接下来便是他的演讲，而他来之前就已经得到了团队的授权。在展示数据之后，他不再含糊其辞，旗帜鲜明地表明遥远超新星的测量结果意味着宇宙的膨胀在加速。

虽然不及室温核聚变事件时的疯狂，宇宙膨胀在加速也是一起震惊科学界的重大发现，立刻引起了媒体的轰动。里斯、施密特、科什纳等一时都成为当地电视台追逐的明星。他们的感想在各大报刊中转载。引用最多的是施密特回忆他最初的反应：一半惊异一半恐惧。惊异在他压根没料到会得到这样一个结论；恐惧则因为他觉得天文学界不可能接受这么一个结论。

那个时刻，伯克利团队已经有了 42 颗超新星的数据，哈佛搜索队只有 16 颗。但哈佛数据中的误差只有伯克利的一半，因此具备更多的自信。用里斯的话说，他们这几只乌龟终于超越了波尔马特那只兔子。伯克利的人很不服气，对《纽约时报》记者抱怨哈佛那几个人只是验证了他们的结果，却在公关游戏上赢得了先机。

科什纳也在《纽约时报》采访中表达了由衷的感慨：你知道世界上最强大的力是啥？不是引力，是嫉妒。[59]161-166

伯克利和哈佛的这两支队伍从一开始就处于互不相容、近乎你死我活的争斗之中。这个激烈的竞争是他们能在短短几年内克服无数困难、开创宇宙学新纪元最强大的动力。而有意思的是，他们互相隔绝、几乎完全不合作的运作方式也带来意外的收获。

施密特的恐惧不是空穴来风。除了那极少数“无赖天文学家”，天文学界的共识一直是宇宙膨胀速度恒定，只可能会因为引力作用有微不足道的减速。没有人认同宇宙常数的存在、宇宙膨胀会加速。与发现宇宙膨胀所依据的造父变星不同，超新星是一次性事件，其测量结果无法重复核对，因此更难取信于人。

但伯克利和哈佛这两个团队各自独立地寻找到不同的超新星，使用完全不同的测量和数据处理手段，互相之间从来没有因为交流而“作弊”过。他们却殊途同归，得出了同样的、与事先预料完全相反的结论。这不能不令人信服。

波尔马特说，两个团队的结果是“暴力的和睦”。①[59]181-186,[71]433-434

这两个团队之间的竞争并没有因为他们共同的成功而结束。在那之后的十多年里，他们为究竟是谁最早做出这一发现、谁最先公开发表等，在多个场合打了无数的笔墨官司——尤其是在每次国际性大奖的评比之际。[59]220-228

直到 2011 年，已经不再那么年轻的波尔马特和施密特、里斯因为这项历史性贡献分享了诺贝尔物理学奖。（图 29-3）

① in violent agreement.

图 29-3　波尔马特、里斯、施密特（从左到右）在 2006 年接受天文学界大奖（Shaw Prize）

【图片来自 Ariess at English Wikipedia】

第 30 章 称量星系的体重

1998 年年底，《科学》杂志将宇宙加速膨胀的发现评为该年度的科学突破，用了一个夸张的爱因斯坦漫画做封面（图 30-1）。

图 30–1 1998 年 12 月 18 日的《科学》杂志封面

那个白发飘逸的爱因斯坦在烟斗里吹出一个个越来越大的“宇宙”，似乎在对他的创造满脸惊异。其实，把爱因斯坦抬出来作为宇宙加速膨胀的象征颇具讽刺含义。

爱因斯坦先是为了让宇宙既不膨胀也不收缩而在广义相对论场方程中无中生有地引进了一个宇宙常数项。随后，他在膨胀宇宙的事实面前承认犯错，立即并永远地摒弃了这个数学上不优美的累赘。他没想到这个宇宙常数项会在几十年后死灰复燃，成为宇宙加速膨胀的动力，见证他的一错再错。

那年的 10 月 4 日，特纳和皮布尔斯在 1920 年沙普利和柯蒂斯世纪大辩论的同一个礼堂中做了一场新辩论。这是 20 世纪 90 年代天文学家复活的一个新传统，不定期举办这样面向大众的辩论。那年原计划是由皮布尔斯与戴维 · 施拉姆（David Schramm）辩论宇宙常数存在的可能性。施拉姆不仅是大爆炸宇宙学家，还是个业余飞行员。1997年底，他在驾驶自己的飞机回家途中不幸坠机遇难。

作为施拉姆的同事和契友，特纳接替了他的角色。这场辩论也同时成为纪念施拉姆的仪式之一。只是在宇宙加速膨胀发现之后，宇宙常数的存在已经不再有辩论的必要。年近半百的特纳兴致勃勃，提出干脆辩论一个更大的题目：宇宙的本质已经被解决了吗？（*The Nature of the Universe: Cosmology Solved?*）

特纳曾经为神秘的暗物质编造出一个大名："胆小鬼。"那年，他觉得"宇宙常数"这个名词太拗口且含义不清，再加上宇宙的加速膨胀是否就是因为爱因斯坦的宇宙常数也尚未定论，他提议干脆把这个新因素叫作"暗能量"（dark energy），与兹威基那能减慢宇宙膨胀的暗物质直接对应。作为一个在此之前毫无所知、看不见摸不着却又能推动宇宙加速膨胀的神秘力量的名字，暗能量简单上口名至实归，立即就被广泛接受。[59]171-172

对特纳来说，1998年是划时代的。广义相对论，加之暗物质和暗能量，已经能够完整地描述我们的宇宙。从这一年开始，宇宙学成为一门精确的定量科学，足以解答宇宙的本质——与当年柯蒂斯口口声声"需要更多的数据"形成鲜明的对比。

稳健、低调的皮布尔斯表现平平，只是指出不能过于乐观。善于演讲的特纳则意气风发。他尤其擅长的是用投影仪展出一系列自己手画的图片，花里胡哨引人入胜。这场辩论基本上成了他一个人的表演。[59]164-165,168-171;[71]435-436;[82-83]

当然，在做到精确定量之前，他们还面临着一个挑战：那神出鬼没的暗物质、暗能量究竟有多少、在哪里，又如何度量？

1936年春季的一天，一个陌生人走进《科学新闻快报》（*Science News*

Letter）杂志编辑部，拿出一大摞手稿，要讨论他在广义相对论中的一个新发现。

编辑对这类不请自来的“民间科学家”早已司空见惯，礼貌地接待了他。那人英语很差，专门带了个朋友翻译。经过一番艰苦交谈，他们了解到这人名叫鲁迪·曼德尔（Rudi Mandl）（图 30-2），出生于现在的捷克。第一次世界大战时，他在奥地利军队服役，被俄国人俘虏到西伯利亚当苦力。自己逃回来后，他在维也纳完成学业获得工程学位。后来他颠沛流离，在南美、欧洲多个国家流浪。来美国后，他在一家餐馆打工谋生。

图 30–2 在餐馆洗盘子的曼德尔

曼德尔的想法直截了当：爱丁顿的日全食观测证明光线会因为太阳的引力拐弯，就像光线被棱镜折射。这样，应该可以利用太阳的引力做透镜，聚焦观测太阳后面的星星（参见图 1-1）。杂志编辑对这个诡异的想法无法定夺。他们出钱给他买了张火车票，让他自己去普林斯顿找爱因斯坦理论。

那年 4 月 17 日，全世界最著名的科学家在家里会见了这个餐馆伙计。他们直接以德语交流，倒是相谈甚欢。爱因斯坦没有觉得曼德尔的想法怪诞，因为他早在 1912 年就琢磨过这个叫作“引力透镜”（gravitational lensing）的问题，那时还没有广义相对论。

光线因为引力拐弯其实并不是因为广义相对论才有的。传说中伽利略曾在比萨斜塔上扔下来两个质量不同的球，以它们的同时落地证明亚里士多德的谬误。虽然这个传说没有根据，这个实验本身却并不离谱。因为在牛顿力学中，引力与质量成正比，而力所产生的加速度与质量成反比。这样，物体在引力场中的运动与其质量无关[①]。

即使是没有质量的光，也可以被认为遵从同样的运动轨迹而被引力扭转方向。区别只在于光的速度非常大，它受引力影响偏离直线的幅度也就非常小。

在爱丁顿那次远征的5年前，爱因斯坦的助手、德国天文学家欧文·弗劳德里希（Erwin Finlay-Freundlich）就曾远赴俄国观测1914年8月21日的日全食，以验证星光受太阳的影响。他不幸赶上了随即爆发的第一次世界大战，被俄国人当作间谍拘捕而错过机会。直到那场战争结束后，爱丁顿才在1919年得以成功拍摄日全食时的恒星位置，证实光线的弯曲。那时广义相对论已然问世，这个新理论预测的光线弯曲幅度比经典力学预测的大一倍，更接近爱丁顿的观测结果。

无论是经典力学还是广义相对论，太阳对光线的“折射”都微乎其微，没法真的当透镜用。所以，即使在爱丁顿震惊世界之后，爱因斯坦也没再琢磨引力透镜问题。曼德尔来访时，他已经忘了20多年前曾做过这道题，又陪着来客一五一十地从头推导了一遍。

曼德尔回家后，他们还继续通信交流。只几个月后，爱因斯坦似乎又失去了兴趣，不再回复曼德尔的频繁探询。无奈，曼德尔再次向《科学新闻快报》求助，要他们去催一催。好奇的杂志社便去信询问。爱因斯坦很快回复：是的，是的，曼德尔的想法有点意思，我正准备发表论文。

---

① 这里姑且不追究所谓“引力质量”与“惯性质量”的概念区别。

随后，爱因斯坦给《科学》杂志提交了一篇不到一页篇幅的小稿件，发表在该刊的“讨论”栏目中。他没有把曼德尔列为共同作者，而是以第一人称和罕见的聊家常方式开篇：“不久前，曼德尔来看我，要求我发表一项我应他要求所做的计算结果。这份笔记兑现他的愿望。”在这篇短短的文章里，他详细描述了引力透镜的原理，但两次强调不可能真的观察到这一现象。

爱因斯坦还在投稿信上专门向编辑解释：“请让我感谢你们的合作，这篇小文是被曼德尔先生从我这里硬挤出来的。它没有什么价值，但会让那个可怜家伙高兴。”①

毕竟是出自爱因斯坦，这篇“没有什么价值”的稿件在 1936 年 12 月 4 日的《科学》杂志上发表。[84]

引力透镜的概念其实也早于爱因斯坦，在牛顿建立经典力学后不久就曾多次被提出。但还是因为曼德尔不依不饶的“硬挤”，它才得以堂而皇之地在著名学术期刊上面世。在那以后，凡是与引力透镜有关的介绍甚至术语都与爱因斯坦的大名相连。

锲而不舍的曼德尔自然不只是在爱因斯坦那里下工夫。他像其他“民科”一样广泛联系了众多的名家，但只有爱因斯坦把他当回事。他联系的人中还有美国无线电公司的俄国工程师弗拉基米尔・佐利金（Vladimir Zworykin）。佐利金正忙于发明电视机，好奇地把这个怪念头转告了他的朋友、天文学家兹威基。

兹威基自己就是以类似的怪点子著名，马上就领悟了其中的价值。爱因斯坦不是天文学家。他眼里只有太阳那样的恒星，不足以凸显引力透镜的效应。

① Let me also thank you for your cooperation with this little publication, which Mister Mandl squeezed out of me. It is of little value, but it makes the poor guy happy.

兹威基的眼光深远得多。他正在研究的星系由几亿、几十亿颗恒星组成，其引力比太阳引力便大了几亿倍。尤其是，星系中还有他刚刚发现、定义的暗物质能够提供更多的引力。

正是这个可能性激发了兹威基的兴趣。他意识到引力透镜的价值不在于观察遥远的星星，而是反过来观测“透镜”本身。如果能够观察到引力透镜效果并测量光线因之折射的程度，就能相当准确地推算出作为透镜的那个星系的总质量乃至内部的质量分布。与鲁宾和福特的星系旋转速度分布类似，这是一个精确测量星系质量更新、更好的途径。

爱因斯坦论证引力透镜不可能实现的一年后，兹威基就在他提出暗物质概念的那篇论文中同时指出利用引力透镜作为测量暗物质的手段。当然，他没法将自己的创见付诸实践。与他另外提出的中子星、超新星等许多概念一样，他超前历史太多。

1979 年，正是在暗物质概念逐渐被接受时，天文学家第一次在观测遥远的类星体时真实地看到了引力透镜效应。这个几代天文学家和一个餐馆小工的想象由此进入实践领域。

要实现引力透镜的作用，不仅作为“透镜”的星体需要提供足够的引力，它与地球以及远方的发光体必须构成一条直线，让发出的光穿过透镜（掠过星体）来到地球。人类在地球上没有办法操纵恒星、星系的相对位置，只能被动地等待、寻找合适的时机。这就是为什么弗劳德里希、爱丁顿等人必须等待日全食的机会。因为那时只能用太阳做透镜，只有在日全食月亮挡住太阳本身的强光时才能观察到它折射的远方恒星的光。

严格来说，引力透镜并不真的是个透镜，或至少日常意义的透镜。普通的透镜是人们根据光学原理精心设计磨制的，可以把远方到来的所有平行光束全部聚集在一个点——焦点——上，因此起到放大光强的作用。恒星、星系的引力对光线的偏折是天然的，并没有一个特定的焦点。或者说，光源与透镜构成的那条直线上处处都是焦点，分别聚集了穿过透镜不同区域的光线。这样，地球并不需要处于某个特定焦点时才能观察到引力透镜现象，只要与光源和透镜三点成一线时就有可能。而且，伴随着这三者几何关系的微妙差异，还能观察到不同的神奇图像。

爱丁顿寻找并证实的是被太阳遮挡的恒星位置在天幕上与没有太阳遮挡时相比有偏移。因为恒星的光线被太阳偏折，那往后延长的“视线”落到了天幕上略微不同的地方。他看到的是恒星光线从太阳的一侧通过时被偏折而形成的影像，比原来的恒星位置向远离太阳的方向挪开了一点。这对他来说已经足够了，因为他并没有去寻找引力透镜。

然而，恒星的光同时也可能从太阳的另一侧通过而来到地球。假如爱丁顿能同时拍摄到两边的光，他会看到同一个恒星的两个影像分别处于太阳的两侧。如果同时还拍摄到恒星从太阳上下通过的光线，就会看到上下左右 4 个影像①。这个造型被称为引力透镜的“爱因斯坦十字”（Einstein cross）。[85]

如果地球、太阳、恒星能形成最理想的对称形态，太阳周围各个方向都会传来该恒星被偏折的光，汇聚在地球这一个点上。这时能观察到的恒星影像是一个完美的圆环，即“爱因斯坦环”（Einstein ring）。[86]

太阳与地球的相对位置时刻在变化，日全食的机会又极少，这些理论上的推测与爱因斯坦对引力透镜的结论一样，不可能实现。但如果像兹威基那样把

---

① 这个效果与儿童玩具“万花筒”颇为相似。

眼光放开到太阳系之外，以遥远的星系做透镜观察更遥远的星系，这样的可能性便不再渺茫。在哈勃望远镜强大的威力下，这些海市蜃楼般的天文奇观一个个地被展示在人类眼前。（图 30-3）

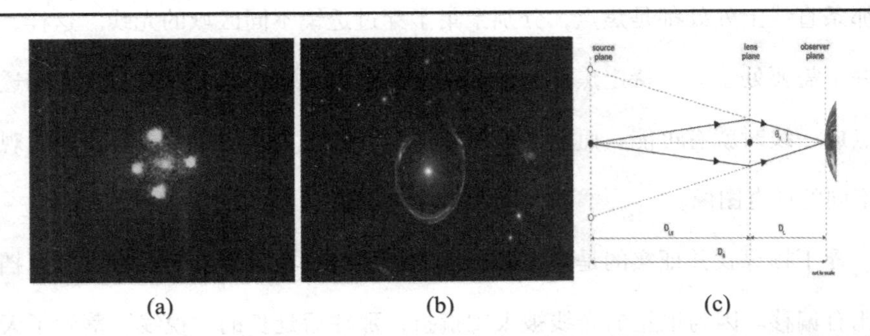

图 30–3　哈勃望远镜拍摄的“爱因斯坦十字”（a）、“爱因斯坦环”（b）和引力透镜的原理示意图（c）
【图（a）、（b）来自 NASA；图（c）来自 wikimedia：Amitchell125】

如果兹威基还活着，令他欣慰的不只是这些幻境般的美图。果然如他所预料，引力透镜在 20 世纪 90 年代成为探测暗物质的最重要手段。

1988 年，美国天文学家托尼 · 泰森（Tony Tyson）在观测中看到一张壮观的照片。他拍摄的是一个距离地球约 50 亿光年的星系团，其中有着 10 000 亿个星系。那些星系只是照片上的亮点。泰森注意到亮点之外还有一些不规则的影像。他意识到那不是来自该星系团本身，而是星系团背后另一个更远的星系的光。那个星系距离地球有 100 亿光年，它的光在经过前面的星系团时受到引力影响，这形成了一个相当强大的引力透镜。

正如兹威基曾梦想的那样，泰森建立起计算机模型模拟星系团中的质量分布和对更远方的星光的引力影响，重构引力透镜的形状（图 30-4）。通过与实际测量的效果对比，他推算出星系团的质量分布。

(a) (b)

图 30–4 泰森发现的星系团引力透镜（a）和他推算出的星系团质量分布（b）

这个质量分布图看起来像中世纪的城堡。上面每一个尖峰是一个星系的所在，那里的质量最密集。但令人惊奇的是在尖峰之间——也就是星系之间——也有质量存在。那正是我们视觉宇宙中的完全黑暗之处，应该是空空如也的虚无，却依然有着相当的质量分布。

事实上，虽然那些地方的质量密度不如星系所在尖峰处那么高，它们占据的空间范围却大得多。因此，这些在星系之间散布的、看不见的质量在总体上是星系中可见的寻常质量的 40 倍。[42]32-34

在鲁宾和福特通过星系旋转速度证明星系中有暗物质之后，泰森的成果表明暗物质不仅存在于寻常物质所在的星系里，还“独自”弥漫于没有寻常物质的虚空中。这更让科学家相信暗物质是无所不在的。它此时此刻也正散布于我们的周围，甚至我们人体之中，而我们对它浑然不觉。

但我们现在不仅知道暗物质的存在，天文学家还有了探测它的工具。通过引力透镜，他们可以越来越精确地测定星系、星系团中的质量分布，无论其组成是发光的恒星或宇宙尘埃，还是看不见但属于“寻常物质”的黑洞，抑或是不寻常的暗物质。只要它们贡献、参与引力作用，都会在引力透镜中现身。

由此，天文学家终于有办法为星系称量体重，也就对宇宙中的质量分布有了更准确的认识。这也是特纳非常有信心地宣布天文学进入精确定量科学的重要因素之一。

曼德尔在与爱因斯坦讨论引力透镜时，还提出过进一步的假想：也许过去某个时刻地球正好处于一个引力透镜的焦点上遭到来自天外的强烈辐射，引发地球上生物病变而发生大灭绝。也许那是恐龙末日的缘由。爱因斯坦没有买他这个真正“民科”式想法的账。

他们俩没有再打过交道。爱因斯坦在《科学》上发表的那篇小文的确让这个“可怜家伙”高兴。曼德尔后来依然浪迹江湖，四处推销他的各种发明创造。每次他都会拿出那篇文章，摆出一副“兄弟当年与爱因斯坦合作科研”的派头。最终他还是没能混出名堂，去世时默默无名。

皮布尔斯和特纳的辩论结束时，担任主持的天文学家玛格丽特·盖勒（Margaret Geller）回顾道，80 多年前沙普利和柯蒂斯在这里辩论时，还没有宇宙大爆炸的概念。如果想象一下，80 年后坐在这里的天文学家还会用我们今天的概念描述宇宙吗？她请在场的天文学家投票。结果超过半数举手认可那时候又会有一个崭新的、现在尚未认识到的宇宙模型。看来特纳的天花乱坠并没能说服自己的同行。

在新的模型到来之前，他们还必须构建、完善今天所认识的宇宙。一个含有暗物质、暗能量，并能精确定量地描述天道运行的理论。

第 31 章

神秘可测的浩瀚宇宙

1995 年，哈勃望远镜在执行繁忙的观测任务之际，抽空指向了一个不应该瞄准的方位。那里除了零散几颗星之外只是漆黑一片，是宇宙的荒漠，没有值得动用哈勃望远镜的目标。

这一别出心裁之举带来莫大的惊喜。哈勃望远镜花了 10 天时间连续采集那块荒漠稀有的光，竟传回地球一张群星璀璨的照片。当然，照片上的亮点不是恒星，而是巨大的星系。这些星系离我们如此遥远，从来没有在地球上任何望远镜中出现过。只有在突破大气层之后，人类才偷得这惊鸿一瞥。

这一片新天地被命名为“哈勃深空”（Hubble Deep Field）。那些光点在 100 亿光年之外，是迄今人类看到最远的星系。因为哈勃望远镜视角有限，哈勃深空只是天幕上极小的一个斑点，却也有着 3000 来个星系。

两年后，天文学家们故地重游，再一次给哈勃深空拍了照。这次，他们发现了两个新的亮点，应该是那里出现的超新星，按照序号分别命名为 SN1997ff 和 SN1997fg。

在那么遥远的距离上，超新星爆发的过程因为相对论效应在时间上拉得很长，相对容易遇到。但哈勃深空的范围太小，3000 个星系中随时发现超新星依然是个很小概率的事件。因为哈勃望远镜资源太宝贵，他们没敢下这个赌注，提前预订好跟踪测量的时间。等到真的发现了超新星，也就只能看着照片叹气。

里斯这时已经在哈勃望远镜研究所工作。他对这个被错失的大好机会耿耿于怀却也无计可施。纠结了足足 4 年之后，他有一天突然脑洞大开。哈勃望远镜是共享资源，无数团队用它执行各种各样的观测任务。那段时间里虽然没有人专门去观测哈勃深空的超新星，也许会有人无意中拍得那里的照片。

在存档的数据库中一番查找之后，里斯发现他的运气还真是非同一般。哈勃望远镜在 1997 年装配过新成像设备，正好就用了哈勃深空那片没什么动静的地方做基准进行调试，拍了一系列照片。他打开一看，SN1997ff 赫然就在其中。里斯如获至宝，立即发挥他的专长进行数据分析。

在 2001 年的一次学术会议上，里斯对近年超新星研究的进展做了系统回顾。他再一次拿出哈勃图上的那条象征宇宙匀速膨胀的直线，然后一个又一个地展示哈佛和伯克利两个团队相继发现的超新星。它们都规规矩矩地坐落在直线的一侧，形成一条光滑曲线。那便是 1998 年发现的宇宙在加速膨胀。

最后，他把遮住图像最右端的纸片拉开，第一次向世界公开了他的最新发现：SN1997ff。那颗 110 亿光年之外，人类所知最遥远的超新星。

这颗星孤零零地出现在图中的一个角落。它既不在哈勃的直线上，也不在宇宙加速膨胀的曲线上。正相反，它单独地坐落在哈勃直线的另一侧，意味着宇宙的膨胀在减慢。

难道，波尔马特因为一颗更新、更可靠的超新星数据否定以前几颗星既成结论的乌龙再现了吗？

然而，在场的天文学家却没有惊异。他们不约而同露出了欣喜、会心的笑容。这正是他们所期望的结果。[27]11-14,246-249;[59]175-180

20 世纪 90 年代是哈勃望远镜大放光彩的时代。天文学中曾争议几十年的一些老问题在它那强有力的镜片背后迎刃而解。天文界也如特纳所鼓吹的那样大踏步走进精确科学。

1994 年，桑德奇的同事温迪·芙莉德曼[①]（Wendy Freedman）宣布了又一个重大突破。她的团队用哈勃望远镜系统地测量了星系的距离和速度，再度证明哈勃定律，并获得历史上最精确的哈勃常数数值。

芙莉德曼是卡内基研究所的第一个女性正式成员。90 年代早已不是坎农、勒维特，甚至鲁宾、廷斯利所经历过的时代。虽然女性天文学家、物理学家依然不多见，却也不再是媒体专注猎奇的对象。

让媒体轰动的是她发表的数值。从勒梅特、哈勃、胡马森到桑德奇等，哈勃常数是天文学界横贯半个世纪的永恒争议。芙莉德曼公布的结果介于桑德奇和他的宿敌德沃库勒尔相差两倍的两个数值之间，不是桑德奇坚持的那么小。这样一来，哈勃常数的倒数表明宇宙的年龄又一次“只有”120 亿年，比宇宙中最古老的恒星年轻。舆论因之大哗。[27]107-108,[36]279-285,[71]432

仅仅几年后，这个曾经让三代天文学家困惑的难题就自我消失了：宇宙年龄是哈勃常数的倒数只是在假设宇宙匀速膨胀的前提下倒推的结果。加速膨胀宇宙的年龄不再是简单的倒数，而是会更大一些，比其中的恒星更古老。

当然，在天文学成为精确科学之际，最引人注目的是如何为那神秘的暗物质、暗能量精确定量。

---

① 通用的译名是“弗里德曼”，这里采用不同译法以与前面的 Alexander Friedmann 区分。

21世纪初，150多位天文学家合作对天空一个区域进行了一次规模庞大的“人口普查”。这个叫作“宇宙演化普查”（Cosmic Evolution Survey，简称“宇宙”：COSMOS）的项目以哈勃望远镜为主，辅以地面上各个大型天文望远镜，为星系编撰详细的地图。他们还注重于寻找星系之间构成引力透镜的机遇，连续发现了500多个实例。这样，他们可以充分地研究作为透镜的那个星系或星系团：通过光强可以测量星系中发光体的多少；通过透镜折射的程度又可以推算出星系的总质量。两相比较，人们便可以计算出星系中暗物质的质量。

这样，他们对宇宙中的寻常物质和暗物质的总量和分布有了相当准确的把握。

这次普查还带来意外的惊喜。在一个引力透镜的实例中，作为透镜的不是一个寻常的星系团，而是两个正在碰撞之中的星系！其中较小的一个星系像子弹般穿过另一个较大的星系，正在另一端露出弹头。这个被命名为“子弹星系团”（Bullet Cluster）的特例为天文学家提供了研究星系碰撞动态性质的宝贵机会（图31-1）。综合不同观测方式的数据，他们发现暗物质与寻常物质的分布不再大致重合，而是发生了相当程度的分离。似乎它们有着不同的动力学表现。[59]190-192

这个子弹星系团的照片引人注目，随即成为暗物质的最直观的证据。

2001年6月30日，美国航天局又一颗科学卫星升空，接替十多年前的科比以更高精度探测宇宙微波背景辐射。这颗星原来叫作“微波各向异性探测器”（microwave anisotropy probe），英文简称为“测绘”（MAP）。

这个探测器的主要倡导者之一便是狄克的学生、皮布尔斯的同学和同事威尔金森。当年如果不是被彭齐亚斯和威尔逊意外抢先，威尔金森应该会和狄克、皮布尔斯一起成为宇宙微波背景辐射的发现者。在那之后，他将整个学术生涯

图31-1（彩）

图 31-1 两个星系碰撞所组成的子弹星系团的假彩色合成照片。其中粉红色和蓝色分别是寻常物质和暗物质所在的区域

【图片来自 NASA/CXC/M. Weiss-Chandra X-Ray Observatory】

都倾注于这个宇宙宝藏。MAP 上天一年后，威尔金森因病去世。作为纪念，卫星正式改名为“威尔金森微波各向异性探测器”（WMAP）。

这个探测器其实并不是地球卫星，因为它不在绕地球的卫星轨道上运行。它被送到一个距离地球 150 万千米的特殊所在，与地球一起绕太阳公转。那里，来自太阳和地球的引力“合作”得最好，能够保持探测器与太阳、地球步调一致，保持相对位置恒定不变。这样的“拉格朗日点”（Lagrangian point）一共有 5 个，WMAP 所在的那个点保证它永远地躲在地球的阴影里，不受太阳光影响。

在那里，WMAP 常年巡天，不间断地收集微波辐射信号，绘制这个宇宙背景的详细地图。它果然不负众望，仅两年后便开始传回宝贵的数据。在超新星测量发现宇宙加速膨胀仅仅 5 年后，《科学》杂志在 2003 年又一次将其年度“科学突破”授予宇宙学领域，表彰 WMAP 的发现。

它验证了芙莉德曼对哈勃常数的测量，并很精确地得出宇宙的年龄为

137.72 亿年，误差范围不到 1%。但它的主要任务——正如它的名字——是要测量宇宙微波背景中的“各向异性”。

10 年前的科比已经为宇宙背景辐射拍下第一张全景，那是初生宇宙的第一张肖像。科比证实微波背景不是光滑的一片，而是分隔成区域，其间有着微小的温度差异。这些差异来自宇宙暴胀之后的量子力学随机涨落，也正是我们今天能有星系结构的本源。但科比所拍摄的照片还只是粗线条，区域的边界模糊不清。WMAP 的任务就是要拍一张更清晰的照片，能辨识这些各向异性区域的边界。这对于认识宇宙的几何性质和暗能量有着非同小可的重要性。[27]249-253

19 世纪初，德国大数学家卡尔 · 高斯（Carl Gauss）负责他所在的汉诺威公国的地图测绘。他曾有一个宏大的构思，要在当地的 3 座高山顶上测量它们构成的三角形的夹角。在欧几里得几何学中，三角形的 3 个内角之和必定是 180 度。高斯想实际地验证一下，因为他已经怀疑可能有不符合欧几里得公理的几何存在。只是他那时的仪器不可能有足够的精度，结果不了了之。不久之后，他的学生伯恩哈德 · 黎曼（Bernhard Riemann）在他的指导下发展出一套非欧几里得几何学，为后来爱因斯坦发展广义相对论提供了数学基础。[42]40-41

将近 200 年后，现代天文学家已经不再认同爱因斯坦那个“有限无边”的球形宇宙模型。他们有越来越多的证据表明宇宙其实“只”是平坦的欧几里得空间。为了确证这一点，最好的方法也是像高斯那样，在宇宙中画一个巨大的、宇宙尺度的三角形，测量其内角。

当然，要作这样的测量，三角形的一个点只能在地球上或附近。另外的两个点可以坐落在地球上能看到最遥远的所在：宇宙微波背景。

宇宙微波背景来自大爆炸之后 30 万年。那时候宇宙中以光速传播的粒子最多只走了 30 万光年的距离。因此，在那个背景上，同样温度的区域的大小应该不会超过 30 万光年，否则它们互相之间无法取得联系而达到热平衡。这样，背景上那些不同温度的区域边界便可以用来作为三角形的一个边，具有已知的边长: 30 万光年。另两条边的边长也很固定，都是地球到背景的距离。当 WMAP 以其比科比更强的精度拍摄出不同区域鲜明的边界时，就为我们提供了无数这样的三角形，也就可以在宇宙尺度上实现高斯的设想，验证欧几里得的原理。

其实，在 WMAP 之前，科学家就已经通过高空气球对宇宙背景做了这样的测量。WMAP 在太空的拍摄更把这一测量提高到几乎毋庸置疑的精度: 在不到 1% 的误差下，宇宙尺度三角形的内角之和是 180 度，的确是一个平坦的欧几里得空间。[42]44-54,[87]

WMAP 在太空的工作延续了近 10 年，在 2010 年结束。但测量宇宙微波背景的使命并没有结束。欧洲航天局在 2009 年发射了以量子力学奠基人普朗克命名的普朗克卫星，以更高的精度接替 WMAP。彭齐亚斯和威尔逊在 20 世纪 60 年代初无意中发现的这个微波背景在新的世纪持续并越来越清晰地为人类展现宇宙的秘密。（图 31-2）

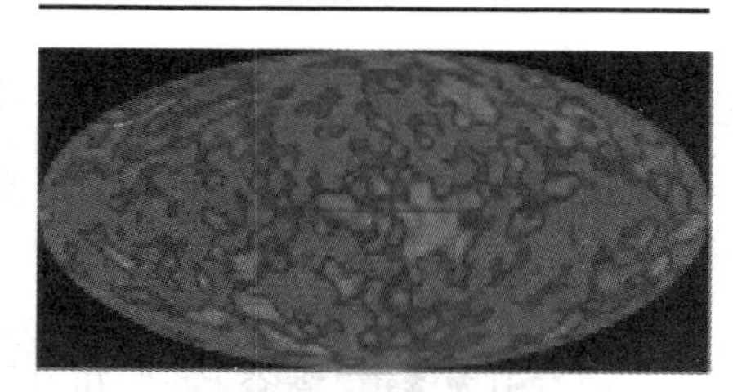

图31-2（彩）

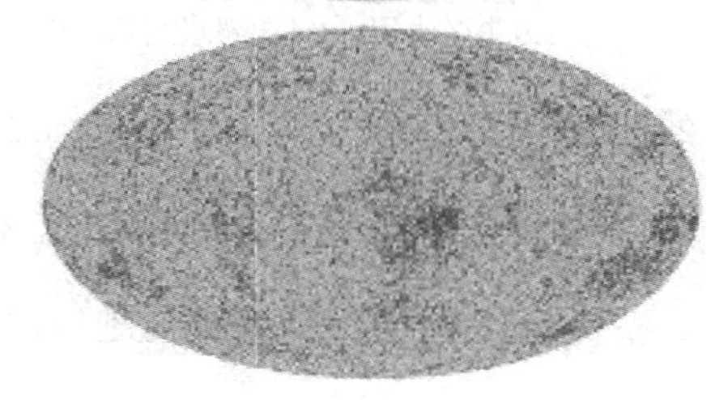

图 31–2 科比、WMAP 和普朗克卫星（自上而下）分别拍摄的宇宙微波背景图

【图片来自 NASA、ESA】

爱因斯坦在广义相对论中引进的宇宙常数（Λ）是无中生有的人为参数。它

的数值无法从物理原理中确定，只能通过与现实的宇宙拟合而得。对爱因斯坦来说，当时所知的宇宙是恒定不变的，Λ 的数值便是通过得到这样一个宇宙解来确定。一旦哈勃的观测改变了对现实的理解，他立即放弃了宇宙常数。或者说，他用新的现实重新拟合了宇宙常数：$\Lambda=0$。

早在 20 世纪 90 年代初期，特纳、皮布尔斯等“无赖宇宙学家”就已经在理论上提出，宇宙中的寻常物质、暗物质和暗能量对宇宙质量密度的总贡献必须让它处于临界密度，亦即：$\Omega=1$，才能得到一个平坦的宇宙空间。在宇宙加速膨胀证明暗能量的存在、WMAP 证实宇宙的平坦之后，他们的“无赖”已经转变为天文学的新现实。

通过引力透镜、普查，我们知道寻常物质、暗物质的数量和它们对 Ω 的贡献。如果宇宙中只有这些物质，Ω 只有大约 0.27。剩下的 0.73 只能靠暗能量来弥补。这样，宇宙平坦这个新发现的现实便提供了拟合 Λ 数值、确定暗能量数量的途径。而暗能量的成分远远多于物质，占了几乎 3/4。

在 20 世纪 70 年代物理学家通过规范场论为基本粒子的微观世界建立完整的标准模型之后，天文学家在世纪之交也为最宏观世界的宇宙建立了标准模型：Λ-CDM 理论。其中 Λ 代表暗能量，CDM 则是冷暗物质的英文缩写。这个理论完整自洽，并且能够精确定量地描述诸如宇宙的年龄、平坦、膨胀等观测事实。

在这个理论中，暗物质和暗能量是两个影响宇宙膨胀速度的决定性因素。如果膨胀的宇宙是一辆奔驰中的列车，暗物质就是刹车，在减慢列车的速度；暗能量则是发动机，不断在加快宇宙的膨胀。列车如何运行，宇宙如何膨胀，取决于二者的角力。

在爱因斯坦的广义相对论场方程中，物质——无论是寻常物质还是暗物质——的质量和能量是以密度的形式出现。它的刹车效力取决于密度的大小。

相对论中，质量和能量可以互相转化，但它们的总量守恒不变。因为宇宙膨胀体积变大，密度会随时间变小。早期宇宙的质量能量密度比现在会大得多，刹车好使；随着宇宙的膨胀，刹车会越来越不灵。

另一方面，暗能量之所以叫作“宇宙常数”是因为它在场方程中是一个常数项。也就是说，暗能量的密度不会随宇宙膨胀而改变。这个发动机兢兢业业，始终如一地运转，推动着宇宙膨胀。

于是，Λ-CDM 理论中的宇宙膨胀既不会是匀速，也不会一直都在加速。它取决于刹车和发动机功能的此消彼长。早期的宇宙因为暗物质的刹车强过暗能量的推动，宇宙的膨胀会减速。然而随着膨胀的继续，刹车逐渐减弱。终于在某个时刻，暗能量的推动超越了暗物质的刹车，宇宙膨胀从减速变为加速。

我们只是凑巧生活于宇宙膨胀在加速的今天。

里斯分析的那颗最遥远的 SN1997ff 超新星出现在 110 亿年前，那时候的宇宙还处于减速膨胀阶段。因此，这一与其他超新星不同的个例不仅没有否定几年前的结论，还恰恰又一次证实了 Λ-CDM 理论。[①]

行驶中的列车如果从减速突然变为加速时会伴随着明显的振动。里斯把宇宙相应的那一刻形象地称作“宇宙搐动”（cosmic jerk）。他的超新星证明了的确有过那一时刻——在大约 50 亿年前。《纽约时报》记者立刻采写了新闻稿，以发现“宇宙搐动”作为醒目的大标题。

英语中的这个“搐动”做名词时是“混蛋”的意思。那个新闻标题因此也可以理解为终于找到了“宇宙级混蛋”。大标题下面正是一幅里斯志得意满的肖像。

相对于宇宙接近 140 亿年的历史，人类文明不过寥寥几千年。在这期间，

① 这颗星与其他星的相反表现也在很大程度上证明超新星的结果不是来自某种未被认识或妥善处理的系统误差。

无数文人骚客曾经仰望星空，发出诸如“面对浩瀚的宇宙，人类是多么渺小”的感慨。他们不可能知道，宇宙的浩瀚其实远远超越他们的想象。

伽利略第一个举起望远镜，发现夜空中存在着大量肉眼看不见的星星。哈勃第一次系统地丈量了宇宙，不仅证实银河之外天外有天，还发现宇宙正变得越来越大。

哈勃望远镜在20世纪末再次为人类打开新的视野，看到更遥远的宇宙，欣赏到各种匪夷所思的星系美景。宇宙微波背景辐射更是让人类直接“看到”了宇宙的边缘和创世纪的遗迹。

然而，这所有的辉煌，却还只是宇宙的凤毛麟角。在Λ-CDM标准模型中，所有星系的亮光所组成的视觉宇宙不过是宇宙整体的0.4%。在那之外还有不发光的物质，比如黑洞、星际尘埃和气体，等等。它们与看得见的星系一起是宇宙的寻常物质部分，总体也不过只是宇宙的4%。

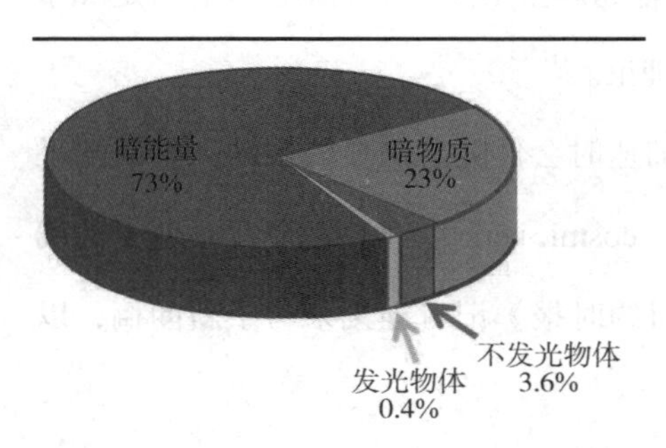

图 31–3　宇宙成分图

【图片来自 wikimedia：Brews ohare】

那另外96%的宇宙主体，是直到20世纪70—90年代才分别被科学界主流接受的暗物质和暗能量。它们才是真正宇宙浩瀚之所在。（图 31-3）

无怪乎有天文学家曾戏谑：我们和我们以为的宇宙，不过只是宇宙中的污染，微不足道。

我们依然不知道暗物质、暗能量是什么，但我们毕竟终于认识到它们的存在和分量。在21世纪初，暗物质和暗能量从“未知的未知”进入“已知的未知”，让我们意识到一个更深邃更隐秘的宇宙。

第 32 章 我思，故我在……这个宇宙

我们正生活在一个非常特别的时代。

在 21 世纪到来之际，众多天文学家、物理学家相继发出由衷的感叹。是的，描述基本粒子、宇宙的两个标准模型的成功让他们欢欣鼓舞。但更为深刻的是，新的理论证明了一个他们早就意识到的事实：我们——作为人类，作为智慧生物——的确生活在一个非常特别的时代。

相对于宇宙 130 多亿年的历史，这是一个宇宙膨胀的刹车和发动机碰巧旗鼓相当的时代。虽然暗能量与物质相比以 73：23 的优势占先，但二者大致势均力敌。在这个时间段，宇宙的膨胀和加速都非常缓慢，需要从哈勃到里斯无数人的不懈努力才被察觉。

假如我们晚了 50 亿年，生活在 180 亿年的宇宙，我们的认知会大相径庭。那时候宇宙中的物质密度因为膨胀变得非常小，丧失刹车功能。宇宙膨胀将急剧加速，绝大部分星系不会为我们的视线所能及。微波背景辐射也不再能被观察到。克劳斯根据 Λ-CDM 理论研究发现，那时的智慧生物不再能拥有任何证据表明有过宇宙大爆炸，也就不可能发现这个宇宙大爆炸起源。[42]107-117

如果他们考古发现我们今天留下的记录，大概也只会把它当作远古的一个美丽而无根据的神话。

早在20世纪60年代初，狄克就曾指出人类生活在宇宙100多亿年这一时刻不是偶然。生命不是空中楼阁，需要有物质基础，尤其是构造我们身体的碳、氢、氧等元素。在这些元素普遍存在之前，不可能出现有机生命体。

伽莫夫在他们那篇αβγ论文中设想宇宙在大爆炸后的冷却期间会通过中子俘获的核合成过程逐步产生越来越大的原子。这样宇宙中很快就能充满丰富多彩的元素。然而，中子俘获链只适用于最轻的少数几个元素，到锂原子之后就不再能延续。

因此，大爆炸之后相当长时间内宇宙中只存在氢、氦、锂少数原子，当然不会有生命的迹象。第二次世界大战前后，霍伊尔意识到更重的元素是在恒星内部的核反应中生成的。大概在大爆炸后几亿年时，宇宙中的氢原子在质量稍微密集的地方因为引力而聚集，形成第一代恒星。恒星的内部发生热核反应，在发光的同时聚变成更大更重的元素。

霍伊尔做了一系列计算重新构建起元素的生产链。他也很快遭遇到瓶颈：碳元素只能通过3个氦原子核的相继碰撞产生。可是这个反应的速度不够快，碳很快会再俘获一个氦原子变成氧而消失。为了摆脱这个困境，他意识到碳应该有一个特别的共振态，增快反应速度。

那是1953年，霍伊尔正在加州理工学院访问。他闯进核物理学家威廉·福勒（William Fowler）的实验室，给出他计算出的共振态能级数据，要求他们核实。一屋子的人很是诧异。他们不仅不知道这个态，也没有任何已知的物理、化学论据可以支持这个态的存在。但霍伊尔毫不含糊，他有一个“终极”理由：没有这个共振态，宇宙中不会有碳原子，也就不可能有碳基生物，不可能有生命，也就不会有他们这些人在这间屋子里争吵。

果然，福勒的研究生们很快通过实验找到那个共振态，保证了宇宙中生命的诞生。几年后，霍伊尔、福勒①和天文学家伯比奇夫妇②共同发表了史称"B^2FH"的论文，系统地阐述了重元素在恒星内部的产生过程。[24]169-182

虽然碳、氧等重元素能够在恒星内部的高压高温条件下产生，它们依然被恒星本身的重力禁锢，无法有所作为。要再过几亿、几十亿年后，第一代的恒星开始耗尽能源，以超新星爆发的方式走向死亡，也随之解放了已产生的重元素，将之遍洒宇宙。③

再后来，这些原子的一部分在引力作用下再次聚集，在新的第二代恒星周围形成不发光的行星。其中之一便是我们的地球，上面孕育了生命。

不仅是生命出现的时机不可能太早，生命能够存在的时段在宇宙的尺度上也是很短暂的。再过几十亿年，由于宇宙膨胀的加剧和物质密度的降低，氢原子聚集形成新恒星的机会越来越少。随着已有恒星的陆续死亡，宇宙将再度进入黑暗时代。除非智慧生物届时能以我们无法想象的方式继续生存，否则未来的宇宙不会再有生命。

为什么宇宙的年龄是 100 多亿年？狄克答曰，因为只有在这个年龄的宇宙中，才会有我们问这个问题。[93]132-133

---

① 福勒在 1983 年获得诺贝尔物理学奖。包括福勒自己在内的很多人认为霍伊尔更应该得这个奖，因为这项工作实属霍伊尔首创。对霍伊尔未能获奖的原因有诸多猜测，是诺贝尔奖争议案例之一。[24]181-183,[88]

② 玛格丽特·伯比奇（Margaret Burbidge）和杰弗里·伯比奇（Geoffrey Burbidge）。在鲁宾成为第一个获准使用帕尔玛山天文望远镜的女性之前，玛格丽特通过当时还是她男朋友杰弗里的关系偷偷使用过。1971 年，她曾被美国天文学家授予"坎农奖"，但她拒绝了，因为她反对一切性别歧视的奖项（"坎农奖"只授予女性天文学家）。[89]

③ 在元素周期表中更为靠后的一些重金属元素还要等待中子星碰撞等剧烈天文事件的发生才得以问世。

从哥白尼推翻地球中心假想开始，人类已经认识到我们所在的地球和太阳系——无论以银河系还是整个宇宙而言——都不是什么特殊的所在。我们为什么会栖息于这么个随机的地方？

答案很显然：只有太阳系的地球才具备生命存活的条件。

地球上具备充足的氧气、水、土壤等资源；地球离太阳不远不近，温度适宜；地球上的昼夜、四季鲜明而不极端，适合农作物生长；地球的大气层不仅保证生态循环，还与地磁场一起阻挡、分流了有害的宇宙射线……

的确，茫茫广宇中，地球是独一无二的世外桃源。人类竭尽全力，迄今也没能找到第二个这样的可居之地，更没能发现过任何外星生命的迹象。

放眼宇宙，20 世纪的物理学家已经清楚地意识到大自然对生命的眷顾并不限于地球的生态。整个寰宇也似乎是为人类的生存而量身定制。

例如宇宙物质的基石是微观世界的粒子。粒子分重子和轻子两大类。作为重子的质子和中子的质量分别是作为轻子的电子的 1 836.152 673 43 倍和 1 838.683 661 73 倍。我们可以如此精确地测量出这两个数值，却无法明白它们为什么会是这么随意的数值。

中子比质子重约 0.1%。也别小看这个微不足道的差异：它说明中子不是一个稳定态，会自发衰变成质子和电子。如果中子处在原子核外的自由状态，其寿命只有区区 15 分钟。原子核内的中子受强相互作用影响会稳定得多，但也有衰变的可能。那便是 β 衰变的来源。

假如中子比质子再重一点，不只是 0.1%，那么它就会更不稳定，β 衰变会更为普遍。当原子核内的中子大量地衰变时，只剩下质子的原子核也不可能保持稳定，会分崩离析。唯一能稳定存在的是由单一质子组成的氢原子核。所以，如果中子比质子稍微更重一点，宇宙就会成为一个只有氢原子的世界。

反过来，如果是质子比中子重了这 0.1%，那么不稳定的便会是质子，它会自发衰变成中子和正电子。这就更麻烦了。因为这样的话，连氢原子核也无法稳定存在，后面的元素生产链根本无从谈起。这样的宇宙中不可能有任何原子，而只是一个充斥中子和电磁辐射的死寂世界。①

这颇为奇葩的例子其实既不极端也不罕见。恰恰相反，它几乎俯拾皆是。

我们这个世界中有 4 种相互作用力。它们各自的强度也像粒子质量一样地随机无规律。然而，它们的相对强度却也似乎是在精诚合作。比如，4 种力中的弱相互作用最微不足道。它不仅微弱，而且只在β衰变过程中出现，似乎对人类生存可有可无。然而，恒星死亡时的超新星爆发过程却有赖于弱相互作用所产生的大量中微子。如果这个力的强度有所偏差，中微子就可能不会及时地冲开恒星外层的气体阻碍，导致星体内部的重元素无法逃逸。于是，宇宙中也不可能出现生命。[93]129-131

如果你笃信宗教，你大概已经看到了上帝的手在进行这一切操作，创造出一个正好适合地球生命的宇宙，或曰神迹。然而，向来更看重逻辑的物理学家却没能被打动。假如这真是上帝的杰作，那么上帝的设计能力实在让人不敢恭维。这样的一个世界在细节上需要太多、太繁杂的鬼斧神工精巧平衡，不具备简洁的美感。

霍伊尔举起人类存在的“大旗”做碳原子必须有一个特定共振态的“虎皮”时，不过只是追求戏剧性效果。但他的“成功”启发了他在剑桥大学的同

① 在我们现实的宇宙中，质子是否完全稳定尚未有定论。大统一理论认为质子应该也会衰变，但其寿命非常长，至今还没能在实验中得到验证。因此这不影响原子的存在。

事、宇宙学家布莱顿·卡特（Brandon Carter）。卡特在1970年将霍伊尔、狄克等人朴素的想法“升华”到哲学高度，提出所谓宇宙学的“人择原理”（anthropic principle）①。

这个名头很大的原理说出来却是非常直截了当，似乎没多大的含金量：宇宙的自然法则、参数选取必须符合人类存在的条件。

或者反过来说，如果上帝没有弄对参数，整出来一个人类无法生存的宇宙，那肯定不会是我们所经历的这个宇宙。

然而，这个原理第一次旗帜鲜明地把原本是客观世界的宇宙与人类主观意识的活动联系起来不可分离，因此引发了莫大的争议。如果森林中一棵大树倒下，附近却没有人，这个事件发生了吗？

也是在剑桥大学，与卡特同一个导师的霍金最先举起这面大旗，在1974年发表论文解释当时让天文学家困惑的宇宙平坦问题：我们的宇宙之所以在以非常接近临界密度的方式膨胀，唯一的可能解释来自狄克和卡特的建议：唯如此才可能有智慧生物存在。[6]123-127,[90]

霍金的时机比较糟糕。仅仅几年后，古斯提出宇宙暴胀，为宇宙平坦提供了更基于逻辑的解释。霍金也立刻放弃了人为、肤浅的人择原理解释，全身心地投入暴胀理论的研究。

特纳曾把宇宙常数讥讽为“无赖宇宙学家的最后避难所”。其实，人择原理才是他们更大的无赖。作为科学论据，人择原理无法预测未知的现象——除非硬拉上霍伊尔的例子——因此既无法被证实更无法被证伪。

然而，即使在暴胀理论解释了宇宙平坦、视界等几大难以置信的巧合之后，

① anthropic 的英文原意只是“与人类有关的”。中文翻译为“人择原理”不是十分恰当，强加了人类有意识地做了选择的含义。

宇宙中依然存在着太多的碰巧事例。物理学家把这种现象叫作宇宙的“微调”（fine-tuning）。大统一理论中有 50 多个参数的数值需要根据实验的现实拟合而得。如同质子、中子的质量、弱相互作用的强度，它们分开来看没有任何道理，合在一起却恰好形成一个能够保障人类出现、生存的宇宙。

就连宇宙常数也是如此。早在 1987 年，在宇宙常数尚未被证实之前，温伯格就推算指出，Λ 的数值不能太大，否则人类不可能在高速膨胀的宇宙中存在。幸好，基于超新星测量和宇宙平坦所拟合的 Λ 没有超出允许范围。

在更为严谨的理论能够解释这些微调数值的来源之前，人择原理依然会是一个无可奈何的选项。

1982 年，当霍金、古斯等人在纳菲尔德会议上拼命演算，以求解决暴胀理论中宇宙在结束暴胀时会过于均匀那个大漏洞时，这个理论的始作俑者林德却不为所动。他的注意力早已不在这些细节上。他的眼光投向更远，甚至超越地球人类目光所能及的视界。

古斯原始的旧暴胀理论中宇宙在相变时产生很多泡泡，遭遇了泡泡互相之间越离越远，无法融合的困境。经过林德的脱胎换骨，新暴胀理论中的宇宙——严格来说，是我们的视界中的那部分宇宙——只是暴胀后的单一泡泡。

但林德不能忘怀在这一个泡泡之外，应该还有那些另外的泡泡。它们也会暴胀，也可能膨胀出自己的宇宙。因为量子力学的不确定性，这众多的泡泡不可能步调一致地同时暴胀，而会是各有先后，各有相异的途径，也就会在不同时间发展出不同的宇宙。在这个他称作“混沌暴胀”（chaotic inflation）的世界里，会出现无数个千姿百态的宇宙。每个宇宙都可能有自己的物理定律和参数。有些宇宙会和我们的一样，中子的质量稍微大于质子；而有些则相反，质子的质量会大于中子……

不仅如此，林德在向会议提交的论文中指出，即使已经形成的宇宙泡泡自身也会随机地产生新的泡泡，激发新的暴胀，发展成自己的“子”宇宙。因此，宇宙暴胀并不是横空出世的一次偶然事件，而是每时每刻都在发生的寻常。只是它发生在不同的泡泡中，我们无从觉察。林德把这个更新的理论叫作“永恒暴胀”(eternal inflation)。(图 32-1)

只是——或幸亏——这些个体泡泡中的宇宙永远无法互相取得联络。因为他们在暴胀之后都已经处于彼此的视界之外，相隔着大于光速可能传播的距离。[91]

统计科学在样本选取上有一个至关重要的概念，叫作“选择偏见”(selection bias)。如果有意无意地只选取了自己愿意看到或能看到的样本，得出的结果会有致命的偏差。

天文学家对这个概念尤其熟悉。他们甚至有自己的名称：“马姆奎斯特偏

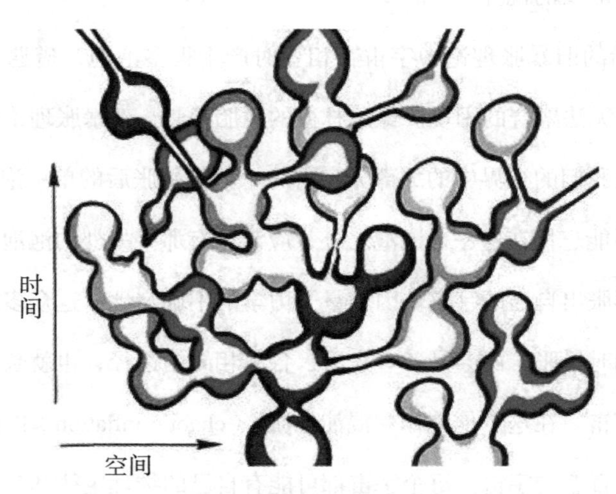

图 32-1 林德描绘的多重宇宙结构示意图

见”（Malmquist bias）。20世纪初，瑞典天文学家冈纳·马姆奎斯特（Gunnar Malmquist）指出，天文学家应该格外小心，不要轻易根据自己的观测妄议宇宙。因为他们只能看到足够明亮的星星而会遗漏宇宙中大量不够亮、不发光的物体[①]。这便会构成一个经典的选择偏见。

马姆奎斯特不是很出名，他这一警示的影响却很大。他之后的几代天文学家战战兢兢，唯恐不小心掉进这个陷阱。但即便如此，他们还是没想过宇宙——作为整体——居然也是一个马姆奎斯特偏见的实例。

英语和其他西方语言里的“宇宙”（universe）一词源自拉丁语，是“所有”“全部”的意思。其词根“uni-”更是代表“唯一”。因此，宇宙自古以来都只有一个，囊括了全部的世界，并没有做选择的余地。

当然，在科幻世界中，人们早就在想象宇宙可以不唯一。他们通过替换词根很轻易地就生造出一个新词：“多重宇宙”（multiverse）。林德的新理论将这一假想概念堂而皇之地带进了科学殿堂，宇宙失去了其独一无二的特质。

林德认为，永恒暴胀也为哲学性的人择原理赋予科学的基础：宇宙不单一。我们只看到眼前这个宇宙，因为我们碰巧生活在这个宇宙中。这个宇宙中的物理法则和参数正好保证了我们能够生存。

于是，如果真的（曾经）有上帝存在，他也不是先知先觉地为人类精确设计、调整了这些法则、参数。他不过是一下子创造了无穷多个宇宙，其中之一，或至少有一个，恰好适合人类生存。

这样，即使在创世之初，也并不需要有一个全能的上帝。

① 那时，他不可能知道还会有暗物质。

费曼曾经在一次讲学中夸张地大发感慨："你知道吗？我今晚遇到了最奇异的事件。我来这里时走过那停车场。你没法相信发生了什么。我看到一辆车，车牌号码是'ARW357'。你能想象吗？这个州有着几百万块不同的车牌号码，我在这个晚上看到这一个号码的概率该会是多么小？真是奇迹啊！"[92]xxi

当我们景仰这个宇宙，感叹大自然的造化、上帝的睿智时，我们所崇拜的，其实很可能只是费曼眼里那一个平淡无奇的车牌号码。

第33章
宇宙之有生于无

1969年，卡特和霍金的导师、剑桥大学宇宙学家丹尼斯·夏玛（Dennis Sciama）在哥伦比亚大学讲学。在他话语停顿的间隙，有人突然迸出一句："也许宇宙就是一个真空涨落"①？全场哄堂大笑。都是学物理的听众当即心领神会，因为那是一个只有内行才懂的幽默。

笑声中，那个冒失鬼颇为尴尬。他名叫爱德华·特莱恩（Edward Tryon），是温伯格的学生。那时他博士毕业才两年，刚刚在哥伦比亚大学谋得助理教授职位。

其实，他是认真的。[36]12,[93]183

在基本理解了宇宙自大爆炸以来的所作所为之后，科学家面临一个终极叩问：这个辉煌、浩瀚、深邃的宇宙是从哪里来的？如何出现的？这一切又都是为了什么，有啥意义？

早在20世纪30年代初，爱丁顿在脑子里为宇宙的膨胀"倒带"，不寒而栗。他无法接受——因为他没法想象——宇宙万物，还有时间，会有一个起始点，一个来源。

勒梅特和伽莫夫将这个起点纳入了严格的理论体系。但无论是"原始原子"

① vacuum fluctuation.

还是“伊伦”，他们都没能为宇宙的“原始火球”提供具体的模型和来历。这也是没办法。他们能说的只是最原始的宇宙没有大小，尺寸为零。而同时它的密度、温度、压力却都是无穷大。那是一个数学的奇点，所有物理理论都已经失效。

所以，霍伊尔为这个理论冠以俗气的“大爆炸”名号时，他的揶揄不是毫无来由。英国著名幽默作家特里·普拉切特（Terry Pratchett）还曾在小说中模仿圣经的语气讲解这个宇宙起源：“起初，啥也没有，它爆炸了。”①[94]1 这个描述活灵活现，却也不失准确。

及至80年代初，古斯也认为那时已经成熟、被广泛接受了的大爆炸理论只适用于爆炸之后的宇宙演变，却回避了根本性的三大问题：什么爆炸了？为什么爆炸了？爆炸之前发生了什么？②[36]xiii（图33-1）

自然，古斯觉得他发现的暴胀提供了答案：爆炸的是基于大统一理论的假真空；因为假真空只是一个亚稳态，具备一种与引力相反的强大能量，因此会导致宇宙指数式膨胀。不过，古斯的暴胀也还是大爆炸发生之后的事情。与勒梅特和伽莫夫一样，他无法描述作为奇点的时间起点。他只能逼近到10^{-37}秒的时刻。那时候他的宇宙非常之小，只有质子的$1/10^{12}$。那一刻，宇宙的暴胀开始，并导致随后的大爆炸膨胀。

那么，10^{-37}秒之前，又发生了什么呢？

林德曾以为他解决了这个难题。他的新暴胀理论几乎摒弃了古斯原有的全部概念，尤其是具备混沌式初始条件的永恒暴胀，不再要求宇宙有始有终。我们所谓的宇宙年龄只是我们视界这部分——这个特定的泡泡——的年龄，而不是多重宇宙本身的年龄。因为暴胀是永恒的，不断有新的泡泡在诞生、膨胀。

① In the beginning there was nothing, which exploded.

② What banged? Why did it bang? What happened before it banged?

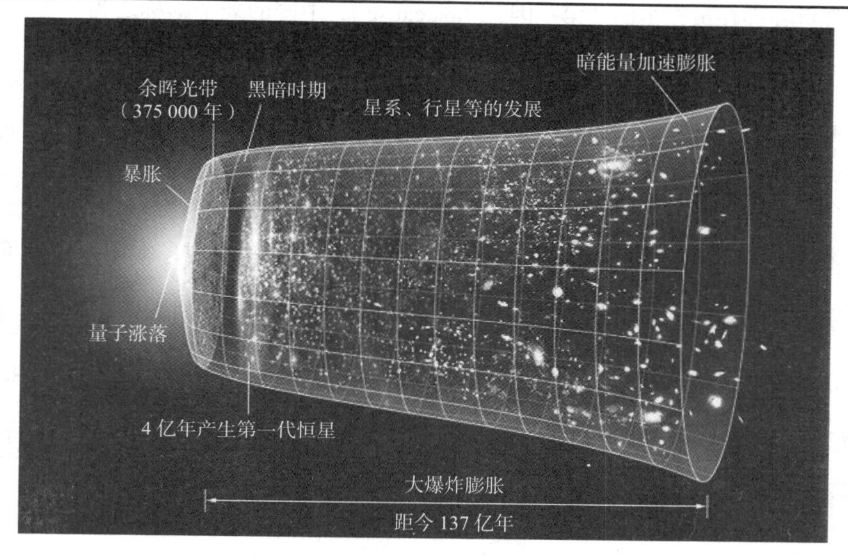

图 33–1 宇宙大爆炸过程示意图

横向是时间，纵向是大小。宇宙爆炸之后进入指数增长的暴胀，随后“缓慢”膨胀，直到“最近”宇宙搐动后进入加速膨胀（最右端的“喇叭口”）。图中还标记了微波背景辐射、黑暗时期、第一代恒星、星系等出现的大致时间。

【图片来自 NASA/WMAP Science Team】

在单个宇宙不断地诞生、消失之际，作为一个整体的多重宇宙却是永恒的，不需要有起点和终点。

然而这想法也很快像美丽的肥皂泡般破灭了。阿尔维·鲍德（Arvind Borde）、亚历克斯·维伦金（Alex Vilenkin）与古斯一起从数学上证明，林德的这个永恒暴胀在时间上只适用于未来的方向。多重宇宙也许的确会走向永恒，却无法有永远的过去。将时间倒推回去，宇宙还是必须有一个起点。[36]248-249,[93]174-175

无论哪个文化哪个部落，人类自古以来都有着神灵崇拜。每个种族都会朴素、直觉地认同这个世界是某个上帝为我们专门设计、创造的。古希腊圣贤把这归结为客观世界存在最根本的“第一因”（first cause）。中国的老子则称之为“道”：“道生一，一生二，二生三，三生万物。”

托勒密构造最早的宇宙模型时，在镶嵌着恒星的天球外安排了上帝与诸神存在的天域。他们在那里缓缓地推动天球转动，俯瞰人间沧桑。

在哥白尼、开普勒认识星体的运转规律之后，牛顿发现，太阳系中所有行星、卫星的轨道运动都可以用他的引力和动力学理论完美地描述、预测，完全不需求助于神力。笃信宗教的他认为那简洁、优美的物理定律便是上帝的化身。但他无法解释这些星球最初始是如何运动起来的，只能设想上帝将太阳、行星、卫星像棋子一样布好，然后逐个推动了一下。在那之后，太阳系便永远地不再需要上帝。

这是一个非常实用的态度：在科学能够解释的自然世界中没有上帝存在的理由；遇到科学尚未能理解的领域时，也许可以拉上帝来充当一下龙套。无独有偶，现代科学家在人择原理上，表现如出一辙。

300 多年后的科学家发现他们走到了同一条河边。宇宙从大爆炸之后就再也不需要上帝插手，可以优雅、有序地按照已经被理解的物理规律演变。可是大爆炸那一刻究竟发生了什么？是否需要上帝出手，按一下开关、点燃第一把火？

2500 多年前，老子在《道德经》中还曾宣告：“天下万物生于有，有生于无。”他没有具体指出“无”是什么、又从何而来。它大体相当于普拉切特那个“啥也没有”。如何从宇宙诞生之前的“无”转化为宇宙之“有”，一直都是哲学家、神学家乃至艺术家津津乐道的话题。

那也正是物理学家特莱恩所耿耿于怀的。因为在物理世界中，所谓的“无”

便是真空。

经典物理中的真空是最简单的系统。想象一个强力抽气机将一个容器内部完全抽空，里面不再有任何分子、原子、粒子，没有任何辐射，没有任何能量。那便是真空，亦即空空如也、啥也没有。不存在任何物理。

然而，这样一个完全确定、能量永远为零的状态违反了量子力学的不确定性原理，不可能存在。因此，量子世界中的真空不那么静寂，会时常发生随机的涨落事件。例如，真空中会突然冒出一个电子和一个正电子，它们很快又互相湮灭而消失。这个过程极其短暂，只经历大约 10^{-21} 秒，因此无法被察觉。这些稍瞬即逝的粒子因此也叫作“虚粒子”（virtual particle）。伴随着虚粒子不断的产生、湮灭，真空具备一定的能量，叫作“零点能”（zero point energy）。

20 世纪 40 年代后期，荷兰物理学家、埃伦菲斯特的学生亨德里克·卡西米尔（Hendrik Casimir）在玻尔的启发下提出了一个直接测量真空涨落的途径：在真空中将两块平板靠近。因为平板不带电，没有电磁作用。它们之间的引力太小，可以忽略不计。但在靠得足够近时，它们之间的真空所存在的零点能会使两块板“没来由”地互相吸引。

这个“卡西米尔效应”直到 90 年代才被精确的测量证实。但即使在 70 年代，物理学家对真空能的存在早已深信不疑。

1974 年，霍金在访问苏联时与泽尔多维奇和斯塔罗宾斯基交流后，提出黑洞不是全“黑”，会有一定辐射逸出的新思想。因为黑洞“表面”[①] 附近的真空涨落也会产生诸如电子与正电子的虚粒子对。它们其中之一可能随即被引力俘获而坠入黑洞。剩下的那一个便不再有机会与同伴湮灭，只能孤身逃逸成为可被

① 专业的名称叫“事件视界”（event horizon）。

观察到的实在粒子。[6]99-113 这个尚未被证实的“霍金辐射”也是真空涨落在现实、宏观世界的表现。

所以，当特莱恩在1969年脱口而出，宇宙可能来自真空中的随机涨落时，那不失为一个有趣的想法。当然，真空涨落也有颇多限制。其产生粒子的概率取决于粒子的质量，也就是产生它们所需要的能量。所需能量越大，产生的机会越小。即使出现，其寿命也会很短，会更快地重新湮灭而无迹可寻。因此，想象我们这浩瀚的宇宙如一颗微小粒子从真空中随机出现，并且历经100多亿年还风霜依旧，这不能不让特莱恩的同行们觉得那是一个无比机智的内行笑话。

那场哄笑让特莱恩很不自在，以至于随后他自己都不再记得那个场面。然而，宇宙来源于真空涨落这个念头却还一直在他的脑子里游荡，挥之不去。直到有一天，他偶遇爱因斯坦的助手彼得·伯格曼（Peter Bergmann）。伯格曼告诉了特莱恩一个有意思、却很少人注意到的物理事实：宇宙其实压根就没有能量。

最早意识到这个怪事的是德国物理学家、量子力学缔造者之一帕斯卡尔·约丹(Pascual Jordan)。他在20年代探究恒星的可能起源，意外地发现恒星的总能量为零，完全可以“无中生有”地出现而不违反能量守恒。

是的，恒星中充满了氢原子。它们的质量、动能都是能量，而且是相当巨大的正能量。但同时，这些氢原子的质量也产生同样巨大的引力场，其能量是负的，正好与那正能量抵消。所以，恒星没有净能量。

对普通物理有点了解的人都知道物体在引力场中会有势能。势能是一种相对的能量，本身无所谓正负，只取决于势能零点的选择。但这个势能只是物体在引力场中的能量，不是引力场本身的能量。

设想两个物体相距很远，因为引力而互相靠近。它们会跑得越来越快，动能在增加。同时，它们之间距离减小，互相之间的引力也在变大，亦即它们共同的引力场在变大。因为动能永远是正数，那不断增大的引力场的能量必须是负的，才能抵消动能的增长，保证总能量的守恒①。[6]129,[42]98-104

伽莫夫在自传中记录一次他与爱因斯坦步行回家时谈到约丹的论文。爱因斯坦听到后凛然一惊，竟在大街中间停下脚步，差点被来往的汽车撞倒。遗憾的是，善于营造场景的伽莫夫却没能接着描述爱因斯坦的具体反应②。[95]150

约丹只针对单个的恒星做了这个推演，但他的计算也适用于整个宇宙。加州理工学院的理查德·托尔曼（Richard Tolman）随后证明，在广义相对论中，宇宙物质正能量与引力场负能量的多寡取决于空间的曲率。在平坦的宇宙中，它们正好互相抵消，构成一个没有净能量的宇宙。

虽然托尔曼把这个结论写进了他在 1934 年出版的教科书，可还是知者甚寡。特莱恩只是在与伯格曼的一番交谈之后才得知宇宙中还暗藏了这么一个奥秘。他如梦初醒：既然宇宙的总能量是零，那么它从真空涨落中出现就变得非常的容易，也可以持续存在，不违反能量守恒。

他兴致勃勃地重新梳理了这个几年来一直萦绕脑际的怪想法，写出专业论文，投寄给《物理评论快报》。很快，他收到杂志的退稿，理由是它过于匪夷所思、不切实际。特莱恩无奈，把稿件修改一番，删去了太专业的成分，改投给《自

---

① 如果对引力场的高斯定律有一定了解，古斯对引力场是负能量还另有一个直观的解释：设想有一个理想对称的球壳。因为牛顿引力与距离平方成反比，简单的积分计算可以知道球壳内部引力互相抵消，不存在引力场。球壳外的引力场则等同于球壳所有的质量都集中在球心的引力场，与球壳的大小无关。然后，设想这个球壳在自身引力作用下收缩，变小了一圈。这时引力场唯一的变化是原来和现在两个球壳之间那个环状区域多出了原来没有的引力场。因为球壳的收缩是引力做了功，多出来的引力场能量是负的。由此可见，所有引力场的能量都是负的。[36]289-293

② 与他声称爱因斯坦认为引入宇宙常数是他一辈子最大失误的说法一样，伽莫夫讲述的故事可靠性存疑。

然》。他只是期望他们能以读者来信方式发表这个通俗版本，引起一点关注。不料，《自然》编辑慧眼识珠，不仅把它作为正式论文，还以头条的显著方式发表。这篇题为《宇宙是真空涨落吗？》（*Is the Universe a Vacuum Fluctuation?*）的论文随即在 1973 年 12 月 14 日问世（图 33-2）。[36]12-15,271-276; [59]126-127; [93]183-185

即便如此，他的论文果然还是太匪夷所思，没能引起什么反响。特莱恩后来转到纽约的亨特学院供职。在一辈子默默无闻的教学生涯后，他于 2019 年 12 月去世。

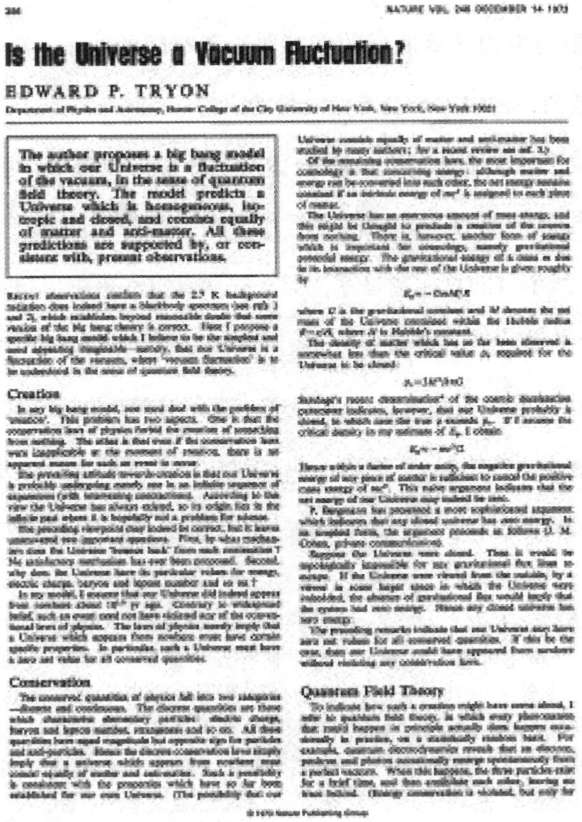
306 NATURE VOL. 246 DECEMBER 14 1973

Is the Universe a Vacuum Fluctuation?

EDWARD P. TRYON

Department of Physics and Astronomy, Hunter College of the City University of New York, New York, New York 10021

The author proposes a big bang model in which our Universe is a fluctuation of the vacuum, in the sense of quantum field theory. The model predicts a Universe which is homogeneous, isotropic and closed, and consists equally of matter and anti-matter. All these predictions are supported by, or consistent with, present observations.

Creation

Conservation

Quantum Field Theory

© 1973 Nature Publishing Group

图 33-2 特莱恩在《自然》杂志发表的论文

80 年代，当古斯的暴胀理论引起轰动时，托尔曼、特莱恩的研究才再度引起了注意。暴胀导致了一个平坦的宇宙，因此总能量为零。这方便地解释了宇宙如何能暴胀、持续膨胀而不违反能量守恒。

维伦金在证明了永恒暴胀也有一个起点之后便开始琢磨起这个起点来。他发现，由真空涨落出现的宇宙泡泡因为过于微小，只能自我坍缩而消失，的确不可能发展为今天的宇宙。可那也只是经典物理的滞碍。在量子世界里，它们在短暂的存在期间有机会通过隧道效应突然变大，从而开启暴胀①。

意外的是，他进一步发现，这个过程与初始宇宙的大小无关。即使是没有任何大小、完全是“啥也没有”的空虚，也可能通过隧道效应启动暴胀，成长为浩瀚的宇宙。[93]178-187

于是，宇宙的无中生有并不是天方夜谭。因为宇宙的净能量为零，它可以在真空涨落中涌现。那出现的微小、短命泡泡穿越量子隧道，暴胀、膨胀成为我们今天的宇宙。

而这一切，都不需要上帝、神灵的推动。如古斯所言：宇宙是终极的免费午餐②。

与维伦金同时，霍金在 20 世纪 80 年代也提出了一个宇宙起源方案。他把自己与詹姆斯·哈特尔（James Hartle）合作而成的理论叫作“无边界”（no boundary condition）。他们认为整个宇宙可以在四维时空以一个量子力学的波函数（wavefunction of the universe）描述。与爱因斯坦最初的那个“有限无边”球形宇宙相似，这个波函数在时间维度上没有起始边界，也就不存在起始之前的概念。当然，他们的宇宙本身并不是没有起点。只是在他们的模型中，不存在

① 隧道效应便是当年伽莫夫解释原子核衰变、古斯原始的宇宙暴胀所采用过的机制。
② the ultimate free lunch.

大爆炸之前的时间。[6]133-141

有意思的是，霍金是在1981年10月梵蒂冈举办的宇宙研讨会上第一次公开这个想法的。自从50年代大爆炸的提出，天主教教皇便对这个理论一直颇感兴趣。因为大爆炸、时间起点等“显然”符合教义，是上帝存在的科学证明。

霍金事后庆幸他的演讲学术性很强，教皇没有听懂。因为教皇在会后指导说，可以研究宇宙大爆炸之后的演变，但不要涉足大爆炸那一时刻。那是神迹所在，非常人可即①。

而霍金的无边界方案恰恰是指出那一时刻并不存在，也就没有了上帝的可立足之地。[6]116,136

维伦金与霍金所提出的是两个截然不同的宇宙起源方式。孰是孰非，或两者都是一派胡言，还无法通过科学论证来定夺。因为宇宙无论从何而来、如何而来，都将经过暴胀。暴胀不仅“拉平”了宇宙空间的皱褶，给我们一个平坦的宇宙，也同时抹杀了其时间上的历史。经历过暴胀的宇宙是“一个模子里出来”的。它平坦均匀，只存在暴胀结束时由量子涨落带来的些许涟漪。与多重宇宙中其他泡泡宇宙一样，暴胀前的宇宙超越我们的视线所能及。[36]249-252

因此，我们无法——至少基于目前的理解——科学地确证宇宙的渊源。但从理论上，我们能够设想存在有不止一种的可能性，它不需要劳驾上帝出手。

至于那个“为什么”，特莱恩曾在他的论文中轻描淡写地答道：作为真空涨落，我们的宇宙不过是随时都在发生的平常事件之一②。

---

① 教会人士认为霍金可能误解或歪曲了教皇。教皇的正式讲话中只是强调宇宙起源可能超越科学所能解释，没有警告科学家回避的意思。[96-97]

② In answer to the question of why it happened, I offer the modest proposal that our Universe is simply one of those things which happen from time to time.

第 34 章
天若有情天亦老

大概 2300 来年前，诗人屈原仰天长问："遂古之初，谁传道之？上下未形，何由考之？"

无论是特莱恩、维伦金还是霍金，他们提出的宇宙起源说都算不上真正的无中生有。因为他们依据的是我们今天所理解的真空涨落、四维时空等物理规律。他们能设想客观世界的有生自无，却无法解释这些自然法则来自何处。在大爆炸那一瞬间的"遂古之初"，谁传来了量子力学之"道"？

2017 年 2 月，《科学美国人》杂志发表了一篇由斯泰恩哈特领衔的文章，指出暴胀、多重宇宙等现代宇宙学概念无法实际检验，不存在证实或证伪的可能。因此，它已经逾越了科学的范畴，只是无谓的数学、哲学游戏。

几个月后，包括古斯、林德、维伦金、霍金、温伯格等 33 位著名物理学家联名撰文回应，捍卫暴胀理论。①[98-99] 虽然学术界内部分歧从来不是什么秘密，科学家通过联署方式在大众刊物上论战科学问题却也不多见。这凸显了宇宙学擅入"上下未形"之地而遭遇的"何由考之"窘境。

在没有实验可据的情况下，他们也只能依赖自己的直觉。2005 年 11 月的一

① 霍金于 2018 年 3 月 14 日去世。他死后才发表的最后一篇学术论文题目是《能顺利地退出永恒暴胀吗？》(*A Smooth Exit from Eternal Inflation?*)

次学术会议上，主持人问起与会者对多重宇宙究竟能有多大信心。他们可以选择用自己的金鱼、宠物狗、性命打赌。夏玛的另一个学生、担任英国皇家天文学家席位的马丁·芮斯（Martin Rees）说他勉强可以押上他的狗。林德则大义凛然地赌上了自己的性命。

温伯格知道后，在随后的一次会议上大方地表示他有足够的信心同时押上芮斯的狗和林德的命。[100-101]

2014 年 3 月的一天，斯坦福大学 42 岁的助理教授郭兆林（Chao-Lin Kuo）来到 66 岁、已经在斯坦福任教了 20 多年的林德的家。郭兆林是有备而来，身后跟着工作人员为这次拜访全程录像。林德夫妇开门时，显然对这个阵势有点惊讶。郭兆林开门见山："我是来给你们一个惊喜——在 0.2 有 5σ。"也是天文物理学家的林德夫人听到这句暗语式的行话，立刻颤颤巍巍地上前拥抱了郭兆林。林德在后面却颇为迟疑，要求郭兆林重复一遍，再重复一遍。

镜头一转，他们已经在桌前打开了一瓶庆贺的香槟酒。林德眼角含泪地感慨，30 年前订购的东西终于送到了。但他依然难以置信，希望这确实是真的，而不是被耍了。因为他可能太愿意被耍，因为这会是如此的美丽……[40]199-202,[102]

随后的 3 月 17 日，郭兆林和他的同事们在哈佛大学举行了一场轰动全球的记者会，正式宣布他们在微波背景辐射中探测到了来自宇宙暴胀时期的引力波信号，第一次获得暴胀的直接证据。古斯、林德还有最早发现微波背景辐射的威尔逊均在前排就座。一时间，"宇宙暴胀""多重宇宙"等科幻式的术语充斥了新闻标题。

然而，林德的担心竟一语成谶。他们的确是"被耍了"，郭兆林所在团队测得的信号后来被证明只是宇宙尘埃带来的假象[①]，不真实[②]。

虽然古斯、林德一再坚持宇宙平坦、视界问题的解决早已证实了暴胀。但在 30 多年后，它依然只是个理论，缺乏直接的观测证据。

2019 年 7 月，100 多位天文学家又一次在加州海滨聚会。49 岁的里斯做了开场演讲。他展示了一张图片，上面写着“哈勃常数麻烦？”，其中“麻烦”（tension）被划掉，改为“问题”（problem）。

里斯对这两个描述都不满意。他问听众中的戴维·格罗斯（David Gross）哪个字眼更确切一些。格罗斯回应：“我们不会称之为‘麻烦’或‘问题’，我们会把它叫作‘危机’”（crisis）。

里斯点头，“我们是处于危机之中。”

这个新的危机其实还是天文学的老大难：哈勃常数的数值。在发现宇宙加速膨胀而获得诺贝尔物理学奖后，里斯又把目光转到这个最基本的参数。他希望用 21 世纪的科技手段将测量误差降到 1% 以下，比芙莉德曼 10 年前的成就再提高一个数量级。

现代的天文学家已经有多种测量哈勃常数的途径。宇宙微波背景辐射中蕴藏着大量早期宇宙的信息可供发掘。普朗克卫星对它做了非常精确的测定。皮布尔斯、虞哲奘以及泽尔多维奇等人在 20 世纪 70 年代初提出的一个用“重子声学振荡”（baryon acoustic oscillations）测量早期宇宙遗留大尺度结构方法也已经实现。二者结果高度符合，得出的哈勃常数用天文单位表示都是 67.4。

可是，里斯他们通过对星体距离、速度的测量所得的数值却都在 74 左右。

① 在另外的超新星测量过程中，里斯曾经花了很大工夫处理数据中的尘埃干扰。
② 这一事件更详细的来龙去脉，参阅《捕捉引力波背后的故事》[28] 第 16 章。

这两个数字相差只有 10%。也就在几十年前，天文学家还在为哈勃常数在不同的测量中相差两倍以上而伤透脑筋。但这是新的时代，是天文学作为精准科学的21世纪。这两组数据的差异超出了它们各自误差范围的5倍，因而是“麻烦”“问题”，乃至“危机”。①[103]

格罗斯不是宇宙学家。他研究的是基本粒子理论，也是诺贝尔物理学奖获得者。在那个领域，他早已习惯理论预测和实际测量的无比精准。所以，他可以毫不留情地把一个 10% 的差异称作“危机”。

然而，在粒子物理与宇宙学合流的半个多世纪后，他们自己也有着一个更为显著的危机：作为暗能量的宇宙常数。

爱因斯坦引进宇宙常数时没有物理根据。他只知道场方程中的这么一个项是广义相对论对称性所允许的，并能让他获得一个恒定不变的宇宙。在宇宙膨胀被发现后，爱丁顿、勒梅特等人都曾劝告爱因斯坦不要轻易舍弃宇宙常数。勒梅特最为执着。他认为既然广义相对论允许该项存在，它应该就是真实的物理。②

因为宇宙常数项在广义相对论中表现为空间本身的性质，与物质无关，勒梅特认为那其实就是量子力学中的真空零点能。的确，真空的零点能与引力相反，表现为空间自身含有、向外扩展的张力。这与宇宙常数、暗能量合丝入扣。

泽尔多维奇在 20 世纪 60 年代率先做了量子场论计算，结果大为震惊。量子

---

① 就在那个会议上，芙莉德曼的团队公布了她们的新结果，哈勃常数是 69.8，差不多是在两组数据的中间。

② 类似的，盖尔曼后来提出量子力学的“极权原则”（totalitarian principle）：凡是不被禁止的都必然会存在。这个原则似乎正好与所谓的“奥卡姆剃刀”（Occam’s razor）唱反调。[104-105]

力学的真空能作为 Λ 实在太大了，其数值是后来测定的 Λ 的 10^{120} 倍！这是一个 1 后面跟着 120 个 0 的大数，是天文学家也没见过的天文数字。

这个“宇宙常数问题”（cosmological constant problem）大概是历史上理论与实际脱节的最糟糕、最荒唐的案例。如果一个宇宙有那么大的 Λ，不仅是如温伯格后来计算的人类无法生存，而且宇宙本身压根就不可能存在。

当然，人择原理告诉我们，宇宙并没有被如此巨大的暗能量撕裂：Λ 其实很小。泽尔多维奇设想可能还存在尚未发现的物理作用，抵消了量子力学真空能的绝大部分。如果真是这样，这个超大数字上的抵消需要无比精确，才能恰好余下我们所观测的数值。那会是一个比宇宙平坦更为精致的微调、更为惊人的巧合。[42]72-73,[59]171-172

戴自海 1980 年在中国开会、探亲结束回到美国时，好朋友古斯业已功成名就，宇宙暴胀也成为最热火的研究领域。他选择了回避：“既然已经错过了这条船，不如再等下一条更大的船。”这一等就是 20 来年。其间他作为康奈尔大学的教授，已经成为一个超弦（superstring）理论专家。[106]

大统一理论获得成功之后，物理学家在 20 世纪 80 年代开始了新的探索。虽然叫作“大统一”，那个理论只是成功地统一了强作用力、弱作用力、电磁力 3 个相互作用，还无法容纳引力。同时，大统一理论有着 50 多个无法解释的参数，只能通过与现实世界拟合设定。超弦理论试图弥补这两个大缺陷，完成所有相互作用的统一，并不含有任何可调参数。

那是爱因斯坦生前未能实现的梦想。他在追求统一场论时表示：“我感兴趣的是上帝有没有可能将世界创造成不同的样子。亦即，在必要的简洁逻辑限制下，是否还留有任何自由度？”[①] 超弦追求的就是一个不给上帝留下任何自由发挥余地的理论，一个终极、完整、囊括全部客观世界的“万物理论”。

然而，蹉跎十多年后，超弦理论在 90 年代后期也开始异化。原来表达微观粒子的一维的“弦”变成了二维甚至更高维的“膜”（membrane，简称 brane），所蕴含的自由度也越来越多。以这个模型描述宇宙，在所谓的“超弦景观”（string theory landscape）中能出现 10^{500}（1 后面跟着 500 个 0！）种不同的宇宙。那是一个超级庞杂的多重宇宙。我们处在或能处在哪（些）个宇宙无法预测，只能再度诉诸人择原理。[59]236

也是在这个背景下，戴自海在 1998 年提出宇宙来源于两个膜碰撞的“膜暴胀”（brane inflation）理论，登上了 20 年前错过的船。2011 年，他从康奈尔退休，加盟香港科技大学。

与屈原大致同一时代，相传杞国曾有个人因担忧天塌下来、日月星宿坠落而寝食不安。他的聪明朋友告诉他天体只是发光的气，不会掉下来，即使掉下来也砸不死人。于是他就安心了。

相隔半个地球，那时的希腊人也在琢磨天上的星球为什么不掉下来。他们的结论是恒星、行星分别固定在绕地球转动的不同球壳上，所以不会掉下来。

牛顿却发现，天上的行星不掉下来与树上的苹果掉下来其实没有区别，遵从了同样的物理定律。与杞人的朋友、托勒密的天球不同，牛顿的动力学能够可靠地预测未来，故足以“考之”。我们不仅可以提前知道行星的位置、日食月食的发生，还能发现未知的行星。我们还能够从地球上发射飞行器，它们在航

① What I am really interested in is whether God could have made the world in a different way; that is, whether the necessity of logical simplicity leaves any freedom at all.

行十几年、几十亿千米后准确无误地出现在天王星、海王星等地球远邻之所在，为我们传回那些天体的精彩照片。

如果杞人活在当代，他也许会欣慰地知道“天”不仅没塌下来，反而还离地越来越远地在“升上去”，直到离开我们的视界而消失。

然而，他当初的忧虑也不是完全的瞎操心。在几乎所有的星系、星系团随着宇宙的加速膨胀远离的同时，与银河同属于“当地星系群”的仙女星系却与我们不离不弃，并因为相互引力的牵拉而逐渐靠近。如果杞人能够看到那个巨大的星系在携带着它那千亿颗恒星越来越快地向我们奔来时，他更会焦虑发狂：天到底还是要塌下来了。

根据模型演算，仙女、银河两大星系，以及近旁的附属岛屿星系，在大约 40 亿年后会迎头碰撞、合并。无法预测的是那时候还会不会有人类，或其他未知形式的智慧生命体，能目睹这起身边的特大天文事件。(图 34-1)

假如他们能在那场动荡中生存下来，他们会发现自己生活在一个崭新的世界。仙女、银河合并成一个巨大的星系，夜空会比只有银河时明亮得多。然而，在那个星系之外，宇宙空空如也，一片漆黑。不再有任何其他星系存在，更没有什么背景辐射。

他们中的“杞人”会发出新的警告：下一轮浩劫又已迫在眉睫。太阳的寿命即将结束，其内核会坍缩而爆炸，地球将在瞬间灰飞烟灭。

也许，这些天文事件犹如森林中倒下的大树，届时已经不再有人能看到它们的壮观、听到它们的轰响。

温伯格在《最初三分钟》的结尾中写道：“宇宙越能被了解，就越显得毫无意义……人类为理解宇宙所做的努力是能让其无聊的生涯略显成就的极少亮点

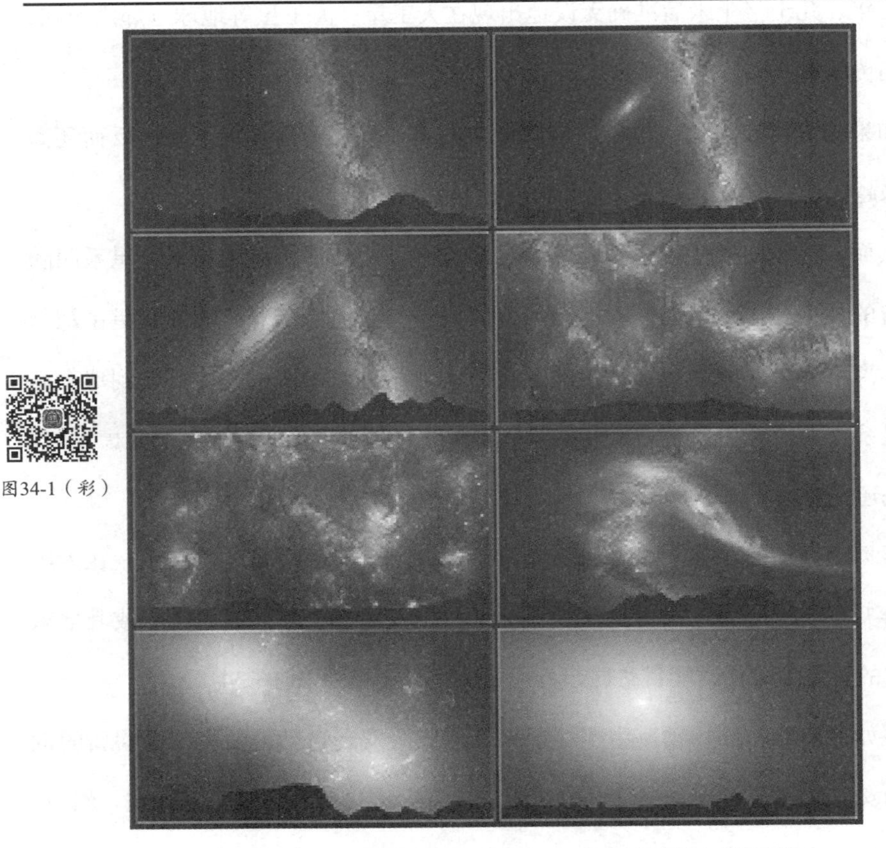

图34-1（彩）

图 34–1　地球视角的仙女星系与银河碰撞的计算机模拟结果

左上，现在的银河系和仙女星座；右上，20 亿年后，仙女星座趋近银河；其余依次：37.5 亿年，仙女星座占据一半夜空；38.5 亿年，星系碰撞，产生大量新的恒星；39 亿年，新的恒星充满夜空；40 亿年，两个星系因为互相引力而变形；51 亿年，天空出现两个非常明亮的点，分别是两个星系的核心区域；70 亿年后，两个星系完成合并，形成一个巨大的椭圆星系。夜空中只剩下一个明亮的核心区。

【图片来自 NASA; ESA; Z. Levay and R. van der Marel, STScI; T. Hallas, and A. Mellinger】

之一，却也赋之于悲剧色彩。”①[7]155

1990 年 2 月 14 日，已经在太空独自遨游了 12 年多的“旅行者 1 号”（Voyager 1）飞行器即将离开太阳系。它遵从来自地球的指令最后一次蓦然回首，从 60 亿千米之外为家乡拍摄了一组照片。它目光中的地球只是一个“淡蓝色小点”②。[107]（图 34-2）

图34-2（彩）

图 34–2　1990 年 2 月 14 日，美国航天局宇宙飞船“旅行者 1 号”从 60 亿千米之外拍摄的地球照片（地球是最右边光带中间的那个微小亮点）

【图片来自 NASA/JPL-Caltech】

① The more the universe seems comprehensible, the more it also seems pointless...The effort to understand the universe is one of the very few things that lifts human life a little above the level of farce, and gives it some of the grace of tragedy.

② pale blue dot，天文学家卡尔·萨根（Carl Sagan）的描述。

在宇宙中这么一个不起眼的斑点上，生命还在顽强、旺盛地繁衍。那里曾出现过伽利略、牛顿、爱因斯坦、勒维特、鲁宾、廷斯利、伽莫夫、兹威基、霍伊尔、狄克、皮布尔斯[①]、古斯、林德、勒梅特、哈勃、波尔马特、里斯……

他们仰望星空，以不懈的努力和理性的逻辑认识、理解了宇宙，从而让我们，作为智慧人类，拥有了这个世界。

爱因斯坦曰，“这个世界永恒的神秘是它的可被认知性……它能够被认知这一事实就是一个奇迹。”[②][2]462

① 2019 年 10 月，诺贝尔奖委员会宣布将该年物理学奖颁给皮布尔斯，嘉奖他在“物理宇宙学的理论发现”中所做出的贡献。

② The eternal mystery of the world is its comprehensibility...The fact that it is comprehensible is a miracle.

参考文献

[1] THORNE K S. Black Holes and Time Warps: Einstein's Outrageous Legacy[M]. New York: W. W. Norton & Company, 1995.

[2] ISAACSON W. Einstein: His Life and Universe[M]. New York: Simon and Schuster, 2007.

[3] FORD K, WHEELER J A. Geons, Black Holes, and Quantum Foam: A Life in Physics[M]. New York: W. W. Norton & Company, 2000.

[4] WIKIPEDIA. Spherical Cow[EB/OL].[2020-06-04]. https://en.wikipedia.org/wiki/Spherical_cow.

[5] HARRISON E. Darkness at Night: A Riddle of the Universe[M]. Cambridge: Harvard University Press, 1987.

[6] HAWKING S. A Brief History of Time: From the Big Bang to Black Holes[M]. Toronto: Bantam Book, 1988.

[7] WEINBERG S. The First Three Minutes: A Modern View of the Origin of the Universe[M]. New York: Basic Books, 1988.

[8] O'RAIFEARTAIGH C, O'KEEFFE M, NAHM W, et al. Einstein's 1917 Static Model of the Universe: A Centennial Review[J]. European Physical Journal H, 2017(42): 431-474.

[9] WEINBERG S. To Explain the World: The Discovery of Modern Science[M]. New York: Harper, 2015.

[10] SOBEL D. The Glass Universe: How the Ladies of the Harvard Observatory Took the Measure of the Stars[M]. New York: Viking, 2016.

[11] NUSSBAUMER H, BIERI L. Discovering the Expanding Universe[M]. Cambridge: Cambridge University Press, 2010.

[12] BARTUSIAK M. The Day We Found the Universe[M]. New York: First Vintage Books, 2010.

[13] WIKIPEDIA. Astrophotography[EB/OL]. [2020-06-04]. https://en.wikipedia.org/wiki/Astrophotography#History.

[14] WIKIPEDIA. Fireworks[EB/OL]. [2020-06-04]. https://en.wikipedia.org/wiki/Fireworks#. History.

[15] SACK H. Alexander Friedmann and the Expanding Universe[EB/OL]. SciHi Blog, 2016. [2020-06-04]. http://scihi.org/alexander-friedmann.

[16] BELENKIY A. Alexander Friedmann and the origins of modern cosmology[J]. Physics Today, 2012, 65: 38.

[17] WIKIPEDIA. Magellanic Clouds[EB/OL]. [2020-06-04]. https://en.wikipedia.org/wiki/Magellanic_Clouds.

[18] ALLEN J. Mnemonics for the Harvard Spectral Classification Scheme[EB/OL]. [2020-06-04]. http://www.star.ucl.ac.uk/~pac/obafgkmrns.html.

[19] WIKIPEDIA. Women in Computing[EB/OL]. [2020-06-04]. https://en. wikipedia.org/wiki/Women_in_computing.

[20] TRIMBLE V. The 1920 Shapley-Curtis Discussion: Background, Issues, and Aftermath[J]. Publications of the Astronomical Society of the Pacific, 1995, 107: 1133-1144.

[21] WIKIPEDIA. John Goodricke[EB/OL]. [2020-06-04]. https://en.wikipedia.org/wiki/John Goodricke.

[22] WIKIPEDIA. Edwin Hubble[EB/OL]. [2020-06-04]. https://en.wikipedia.org/wiki/Edwin_Hubble.

[23] VOLLER R. The Muleskinner and the Stars: The Life and Times of Milton La Salle Humason, Astronomer[M]. New York: Springer, 2016.

[24] LIVIO M. Brilliant Blunders: From Darwin to Einstein-Colossal Mistakes by Great Scientists That Changed Our Understanding of Life and the Universe[M]. New York: Simon and Shuster, 2013.

[25] IAU. IAU Members Vote to Recommend Renaming the Hubble Law as the Hubble-Lemaitre Law[R/OL]. [2020-06-04]. https://www.iau.org/news/pressreleases/detail/iau1812.

[26] O'RAIFEARTAIGH C. Investigating the Legend of Einstein's "Biggest Blunder" [EB/OL]. (2018-10-30)[2020-06-04].https://physicstoday.scitation.org/do/10.1063/PT.6.3.20181030a/ full/.

[27] KIRSHNER R. The Extravagant Universe: Exploding Stars, Dark Energy, and the Accelerating Cosmos[M]. Princeton: Princeton University Press, 2002.

[28] 程鹗 . 捕捉引力波背后的故事 [M]. 北京：科学出版社，2019.

[29] LUMINET J P. The Beginning of the World from the Point of View of Quantum Theory[J]. General Relativity and Gravitation, 2011, 43: 2911.

[30] WIKIPEDIA. Georges Lemaitre[EB/OL]. [2020-06-04]. https://en.wikipedia.org/wiki/Georges_Lemaitre.

[31] ORNDORFF B. George Gamow: The Whimsical Mind behind the Big Bang[M]. Seattle: CreateSpace, 2013.

[32] WIKIPEDIA. Lev Landau[EB/OL]. [2020-06-04]. https://en.wikipedia.org/wiki/Lev_Landau.

[33] WIKIPEDIA. Matvei Petrovich Bronstein[EB/OL]. [2020-06-04]. https://en.wikipedia.org/wiki/Matvei_Petrovich_Bronstein.

[34] ALPHER R, HERMAN R. Genesis of the Big Bang[M]. Oxford: Oxford University Press, 2001.

[35] WIKIPEDIA. Einstein's Blackboard[EB/OL]. [2020-06-04]. https://en.wikipedia.org/wiki/Einstein's_Blackboard.

[36] GUTH A. The Inflationary Universe: The Quest for a New Theory of Cosmic Origins[M]. New York: Basic Books, 1997.

[37] WIKIPEDIA. Quasar[EB/OL]. [2020-06-04]. https://en.wikipedia.org/wiki/Quasar.

[38] WIKIPEDIA. Interstellar Medium[EB/OL]. [2020-06-04]. https://en.wikipedia.org/wiki/Interstellar_medium.

[39] WIKIPEDIA. Andrew McKellar[EB/OL]. [2020-06-04]. https://en.wikipedia.org/wiki/Andrew_McKellar.

[40] KEATING B. Losing the Nobel Prize: A Story of Cosmology, Ambition, and the Perils of Science's Highest Honor[M]. New York: W. W. Norton & Company, 2018.

[41] KRAGH H. Big Bang: the Etymology of a Name[J]. Astronomy & Geophysics, 2013, 54: 2.28.

[42] KRAUSS L M. A Universe from Nothing: Why There is Something Rather Than Nothing[M]. New York: Atria Books, 2013.

[43] YANG C N. The conceptual origins of Maxwell's equations and gauge theory[J]. Physics Today, 2014, 67: 45.

[44] 佚名．广州粒子物理理论讨论会记盛 [J]. 自然杂志，1980, 3(3):203.

[45] GUTH A. Autobiography (for Kavli Prize)[EB/OL]. [2020-06-04]. http://kavliprize.org/sites/default/files/%25nid%25/autobiagraphies_attachments/Alan% 20Guth%20-%20autobiography.pdf.

[46] GUTH A H. Inflationary Universe: A Possible Solution to the Horizon and Flatness Problems[J]. Physics Review D, 1981, 23: 347.

[47] WIKIPEDIA. Trofim Lysenko[EB/OL]. [2020-06-04]. https://en.wikipedia.org/wiki/Trofim_Lysenko.

[48] GINZBURG V. Biographical (for Nobel Prize)[EB/OL]. [2020-06-04]. https://www.nobelprize.org/prizes/physics/2003/ginzburg/biographical/.

[49] SHIFMAN M. Under the Spell of Landau: When Theoretical Physics Was Shaping Destinies[M]. Singapore: World Scientific Publishing Co, 2013.

[50] AIP. Oral Histories: Andrew Linde[EB/OL]. [2020-06-04]. https://www.aip.org/history-programs/niels-bohr-library/oral-histories/34321.

[51] LINDE A. Autobiography of Andrei Linde for the Kavli Founda-tion[EB/OL]. [2020-06-04]. http://kavliprize.org/sites/default/files/%25nid%25/ autobiagraphies_attachments/Andrei%20Linde%20autobiography.pdf.

[52] HAWKING S W. Inflation Reputation Reparation[J]. Physics Today, 1989, 42: 15.

[53] AIP. Oral Histories: Jim Peebles[EB/OL]. [2020-06-04]. https://www.aip.org/history-programs/niels-bohr-library/oral-histories/4814.

[54] PEEBLES P J E. Seeing Cosmology Grow[J]. Annu. Rev. Astron. Astro- phys, 2012, 50: 1.

[55] WIKIPEDIA. Cosmological Principle[EB/OL]. [2020-06-04]. https://en.wikipedia.org/wiki/Cosmological_principle.

[56] LINDE A. Inflation, Quantum Cosmology and the Anthropic Principle[C]// BAR- ROW J D, DAVIS P C W, HARPER C L Jr. Science and Ultimate Reality: Quantum Theory, Cosmology, and Complexity. Cambridge: Cambridge University Press, 2004.

[57] WIKIPEDIA. Cecilia Payne-Gaposchkin[EB/OL]. [2020-06-04]. https://en.wikipedia.org/wiki/Cecilia_Payne-Gaposchkin.

[58] AIP. Oral Histories: Vera Rubin[EB/OL]. [2020-06-04]. https://www.aip.org/history-programs/niels-bohr-library/oral-histories/33963.

[59] PANEK R. The 4 Percent Universe: Dark Matter, Dark Energy, and the Race to Discover the Rest of Reality[M]. Boston: Mariner Books, 2011.

[60] BROOKS M. Meeting Vera Rubin[EB/OL]. (2016-12-27)[2020-06-04]. Medium, Dec 27, 2016. https://medium.com/@mb_53390/meeting-vera-rubin-4e493dd38225.

[61] RUBIN V. An Interesting Voyage[J]. Annual Revivew of Astronomy and Astro- physics, 2011, 49: 1.

[62] WIKIPEDIA. Kurt Godel[EB/OL]. [2020-06-04]. https://en.wikipedia.org/wiki/Kurt_G%C3%.B6del.

[63] SCOLES S. How Vera Rubin Confirmed Dark Matter[J]. Astronomy, 2016-06.

[64] MACTUTOR. James Clerk Maxwell on the Nature of Saturn's Rings[EB/OL]. [2020-06-04]. http://www-history.mcs.st-andrews.ac.uk/~history/Extras/Maxwell_ Saturn.html.

[65] RUBIN V, Seeing Dark Matter in the Andromeda Galaxy[J]. Physics Today, 2006, 59: 8.

[66] OSTRIKER J, MITTON S. Heart of Darkness: Unraveling the Mysteries of the Invisible Universe[M]. Princeton: Princeton University Press, 2013.

[67] FREEMAN K, MCNAMARA G. In Search of Dark Matter[M]. Berlin: Praxis Publishing, 2006.

[68] 姚立澄 . 条件越苦，意志越坚——记王淦昌早年的科研活动 [J]. 物理 , 2006, 35(2):160.

[69] 王乃彦 . 勇攀科学高峰的王淦昌老师——纪念王淦昌先生诞辰 100 周年 [J]. 物理 , 2007, 36(5): 361.

[70] PIETSCHMANN H. Neutrino – Past, Present and Future[J/OL]. George Marx Memorial Lecture, Univ. Budapest, (2005-05-19)[2020-06-04]. https://arxiv.org/ftp/physics/papers/0603/0603106.pdf.

[71] OVERBYE D. Lonely Hearts of the Cosmos: The Story of the Scientific Quest for the Secret of the Universe[M]. Boston: Back Bay Books, 1999.

[72] TRIMBLE V. H0: The Incredible Shrinking Constant 1925-1975[J]. Publications of the Astronomical Society of the Pacific, 1996, 108: 1073.

[73] TRIMBLE V. Beatrice Muriel Hill Tinsley[EB/OL]. [2020-06-04]. https://www.ias.ac.in/public/Resources/Initiatives/Women_in_Science/Tinsley.pdf.

[74] WIKIPEDIA. History of Supernova Observations[EB/OL]. [2020-06-04]. https://en.wikipedia.org/wiki/History_of_supernova_observation.

[75] WIKIPEDIA. White Dwarf[EB/OL]. [2020-06-04]. https://en.wikipedia.org/wiki/White_dwarf.

[76] TREHAN S K. Subrahmanyan Chandrasekhar 1910–1995[J]. Biographical Memoirs of Fellows of the Indian National Science Academy, 1995, 23: 101.

[77] WALI K. Chandrasekhar vs Eddington: an Unanticipated Confrontation[J]. Physics Today, 1982, 35: 33.

[78] RIESS A. My Path to the Accelerating Universe[EB/OL]. [2020-06-04]. https://www.nobelprize.org/uploads/2018/06/riess_lecture.pdf.

[79] PERLMUTTER S. Measuring the Acceleration of the Cosmic Expansion using Supernovae[EB/OL]. [2020-06-04]. https://www.nobelprize.org/uploads/2018/06/perlmutter-lecture.pdf.

[80] WIKIPEDIA. Hubble Space Telescope[EB/OL]. [2020-06-04]. https://en.wikipedia.org/wiki/Hubble_Space_Telescope.

[81] WIKIPEDIA. Lyman Spitzer[EB/OL]. [2020-06-04]. https://en.wikipedia.org/wiki/Lyman_Spitzer.

[82] COWEN R. The Greatest Story Ever Told: Is Cosmology Solved?[J]. Science News, 1998(154): 392.

[83] NEMIROFF R J, BONNELL J T. Cosmology: The Nature of the Universe Debate[J]. Publications of the Astronomical Society of the Pacific, 1999(111): 285.

[84] SIEGFRIED T. The Amateur who Helped Einstein See the Light[J/OL]. Science News, 2015, https://www.sciencenews.org/blog/context/amateur-who-helped-einstein-see-light.

[85] WIKIPEDIA. Einstein Cross[EB/OL]. [2020-06-04]. https://en.wikipedia.org/wiki/Einstein_Cross.

[86] WIKIPEDIA. Einstein Ring[EB/OL]. [2020-06-04]. https://en.wikipedia.org/wiki/Einstein_Ring.

[87] NASA. Wilkinson Microwave Anisotropy Probe[EB/OL]. [2020-06-04]. https://map.gsfc.nasa.gov.

[88] WIKIPEDIA. Fred Hoyle[EB/OL]. [2020-06-04]. https://en.wikipedia.org/wiki/Fred_Hoyle.

[89] HUMPHREYS R. The Award Rejection that Shook Astronomy[EB/OL]. (2018-02-27) [2020-06-04]. Physics Today, https://physicstoday.scitation.org/do/10.1063/PT.6.4.20180227a/full/.

[90] BRAWER R. Inflationary Cosmology and the Horizon and Flatness Problems: The

Mutual Constitution of Explanation and Questions[D]. Cambridge: MIT, 1996.

[91] LINDE A. A Brief History of the Multiverse[J]. Reports on Progress in Physics, 2017, 80: 22001.

[92] FEYNMAN R P. Six Easy Pieces: Essentials of Physics Explained by its Most Brilliant Teacher[M]. New York: Helix Books, 1995.

[93] VILENKIN A. Many Worlds in One[M]. New York: Hill and Wang, 2007.

[94] PRATCHETT T. Lords and Ladies: A Novel of Docworld[M]. New York: Harper, 2013.

[95] GAMOW G. My World Line: An Informal Autobiography[M]. Manassas: Viking Press, 1979.

[96] Hawking Misrepresents Pope John Paul Ⅱ [N/OL]. Catholic League, 2006 [2020-06-04]. https:.//www.catholicleague.org/hawking-misrepresents-pope-john-paul-ii.

[97] Catholics question Hawking's comments on John Paul I[N/OL]. Catholic News Agency, 2006[2020-06-04]. https://www.catholicnewsagency.com/news/catholics_question_hawkings_comments_on_john_paul_ii.

[98] IJJAS A, STEINHARDT P J, LOEB A. Pop Goes the Universe[N]. Scientific American, 2017-01.

[99] A Cosmic Controversy[N]. Scientific American, 2017-05.

[100] WEINBERG S. Living in the Multiverse[A] // CARR B. Universe or Multiverse, Cambridge: Cambridge University Press, 2009.

[101] REES M. Martin Rees: What are the Limits of Human Understanding?[N/OL]. Prospect, (2018-11-13) [2020-06-04]. https://www.prospectmagazine.co.uk/magazine/martin-rees-what-are-the-limits-of-human-understanding.

[102] STANFORD. Standford Professor Andrei Linde Celebrates Physics Break- through[EB/OL]. (2014-05-17) [2020-06-04]. https://youtu.be/ZlfIVEy_YOA.

[103] HARDIEJ P. Cosmologists Debate How Fast the Universe Is Expanding[N/OL]. (2019-08-08) [2020-06-04]. https://www.quantamagazine.org/cosmologists-debate-how-fast-the-universe-is-expanding-20190808.

[104] WIKIPEDIA. Totalitarian Principle[EB/OL]. [2020-06-04]. https://en.wikipedia.org/wiki/Totalitarian_principle.

[105] WIKIPEDIA. Occam's Razor[EB/OL]. [2020-06-04]. https://en.wikipedia.org/wiki/Occam%27s_razor.

[106] NADIS S. The Most Important Cosmologist You've Never Heard of[J]. Astronomy, 2006(10): 64-69.

[107] WIKIPEDIA. Pale Blue Dot[EB/OL]. [2020-06-04]. https://en.wikipedia.org/wiki/Pale_Blue_Dot.

索引

索引